高等职业教育"十四五"精品规划教材

能源综合技术应用

主　编　魏旭春　王新华　赵运婷
副主编　刘　婧　王素霞　季佳佳

图书在版编目（CIP）数据

能源综合技术应用 / 魏旭春，王新华，赵运婷主编；刘婧，王素霞，季佳佳副主编. -- 天津：天津大学出版社，2022.11

高等职业教育"十四五"精品规划教材
ISBN 978-7-5618-7367-0

Ⅰ.①能… Ⅱ.①魏…②王…③赵…④刘…⑤王…⑥季… Ⅲ.①能源－技术－高等职业教育－教材 Ⅳ.①TK01

中国版本图书馆CIP数据核字（2022）第239913号

出版发行	天津大学出版社
地　　址	天津市卫津路92号天津大学内（邮编：300072）
电　　话	发行部：022-27403647
网　　址	www.tjupress.com.cn
印　　刷	北京虎彩文化传播有限公司
经　　销	全国各地新华书店
开　　本	210mm×285mm
印　　张	19.25
字　　数	609千
版　　次	2022年11月第1版
印　　次	2022年11月第1次
定　　价	60.00元

凡购本书，如有缺页、倒页、脱页等质量问题，烦请与我社发行部门联系调换
版权所有　侵权必究

编委会

主　编：魏旭春　王新华　赵运婷
副主编：刘　婧　王素霞　季佳佳
参　编：段海雁　孙　静　范亚男　聂　明　刘　杰
　　　　高玉丽　王　杰　蒋国辉　胡梦瑶

前　言

能源是提高人民生活水平的重要物质基础。生产和生活都离不开能源。生活水平越高，对能源的依赖性越强。能源能促进生产发展，为人们提供更多的物质产品。生活水平的提高依赖于可利用能源质与量的提升。能源是现代社会发展的重要基础，但传统能源的使用给环境和人类健康带来了严重影响。为了保护地球环境和实现可持续发展，全球各国纷纷开始探索新能源技术的发展和应用，为全球环境保护和可持续发展注入新动力。

能源技术是指利用自然资源或人工制造的物质获得能量的技术。随着人类社会的发展，能源技术也在不断地发展和创新，以满足人们对能源的需求。能源技术是人类社会发展的重要支撑。未来，我们需要在传统能源技术和新能源技术之间寻求平衡，推动能源技术的创新和发展，以满足人们对能源的需求，同时保护环境和实现可持续发展。

本书立足能源综合技术应用，能源综合技术应用是实现可持续发展的必由之路，需要综合利用各种传统和可再生能源，平衡能源供应和需求之间的关系，保证能源供应和利用稳定、安全和环保。在实施过程中，需要注重科技创新和人才培养，不断提高新能源应用的水平和效率。

能源技术体系庞大、结构复杂，加强对能源技术应用的科学管理是实现节能减排的重要措施。本书在阐述能源基本知识的基础上，对能源综合技术应用中的重要问题进行了深入论述。在取材上，本书力求资料新颖、涉猎面广，在语言表达上，本书使用简洁的语言进行叙述，以达到为读者提供通俗易懂的能源技术知识的目的。

本书坚持以就业为导向、以能力为本位，结合最新能源技术及其应用进行编写，可满足能源和民生领域高素质技能人才培养的需要。本书采用项目式的编写形式，共分为八个项目，分别为能源概述、供热工程、燃气输配与应用、建筑供配电系统、传感器与控制技术、能源装备制造领域的焊接技术、能源领域测量技术的基本应用、无人机赋能新发展。每个项目都是完整、独立的教学模块，教学时各学校和用人单位可根据实际情况和需求，合理、灵活地安排教学内容和进程。每个项目被分解成若干任务，分别完成各个任务最终实现整个项目的完成，教、学、做紧密结合。本书内容深入浅出，覆盖面广，融知识性和专业性于一体，全面反映了能源关键技术及其应用情况。

本书采用活页式装订方式，编写时采用任务导入和项目化思路，将理论与实践相结合。活页式教材在形式上更加新颖活泼，在内容上更加强调精练简洁，降低了学生的理论学习难度。与此同时，又可以让学生的职业操作能力得到充分锻炼，以满足岗位的需求。活页式教材能够随时根据行业发展情况更换或增减书页，降低了学校及教师为适应新的行业要求更新教材所产生的额外成本。

本书专业内容丰富，适合职业院校城市热能应用技术、供热通风与空调工程技术、城市燃气工程技术、电气自动化技术、工程测量技术、摄影测量与遥感技术和智能焊接技术等相关专业的师生使用,还可作为相关工程技术人员、研究人员的参考资料。

  本书由天津城市建设管理职业技术学院魏旭春、王新华、赵运婷、刘婧、王素霞、季佳佳、段海雁、孙静、范亚男、聂明编写。其中项目一、项目二由魏旭春编写,项目三由王新华编写,项目四、项目五由赵运婷、段海雁编写,项目六由刘婧、孙静编写,项目七由王素霞、范亚男编写,项目八由季佳佳、聂明编写。全书由魏旭春、赵运婷负责策划并统稿。

  本书在编写过程中得到了天津市地热资源开发有限公司、天津市热电有限公司、山东栋梁科技设备有限公司、特变电工京津冀智能科技有限公司、天津市测绘院有限公司测绘四院、中国电建集团核电工程有限公司、中国石油天然气管道局第六工程公司(天津大港油田集团工程建设有限责任公司)的帮助和支持,此外,本书的编写参考了相关文献资料,在此一并表示衷心的感谢。

  限于编者水平,且能源技术发展迅速,创新不断,书中难免存在疏漏和不妥之处,恳请广大读者批评指正。

编者
2022 年 7 月

Contents 目录

项目一　能源概述

任务一　能源基础知识 /2
任务二　太阳能 /6
任务三　风能 /9
任务四　水能 /12
任务五　地热能 /15
任务六　氢能 /21
项目小结 /25
复习思考题 /25

项目二　供热工程

任务一　供热工程的主要任务及研究内容 /28
任务二　室内热水供暖系统 /32
任务三　集中供热系统 /41
任务四　集中供热系统自动化 /47
项目小结 /59
复习思考题 /59

项目三　燃气输配与应用

任务一　燃气的认识与发展 /62
任务二　燃气的分类 /63
任务三　燃气的性质 /67
任务四　燃气的质量要求 /74
任务五　燃气输配 /78
任务六　城镇燃气输配管网及其附属设备 /83
任务七　燃气用户及其用气工况 /101
任务八　燃气燃烧与应用 /107
项目小结 /112
复习思考题 /112

项目四　建筑供配电系统

任务一　电力系统概述 /114
任务二　变配电系统 /123
任务三　低压配电系统的常用低压电器 /127
项目小结 /131
复习思考题 /132

项目五　传感器与控制技术

任务一　传感器与智能检测技术 /134
任务二　温度测量 /137
任务三　压力测量 /144
任务四　流量测量 /149
任务五　液位测量 /153
任务六　自动控制技术 /156
项目小结 /159
复习思考题 /160

项目六　能源装备制造领域的焊接技术

任务一　焊接技术概述 /162
任务二　典型结构的手工焊接 /166
任务三　典型结构的机器人焊接 /186
复习思考题 /206

项目七　能源领域测量技术的基本应用

任务一　测量学基础知识 /208
任务二　点的高低位置的确定 /213
任务三　点的平面位置的确定 /222
任务四　GNSS 测量技术 /231
任务五　大比例尺数字地形图测绘 /236
任务六　地下管线外业探测 /248
项目小结 /258
复习思考题 /259

项目八　无人机赋能新发展

任务一　无人机基础知识 /262
任务二　无人机的操控 /273
任务三　无人机数据获取与处理 /284
任务四　无人机在能源领域的典型应用 /298
项目小结 /299
复习思考题 /299

项目一
能源概述

项目描述

全球能源转型的基本趋势是实现化石能源体系向低碳能源体系的转变,最终进入以可再生能源为主的可持续能源时代。当前,我国太阳能发电、风力发电总装机容量均为世界第一,氢能产业呈现爆发式发展,新能源与可再生能源技术得到快速发展,应用工程不断涌现。本项目主要围绕太阳能、风能、水能、地热能和氢能等新能源的特点、开发技术、应用以及发展趋势进行介绍,使学生有初步的认识与了解,为智慧能源专业群的学生今后从事与能源相关的岗位工作奠定一定的基础。

党的二十大报告提出:"积极稳妥推进碳达峰碳中和。实现碳达峰碳中和是一场广泛而深刻的经济社会系统性变革。立足我国能源资源禀赋,坚持先立后破,有计划分步骤实施碳达峰行动。完善能源消耗总量和强度调控,重点控制化石能源消费,逐步转向碳排放总量和强度'双控'制度。推动能源清洁低碳高效利用,推进工业、建筑、交通等领域清洁低碳转型。深入推进能源革命,加强煤炭清洁高效利用,加大油气资源勘探开发和增储上产力度,加快规划建设新型能源体系,统筹水电开发和生态保护,积极安全有序发展核电,加强能源产供储销体系建设,确保能源安全。"能源是维系国计民生的稀缺资源,是国家竞争之要素。当今世界正经历百年未有之大变局,全球地缘政治、经济、科技、治理体系等正经历深刻变化,能源局势将更加错综复杂。在碳达峰碳中和战略目标的推动下,我国正加快非化石能源替代化石能源的步伐。化石能源具有不可再生、高污染、稳定性等特征,非化石能源具有可再生、低污染、间歇性、波动性等特征。未来我国需要逐步摆脱对以煤炭为主的化石能源的依赖,对化石能源和非化石能源这两类能源要素扬长避短、优势互补、调剂余缺,丰富不同种类能源的供应,实现绿色低碳、安全高效的能源供给。

知识目标

- (1)了解能源的概念与分类。
- (2)理解绿色能源与清洁能源的定义。
- (3)掌握太阳能热利用与太阳能发电的原理。
- (4)掌握风力发电的基本原理。
- (5)掌握水能利用的原理。
- (6)掌握地热供暖的原理。
- (7)了解氢的制取、储存和输送。

任务一 能源基础知识

一、能源的概念与分类

能源概念分类

1. 能源的概念

能源（Energy）是经济社会发展的主要物质基础，是人类文明进步的先决条件。人类社会的一切活动都离不开能源，从衣食住行到文化娱乐，都要直接或间接地消耗一定数量的能源。能源与工业、农业、国防和科技现代化有着非常密切的关系。能源也称能量资源或能源资源（Energy Resources），是自然界中能为人类提供某种形式的能量的物质资源，即能够提供某种形式的能量的物质或物质的运动都可以称为能源。能源是能够直接取得或者通过加工、转换而取得有用能的各种资源，包括煤炭、石油、天然气、水能、核能、风能、太阳能、地热能、生物质能等从自然界直接取得的能源（一次能源）和电力、热力、成品油（汽油、柴油等）等通过加工、转换而取得的能源（二次能源）。

2. 能源的分类

能源种类繁多，根据不同的划分方式，能源可分为不同的类型。

1）按来源划分

按照来源，能源可分为第一类能源、第二类能源和第三类能源三类。

（1）第一类能源。它是来自地球外部天体的能源，主要是太阳能。太阳能除直接辐射外，还可为风能、水能、生物质能和矿物能源等的产生提供基础。人类所需能量的绝大部分直接或间接地来自太阳，各种植物正是通过光合作用把太阳能转变成化学能在植物体内储存下来的。煤炭、石油、天然气等化石燃料是由古代埋在地下的动植物经过漫长的地质年代形成的，它们实质上是由古代生物固定下来的太阳能。此外，水能、风能、波浪能、海流能等也是由太阳能转换来的。

（2）第二类能源。它是地球本身蕴藏的能量。地球本身蕴藏的能量通常指与地球内部热能有关的能源和与原子核反应有关的能源，如原子核能、地热能等。温泉和火山爆发喷出的岩浆就是地热的表现。地球可分为地壳、地幔和地核三层。地壳是地球表面的第一层，一般厚度为几千米至几十千米不等；地壳下面是地幔，它大部分是熔融状的岩浆，厚度约为 2 900 km，火山爆发喷出的一般是这部分岩浆；地球内部为地核，地核是固态的，按照地核的密度推测，那里似乎以金属铁、镍为主，地核炽热无比，温度可能高达 7 000 ℃以上，可见地球上的地热资源储存量很大。

（3）第三类能源。它是地球和其他天体相互作用而产生的能量，如潮汐能。潮汐能是从海平面昼夜间的涨落中获得的能量。它与天体引力有关，地球-月亮-太阳系统的吸引力和热能是潮汐能的来源。

2）按能源的基本形态划分

按照能源的基本形态，能源可分为一次能源和二次能源两类。

一次能源即天然能源，指自然界中已存在的能源，如煤炭、石油、天然气、水能、太阳能、风能、生物质能等。一次能源又分为可再生能源（水能、风能、生物质能等）和非再生能源（煤炭、石油、天然气等）。

二次能源指由一次能源加工转换而成的能源，如电能、煤气、水蒸气、氢能、沼气及各种石油制品等；在生产生活过程中产生的余压、余热等(如锅炉烟道排放的高温烟气,反应装置排放的可燃废气、废蒸汽、废热水,密闭反应器向外排放的有压流体等)也属于二次能源。在能源紧张的今天,人类也充分利用这些工业生产过程"废弃"的二次能源,如利用水泥窑产生的余热发电、利用钢铁厂钢锭的余热发电等。余热发电是指将生产过程中多余的热能转换为电能的技术,余热发电不仅节能,还有利于保护环境。余热发电的重要设备是余热锅炉,它利用废气、废液等工质中的热或可燃物质作为热源,生产蒸汽用于发电,由于工质温度不高,故锅炉体积大、耗用金属多。用于发电的余热主要有高温烟气余热、化学反应余热、废气余热、废液余热、低温余热等,这些余热温度低于200 ℃。

3)按能源使用程度划分

按照能源使用程度,能源可分为常规能源(Conventional Energy)和新能源(New Energy)两类。

常规能源也称为传统能源,是指已经大规模生产和广泛利用的能源。常规能源利用时间较长,且开发利用技术成熟。常规能源包括一次能源中可再生的水能资源和不可再生的煤炭、石油、天然气等化石能源资源。化石能源也称化石燃料或矿石燃料,是一种烃或烃的衍生物的混合物,其包括的天然资源有煤炭、石油和天然气等,是不可再生能源。

新能源又称非常规能源,是指传统能源之外的各种能源,指刚开始开发利用或正在积极研究、有待推广的能源。新能源开发利用时间较短、技术不成熟。新能源是相对于常规能源而言的,包括太阳能、风能、地热能、海洋能等。由于新能源的能量密度较小、品位较低、有间歇性,按已有的技术条件新能源转换利用的经济性尚差,还处于研究、发展阶段,只能因地制宜地开发和利用;但新能源大多数是可再生能源,资源丰富,分布广泛,是未来的主要能源。

4)按能源的形态特征或转换与应用的层次划分

按照能源的形态特征或转换与应用的层次,世界能源委员会(WEC)推荐将能源分为固体燃料、液体燃料、气体燃料、水能、电能、太阳能、生物质能、风能、核能、海洋能和地热能。其中,固体燃料、液体燃料、气体燃料统称化石燃料或化石能源。能源在一定条件下可以转换为人们所需的某种形式的能量。例如薪柴和煤炭,把它们加热到一定温度,它们能与空气中的氧气化合并放出大量的热能。这些热能可以用来取暖、做饭或制冷,也可以用来产生蒸汽,用蒸汽推动汽轮机,使热能变成机械能,也可以用汽轮机带动发电机,使机械能变成电能,如果把电送到工厂、企业、机关、农牧林区和住户,它又可以转换成机械能、光能或热能等。

5)按能源是否可再生划分

按照能源是否可再生,能源可分为再生能源和非再生能源两类。人们对一次能源进一步加以分类,凡是可以不断得到补充或能在较短周期内再产生的能源称为再生能源,反之称为非再生能源。风能、水能、海洋能、潮汐能、太阳能和生物质能等是可再生能源。煤、石油和天然气等是非再生能源。地热能基本上是非再生能源,但从地球内部巨大的蕴藏量来看,又具有再生的性质。核能的新发展将使核燃料循环而具有增殖的性质。核聚变的能量可比核裂变的能量高出5~10倍,核聚变最合适的燃料重氢(氘)大量地存在于海水中,可谓"取之不尽、用之不竭"。核能是未来能源系统的支柱之一,只是核能的安全性是人类在利用过程中必须重视的。

随着世界各国经济发展对能源需求的日益增加,现在许多发达国家都更加重视对可再生能源、环保能源以及新能源的开发与研究。

二、与新能源有关的几个概念辨析

1. 新能源与常规能源

新能源与常规能源是相对的,根据普遍认可的定义,常规能源是已经大规模生产和广泛利用的能源,那么太阳能就符合常规能源的定义,因为无论从生产规模还是利用广泛程度上来看,都可以将太阳能划入常规能源范畴。但从利用太阳能发电的规模和广泛程度抑或者从利用的时间长度上来分类,太阳能又可以被认为是新能源。也可以说,将太阳能划为新能源范畴,主要是指太阳能发电,因为无论是太阳能的热发电还是太阳能的光伏发电按照新能源的定义都属于新能源范畴。

风能也是如此,人类利用风力早就有之,如帆船就是利用风力运行的,从这个角度来看,风能自然是常规能源。但是无论从生产规模还是利用广泛程度上来看,风能都应该属于新能源。

关于核能,有人认为其是常规能源,也有人认为其是新能源。从生产规模和利用广泛程度上来看,可以将核能归属为常规能源;从技术成熟程度上来看,核裂变技术已经成熟,尤其是核裂变发电技术相当成熟,也可以认为核能是常规能源,但是核聚变技术相对不够成熟,可以认为核能是新能源。欧美、俄罗斯等国家利用核能时间较长,技术也较成熟,很早就利用核能发电,这些国家认为其是常规能源,但是对核能利用起步较晚的国家,核能就属于新能源。随着我国核电技术的发展,在我国核能也渐渐被认为是常规能源。可见,新能源的分类还与地区有一定的关系。

生物质能也是如此,千百年来,人类早已对生物质进行大规模的燃烧热利用,如通过伐树、砍柴来烧饭、取暖等。但是生物质发电以及生物质气化等其他利用于20世纪70年代才兴起,因此生物质能又被视为新能源。

综上所述,新能源和常规能源的概念是相对的,新能源不仅有时间的界限,也有空间的界定。从定义上看,生产规模和使用广泛的程度也是相对的,今天是新能源,随着大规模的生产和广泛应用,新能源又成为常规能源。当然人类在开发利用能源的过程中,又会开发利用新的新能源、绿色能源,来满足人类生产生活对能源的需要。

2. 绿色能源与清洁能源

1)绿色能源

绿色能源指利用现代技术开发的干净、无污染的新能源,如太阳能、风能、潮汐能等,它可分为狭义和广义两种概念。

狭义的绿色能源是指可再生能源,如水能、生物质能、太阳能、风能、地热能和海洋能等。这些能源消耗之后可以恢复补充,在开发利用过程中无污染或很少产生污染。

广义的绿色能源则包括在能源的生产及消费过程中的选用的对生态环境低污染或无污染的能源,如天然气、清洁煤(使煤通过化学反应转变成煤气或"煤"油,通过高新技术严密控制煤的燃烧,即煤的清洁利用)等。

人们常常提到的绿色能源有太阳能、氢能、风能等,但另一类绿色能源是绿色植物提供的燃料,又称为生物能源。

2)清洁能源

清洁能源是指在开发利用过程中对环境无污染或污染较小的能源,通常主要是指可再生能源。可再生能源是指原材料可以再生的能源,如水能、风能、太阳能、生物质能等,可再生能源不存在能源耗竭的可能,因此日益受到许多国家的重视,尤其是能源短缺的国家。

常规能源的清洁利用也有人称为清洁能源,如煤的气化和液化。从对环境的污染程度来看,天然气优于石油,而石油又优于煤炭,虽然它们都是化石能源。

在新能源的开发利用中,氢燃料的发热量为同等质量碳燃料的4倍,且它的燃烧产物是水,对环境无污染。因此氢能是最清洁的能源,是未来理想的清洁能源。

有人认为核能属于清洁能源,但几乎所有的国家(包括技术和管理最先进的国家)都不能保证核电站的绝对安全,苏联的切尔诺贝利事故和美国的三里岛核泄漏事故对环境影响非常大,2011年日本福岛核电站发生泄漏,至今影响仍然存在,甚至影响世界各国的核电发展政策。另外,核电站是战争或恐怖主义袭击的主要目标,遭到袭击后可能会产生严重的后果,所以发达国家都在缓建核电站,逐渐以可再生能源代替。同时,核能利用后的核废料处理是个非常困难和棘手的问题,因为核废料仍然存在辐射且会对环境造成污染,国际上通常将核废料存放在远离人群的偏僻、安全、隐蔽的地方,且安排人员进行重点保护,甚至有人建议将核废料扔出地球,但这样仍然不能保证绝对安全。

可再生能源是最理想的能源,不受能源短缺的影响,但受自然条件的影响,如水能、风能、太阳能资源等。最主要的是可再生能源的投资和维护费用相对较高、效率偏低,所以发电成本高,现在许多科学家在积极寻找提高利用可再生能源效率的方法。相信随着地球资源的短缺,可再生能源将发挥越来越大的作用。

绿色能源和清洁能源是相对的,没有绝对的清洁能源。在能源开发利用过程中,人类应将环境放在特别重要的地位,尽可能开发利用对环境影响较小的绿色能源和清洁能源。

任务二　太阳能

太阳能一般是指太阳光的辐射能量,在现代一般用于发电。太阳能是可再生能源中最重要的基本能源,生物质能、风能、海洋能、水能等都来自太阳能,广义地说,太阳能包含以上可再生能源。狭义的太阳能的利用则限于太阳辐射能的光热、光电和光化学直接转换。

我国的太阳能资源储量十分丰富,发展潜力巨大,面对传统能源短缺和环境污染问题日益显现,作为清洁、可再生能源的太阳能越来越受到关注。

一、太阳辐射能

为了表征太阳对地球的辐射强度,人们提出了"太阳常数"这一概念。所谓太阳常数,是指在日地平均距离处,垂直于太阳辐射的大气外层平面上,单位时间内单位面积上所接收的太阳辐射能,可用符号 I_{SC} 表示,其单位为 W/m^2。1981 年,世界气象组织(WMO)公布的太阳常数值是 1 368 W/m^2,2004 年,盖马尔(Gueymard)给出的新测得的太阳常数值为 1 366 W/m^2。

太阳辐射能量主要集中在 300~3 000 nm 的波段内,这一波段内的能量约占太阳辐射总能量的 99%,其中紫外光波段约占 9%,可见光波段约占 43%,红外光波段约占 48%。因此在太阳能利用过程中,300~3 000 nm 的波段是主要的研究对象。

二、太阳能资源和开发潜力

中国地处北半球欧亚大陆的东部,主要处于温带和亚热带,具有比较丰富的太阳能资源。全国 700 多个气象台站长期观测积累的资料表明,中国各地的年太阳辐射总量大致为 $3.35×10^3$~$8.40×10^3$ MJ/m^2,平均值约为 $5.86×10^3$ MJ/m^2。根据各地接收年太阳辐射总量的多少,可将全国划分为五类地区。

一类地区:这是我国太阳能资源最丰富的地区,年太阳辐射总量为 6 680~8 400 MJ/m^2,相当于日辐射量为 5.1~6.4 $kW·h/m^2$。这些地区包括宁夏北部、甘肃北部、新疆东部、青海西部、西藏西部等地。

二类地区:这是我国太阳能资源较丰富的地区,年太阳辐射总量为 5 850~6 680 MJ/m^2,相当于日辐射量为 4.5~5.1 $kW·h/m^2$。这些地区包括河北西北部、山西北部、内蒙古南部、宁夏南部、甘肃中部、青海东部、西藏东南部、新疆南部等地。

三类地区:这是我国太阳能资源中等的地区,年太阳辐射总量为 5 000~5 850 MJ/m^2,相当于日辐射量为 3.8~4.5 $kW·h/m^2$。这些地区包括山东、河南、河北东南部、山西南部、新疆北部、吉林、辽宁、云南、陕西北部、甘肃东北部、广东南部、福建南部、江苏北部、安徽北部、台湾西南部等地。

四类地区:这是我国太阳能资源较少的地区,年太阳辐射总量为 4 200~5 000 MJ/m^2,相当于日辐射量为 3.2~3.8 $kW·h/m^2$。这些地区包括湖南、湖北、广西、江西、浙江、福建北部、广东北部、陕西南部、江苏南部、安徽南部、黑龙江、台湾东北部等地。

五类地区:这是我国太阳能资源最少的地区,年太阳辐射总量为 3 350~4 200 MJ/m^2,相当于日辐射量只有 2.5~3.2 $kW·h/m^2$,主要包括四川、贵州两省。

三、太阳能利用形式

目前,人类对太阳能的利用主要包括光热利用和光伏发电两大方面。

1）太阳能光热利用

（1）太阳能热水器。太阳能热水器是利用太阳辐射能对水进行加热的装置,它是目前太阳能利用领域中技术发展最为成熟的绿色能源技术。平板型太阳能集热器是第二代太阳能热水器产品。所谓平板型太阳能集热器,是指吸收太阳辐射能的面积与采光窗口的面积相等的太阳能集热器。与聚光太阳能集热器相比,平板型太阳能集热器具有结构简单、安装固定、可以采集太阳直射辐射和散射辐射、成本低等优点。热管平板型太阳能集热器是在传统的平板型太阳能集热器的基础上结合热管技术发展起来的,它具有平板型太阳能集热器承压能力强和吸热面积大的特点,而且启动快,传热性能好,并有防冻的功能。

（2）太阳房。太阳房是一种直接利用太阳能进行采暖或空气调节的节能建筑。它是人类利用太阳能的最早形式之一,但有目的的研究和设计则开始于20世纪30年代。太阳房利用太阳能进行采暖的基本原理是"温室效应"。

太阳房一般分为被动式太阳房和主动式太阳房两大类。被动式太阳房是指仅依靠建筑物的朝向和周围环境的布置,通过窗子、墙以及屋顶等建筑构件的专门设计和选用性能优良的材料,以自然交换的方式来获取太阳能的一类建筑。被动式太阳房按照采集太阳能的方式,又可分为直接受益式、集热墙式、附加阳光间式和组合式几种类型。主动式太阳房是指在被动式太阳房对建筑结构及环境的要求的基础上,以太阳能集热器作为主要热源的一种建筑。它用太阳能集热器替代锅炉,通过热水（或者热风）对太阳房进行供暖。近年来,主动式太阳房的建设有了较大的发展。

（3）太阳能热发电。太阳能热发电是指先将太阳辐射能转变为热能,再将热能利用发电机转变为电能的一种发电方式。较为常见的太阳能热发电方式包括半导体温差发电、太阳能蒸汽热动力发电、热声发电、太阳烟囱和太阳池发电。太阳能蒸汽热动力发电系统利用聚光装置将太阳能会聚后对工质进行加热使之成为蒸汽,蒸汽再推动发电机组进行发电。太阳能蒸汽热动力发电是太阳能热发电中最重要的一种形式,如塔式热发电和槽式热发电,且已有运行的大型发电系统,如美国的 Solar One 和 Solar Two,欧盟的 Gemasolar 等。

（4）太阳能制冷与空调。太阳能制冷的原理是直接利用热能驱动制冷机而达到制冷的目的。常用的太阳能制冷系统有以下几种:太阳能吸附式制冷系统;太阳能吸收式制冷系统;太阳能蒸汽喷射式制冷系统;太阳能除湿式制冷系统。

（5）太阳灶。太阳灶是一种太阳能高温利用的装置。由于它要求的温度比较高,所以采用普通的直射式太阳能集热器是无法满足要求的,必须采用聚焦型太阳能集热器。

太阳灶是利用太阳辐射进行炊事作业的器具。其根据收集太阳能的方式,主要分为两种类型:聚光式太阳灶和热箱式太阳灶。聚光式太阳灶利用抛物面、圆锥面、球面或者菲涅耳面等曲面的聚光性将太阳光会聚;而热箱式太阳灶是一个箱体,上部有 1~2 层玻璃或透明板,底部内表面涂上高吸收率的涂层,四周和底部需进行保温。它结构简单,造价低,通常用于蒸煮和消毒灭菌。

（6）太阳能干燥。利用太阳能来进行干燥一直是人们广泛应用的最简单和经济的干燥途径。为了满足大众的工农业产品的干燥需求,发展出了多种成熟的太阳能干燥装置,主要包括以下三种:集热器型太阳能干燥装置、温室型太阳能干燥装置和集热器-温室复合型太阳能干燥装置。

2）太阳能光伏发电

光伏发电是根据光生伏特效应原理,利用太阳能电池将太阳能直接转化为电能。不论是独立使用还是并网发电,光伏发电系统都主要由太阳能电池板（组件）、控制器和逆变器三大部分组成,它们主要由电子元器件构成,不涉及机械运动部件,所以光伏发电设备可靠,稳定,寿命长,安装、维护简单。从理论上讲,光伏发电技术可以用于任何需要电源的场合,上至航天器,下至家用电源,大到兆瓦级电站,小到玩具,光伏电源无处不在。国产晶体硅电池效率在 10%~13%,国外同类产品效率为 12%~14%。由一个或多个太阳能电池片组成的太阳能电池板称为光伏组件。

任务三 风能

一、风能概述

风能是太阳能的一种表现形式,是一种重要的自然能源,也是一种巨大的、无污染的、永不枯竭的可再生能源。风的形成是空气流动的结果,风的产生是随时随地的,其方向和大小不定。风能资源取决于风能密度和可利用的风能年累积小时数。风能密度是单位迎风面积可获得的风的功率,与风速的三次方和空气密度成正比。风能的特点为能量巨大,但能量密度低。

1. 风的特性

风的特性包括风的随机性、风随高度的变化而变化等。

风的产生是随机的,但可以根据风随时间的变化总结出一定的规律。风随时间的变化包括每日的变化和季节的变化。一天之中风的强弱在某种程度上可以看作是周期性的。例如:地面上夜间风弱,白天风强;高空中正相反,夜间风强,白天风弱。这个逆转的临界高度是100~150 m。太阳和地球相对位置的变化使地球上的风存在季节性变化。我国大部分地区风的季节性变化情况是春季最强,冬季次之,夏季最弱。当然也有部分地区例外,如沿海温州地区,夏季季风最强,春季季风最弱。

风随高度的变化而变化,人们通过实际测量和反复实践,总结了许多风速随高度变化而变化的计算公式,但通常采用所谓的指数公式,即直接应用风速随高度变化的指数规律,以10 m为基准,修正得到不同高度的风速,其表达式为

$$v/v_0=(h/h_0)^k$$

式中:v为距地面高度为h处的风速,m/s;v_0为距地面高度为h_0处的风速,一般取h_0为10 m,m/s;k为修正指数,取决于大气稳定度和地面粗糙度等,其值为0.125~0.5,在开阔、平坦、大气稳定度正常的地区为1/7。

一般来说,粗糙的地面在近地层更易形成湍流,风速随高度增大快,风速梯度大,为了从自然界获取最大的风能,应尽量利用高空中的风能。

2. 中国的风能资源

从20世纪70年代末到现在,中国气象局对风能资源进行了四次普查,前三次风能资源普查主要以全国气象台站10 m高度的测风资料为基础,普查空间分辨率为几百千米到数十千米。第四次风能资源详查与评价以专业化风能资源观测和数值模拟评估技术为基础,首次获得了50 m高度上全国5 km×5 km、局部1 km×1 km分辨率的风能资源详查成果。第三次风能资源普查给出:全国陆地离地面10 m高度的风能资源总储量为43.5亿kW,技术可开发量为2.97亿kW,技术可开发面积20万km²。第四次风能资源详查与评价给出:①我国陆上离地面50 m高度3级以上风能资源的潜在开发量约23.8亿kW;②我国内蒙古的蒙东和蒙西、新疆哈密、甘肃酒泉、河北坝上、吉林西部和江苏近海等7个千万千瓦级风电基地风能资源丰富,陆上离地面50 m高度3级以上风能资源的潜在开发量约18.5亿kW;③7个千万千瓦级风电基地总的可装机容量约为5.7亿kW;④初步估计,我国5~25 m水深线以内近海区域、海平面以上50 m高度可装机容量约2亿kW。

二、风能利用技术

20世纪70年代,在第一次石油危机发生之后,人们才注意到风力发电,并开始把风能作为一种后备能源来开发。到20世纪末,风能已成为最重要的可再生能源之一。在政府对风力发电研究开发的大力支持下,许多发达国家(如德国、丹麦、美国和瑞典)开始研制大型风力发电机,风力发电机也从早期的蓄电池充电方式向并网型发展。

1. 风力发电的基本原理

并网型风力发电机组的功能是将风中的动能转化为机械能,再将机械能转化为电能输送到电网中。

对并网型风力发电机组的基本要求为:在当地风况、气候和电网条件下能够长期安全运行,取得最大的年发电量和最低的发电成本。

2. 风力发电机组的分类

1)按照风机旋转主轴的方向分类

(1)水平轴式风机。转动轴与地面平行,叶轮需随风向变化而调整方向。

(2)垂直轴式风机。转动轴与地面垂直,设计较简单,叶轮不必随风向变化而调整方向。

2)按照桨叶受力方式分类

(1)升力型风机。升力型风机利用风流升力的特殊作用推动风轮。这种类型的风机叶片迎风面积只占整个扫风面积的1.5%,但可以获取扫风面积内40%的动能。

(2)阻力型风机。阻力型风机是采用流体力学风洞原理中的波浪形垂直轴结构而设计开发出的一款新型垂直轴式风机。阻力型风机主要由波浪形叶片、连接轴、永磁发电机等组成。阻力型风机的启动风速为17 m/s,额定风速为5~6 m/s,它具有零部件少、安装简便、应用范围广等优点。

3)按照桨叶数量分类

风力发电机组按照桨叶数量可分为单叶片型风机、双叶片型风机、三叶片型风机、多叶片型风机。

4)按照风机接受风的方向分类

(1)上风向型风机。上风向型风机的叶轮相对于发电机在来风方向上游(即在塔架的前面迎风放置),一般需要调向装置来保持叶轮迎风。

(2)下风向型风机。下风向型风机的叶轮相对于发电机在来风方向下游,能够自动对准风向,从而不需要调向装置。但由于一部分空气通过塔架再吹向叶轮,塔架就干扰了流过叶片的气流而产生塔影效应,使风机性能有所降低。

5)按照功率传递机械连接方式分类

(1)有齿轮箱型风机。有齿轮箱型风机的桨叶通过齿轮箱及高速轴承、万能弹性联轴器将转矩传递到发电机的传动轴,联轴器具有很好的吸收阻尼和振动的性能,可吸收适量的径向、轴向和一定角度的偏移,并且联轴器可阻止机械装置的过负荷。

(2)无齿轮箱的直驱型风机。无齿轮箱的直驱型风机采用了多项先进技术,桨叶的转矩可不通过齿轮箱增速而直接传递到发电机的传动轴,使风机发出的电能并网输出。这样的设计简化了装置结构,降低了故障概率,主要用于大型机组。

3. 风机控制技术

风机的控制系统是风机的重要组成部分,它承担着风机监控、自动调节、实现最大风能捕获以及保证良好的电网兼容性等重要任务,它主要由监控系统、主控系统、变桨控制系统、偏航系统、变频系统(变频器)几部分组成。各部分的主要功能分述如下。

1）监控系统

监控系统实现对全风场风机状况的监视与启、停操作,故障监测和数据记录,包括大型监控软件及完善的通信网络。

2）主控系统

主控系统是风机控制系统的主体,可实现自动启动、自动调向、自动调速、自动并网、自动解列、故障自动停机、自动电缆解绕及自动记录与监控等重要控制、保护功能。它对外的三个主要接口系统是监控系统、变桨控制系统和变频系统（变频器）。

3）变桨控制系统

系统变桨就是使叶片绕其安装轴旋转,改变叶片的节距角,从而改变风机的气动特性,实现最大风能捕获以及恒速运行,提高风力发电机组的运行灵活性。目前来看,变桨控制系统的叶片驱动有液压、电气和电液结合三种方式。

4）偏航系统

水平轴式风机风轮轴绕垂直轴的旋转称为偏航。偏航系统可以分为被动偏航系统和主动偏航系统。被动偏航系统的偏航力矩由风力产生,下风向风力发电机组和安装尾舵的上风向风力发电机组的偏航属于被动偏航。主动偏航系统应用液压机构或者电动机和齿轮机构来使风机迎风,大型风力发电机组多采用主动偏航系统。

5）变频系统

变频系统与主控系统接口、发电机、电网连接,直接承担着保证供电品质、提高功率因数、满足电网兼容性标准等重要任务,支持风力发电机组大功率变流系统的主要技术有正弦脉宽调制技术、大功率变流技术、多重化技术、计算机软件控制技术等。

4. 风力发电储能技术

储能技术在风力发电中尤为重要,风速的变化会使原动机输出的机械功率发生变化,从而使发电机输出的功率产生波动而使电能质量下降。应用储能装置是改善发电机输出电压和频率质量的有效途径。储能与大容量风力发电系统的结合是可再生能源的重要组成部分。对来自可再生能源的电能的储存与释放,将会使廉价的、不稳定的能源变成稳定的、具有较高价值的产品。此外,电网负荷有高峰和低谷特性,电力系统的负荷有峰有谷,用电能储存系统调节电力负荷很有必要。尤其在风力发电厂,由于风有时候起,有时候停,可行性强的储能方法和装置对风力发电厂显得尤为重要。按储存能量的形式,适合风力发电系统、有应用前景的储能方式主要有液流电池、锂离子蓄电池、压缩空气蓄能、超导储能、超级电容器储能等形式。

5. 风力发电并网技术

风力发电要解决的一个很重要的问题是并网。目前主要采用的是异步发电机和同步发电机,其并网方法根据电机容量的不同和控制方式的不同而变化。

任务四　水能

水资源是人类不可缺少、无法替代的重要自然资源,是指人们直接或间接使用的各种水和水中的物质。水能资源与水资源是不同的。水能资源通常是指水体的动能、位能和压力能等能量资源,是一种重要的可再生能源,是清洁能源、绿色能源。广义上,水能资源包括河流水能、潮汐水能、波浪能、海流能等能量资源;狭义上,水能资源是指河流的水能资源。目前人们最易开发和利用的较成熟的水能资源是河流水能。

一、我国水能资源概况

我国幅员辽阔,江河众多,蕴藏着丰富的水能资源。全国分布着 7 大水系,河流总长度约为 42 万 km,主要大河大都自西向东流入太平洋。长江、澜沧江、怒江、雅鲁藏布江、额尔齐斯河等汇入海洋的水系占全国面积的 63.8%,径流总量占全国的 95.5%。据统计,全国流域面积在 100 km² 以上的河流有 5 万多条,多年平均年径流总量达 2.71×10^2 m³。其中,河长在 1 000 km 以上的有 20 余条;流域面积在 1 000 km² 以上的有 1 600 多条;水能资源蕴藏量在 10 GW 以上的有 3 000 多条。我国山地面积广,大多数河流落差大,其中,长江、黄河发源于青藏高原,落差分别为 5 400 m 和 4 830 m;雅鲁藏布江、澜沧江、怒江的落差均在 4 000 m 以上;其余的如大渡河、雅砻江、岷江、珠江、红河等许多河流落差也在 2 000 m 以上。河川丰沛的径流量和巨大的落差,形成了我国十分丰富的水能资源。

二、水能开发利用原理

1. 水能利用的原理

水能开发主要是开发利用水体蕴藏的能量。由于地球的引力作用,物体从高处落下,可以做功,产生一定的能量。同样,水在流动过程中具有能量,可以做功。水位越高,流量越大,产生的能量也越大。天然河道的水体具有位能、压力能和动能三种机械能。水能利用主要是指对水体中位能的利用。

目前,水能主要用于水力发电和水能农业灌溉。本部分主要介绍水能农业灌溉中水能利用的其他形式——水轮泵和水锤扬水机。

1)水轮泵

(1)水轮泵的工作原理。水轮泵是潜在水中工作,利用水流落差提水的环保提水灌溉机械,它由水轮机和水泵组合而成。其能量转换过程是:水能→机械能→水能。上游来水通过水轮机的导叶→导流轮毂,推动水轮机的转轮旋转,将水能转换为机械能,由主轴输给上面的水泵叶轮;室中的一部分水经水泵的进水滤网→水泵叶轮,旋转着的水泵叶轮把机械能转换为水能,水经水泵叶轮→泵壳→出水管,送向灌溉渠道。水轮机和水泵有同轴直联的,也有通过齿轮或胶带传动的。常用水轮机的类型有轴流式和混流式;水泵的类型有轴流式、混流式和离心式,分别适用于不同的工作水头和扬程。

(2)水轮泵的特点是:结构简单,使用方便,不耗油,不用电,依靠自然水力作用而运转,性能可靠,成本低廉。不需提水时,还可利用水轮机的动力进行农副产品加工等。凡有急水、跌水等水量充足的地方都可安装使用水轮泵。

2)水锤扬水机

水锤扬水机又称水锤泵。其工作原理如下:用操作杆压开锤击阀,水从水源经进水管路、工作室、打开的阀门流出,并在水头的作用下流速加快。当流速增大到一定值时,由下而上作用的压力把锤击阀顶起关上,此时工作室内的水突然停止流动,就产生了水锤,产生的压强可高于10倍的作用水头 H。在此压力作用下,单向压水阀被水冲开,进入泵筒的水压缩筒内上部的空气,同时经出水管路流向灌溉渠道。水锤作用结束后,工作室压力降低,压水阀关闭,锤击阀在自身重力作用下开启,工作室中的水又经开启的阀门外流,扬水机又自动恢复到起始状态,上述过程重复发生,断续循环。

2. 水资源综合利用的原则

水资源是国家的宝贵财富,它有多方面的开发利用价值。与水资源关系密切的部门有水力发电、农业灌溉、防洪与排涝、工业和城镇供水、航运、水产养殖、水生态环境保护、旅游等。因此,在开发利用河流水资源时,要从整个国民经济可持续发展和环境保护的需要出发,全面考虑,统筹兼顾,尽可能满足各有关部门的需要,贯彻"综合利用"的原则,开发和利用水资源,以利于人类社会的生存和发展,构建和谐自然、和谐社会。水资源综合利用的原则是,按照国家对生态环境保护、人水和谐、社会经济可持续发展的战略方针,充分合理地开发利用国家的水资源,来满足社会各部门对水的需求,又不能对未来的开发利用能力构成危害,在环境、生态保护符合国家规定的条件下,尽可能获取最大的社会、经济和生态环境综合效益。

三、水能利用发展现状和趋势

水能是可再生的清洁能源,是国家优先发展的符合可持续发展要求的能源。中国水能蕴藏量达1万kW以上的河流有300多条,水能资源丰富程度居世界第一。

1. 我国水电建设成就

我国早在四千年前就开始兴修水利,至春秋战国时期,水利工程已经具有相当大的规模,建设的水利工程也非常先进。但是,现代化的水电建设起步很晚,直至1910年才开始在云南螳螂川修建第一座水电站——石龙坝水电站,装机容量为472 kW。改革开放以来,水电事业有了突飞猛进的发展,我国水电建设取得了很大的成绩。2002年以来的10年,是水电快速发展壮大的10年。截至2011年底,我国水电装机容量达到2.3亿 kW,是2002年的2.7倍,在总装机容量中占比保持在22%左右,自2004年以来一直居世界第一位。在此期间,水电科技依托国家重大工程建设取得明显进步。

三峡工程是迄今为止世界上已建成的规模最大的水利枢纽工程,也是我国水电技术进步的典范。2003年7月,三峡工程首台70万 kW 机组并网发电;2012年7月,三峡地下电站最后一台机组并网投运,三峡总装机容量达到22.4万 MW。在此期间,我国通过引进、消化、吸收再创新,拥有了水轮机水力设计、定子绕组绝缘、发电机蒸发冷却等具有自主知识产权的核心技术。哈尔滨电机厂和东方电机厂各自设计制造的三峡右岸4台(套)水轮发电机组的运行实践表明,其各项主要指标优于左岸进口机组,实现了国产70万 kW 水轮机的突破。

2014年,以溪洛渡水电站投产为标志,中国水电总装机容量突破3亿 kW。中国电建规划、设计、施工人员联手奋斗,先后完成了澜沧江、金沙江、怒江等大中型河流的水电规划,建成投产了乌东德、两河口、锦屏一级、锦屏二级等一批大型、特大型常规水电工程。2021年,中国电建设计与承建的金沙江白鹤滩水电站首批机组安全准点投产发电,习近平总书记在贺信中指出,白鹤滩水电站是当今世界在建规模最大、技术难度最高的水电工程。单机容量达百万千瓦的水轮发电机组,实现了我国高端装备制造的重大突破。截至2022年5月,我国水电总装机容量为3.96亿 kW。预计至2025年,我国水电(含抽水蓄能)总装机将达到

4.4亿kW;至2035年,总装机容量可以达到8亿kW;展望2060年前后,水电总装机容量可以达到10亿kW,年发电量超过2万亿kW·h,带动超过20亿kW的新能源开发。

2. 我国水能资源的应用发展前景

我国有着丰富的水能资源,在整个能源资源中,水能资源的地位是举足轻重的。未来煤、石油、天然气等化石燃料基本开采完后,水能资源仍可继续供用。况且,煤、石油等化学能源资源不单是能源,而且是化工、医药、纺织、轻工等的重要而宝贵的工业原料。因此,要优先开发水能资源,合理开发利用水能资源具有广阔的发展前景。

21世纪是中国水电大发展的时期,西部大开发和"西电东送"战略将支撑我国水电事业的腾飞,中国水电技术也将因此走在世界前列。

任务五　地热能

一、地热能概述

1. 地球与地热

地球的平均半径为 6 371 km，从内到外由地核、地幔和地壳构成。众所周知，地球就像一个大熔炉，内部熔融的岩浆和放射性物质的衰变使地球内部的温度高达几千摄氏度，如地核的温度约为 5 000 ℃，由内到外温度逐渐降低。地球本身就是一座巨大的天然储热库，其产生的热能通过岩石、裂隙或地下水从地壳的深处传递到表层或表层深部，并在特定的地质环境下在地下汇集，形成地球上的许多热点。地球内部蕴藏的这种天然热能即为地热能。地热能会在一定条件下为人类提供可用资源，即地热资源。

2. 地热资源的分类

可利用的地热能主要包括：通过热泵技术开采利用的浅层地热能、通过天然通道或人工钻井直接开采利用的常规地热能以及干热岩体中的地热能。

按温度高低，地热资源可划分为高、中、低三种类型。一般高于 150 ℃ 的称为高温地热，主要用于发电；低于 150 ℃ 的称为中低温地热，通常直接用于采暖、工农业加热、水产养殖、医疗和洗浴等。中低温地热具体分为中温地热（温度为 90~150 ℃）和低温地热（温度低于 90 ℃）。

按资源形式，地热资源可分为热水型、蒸汽型、地压型、干热岩型和熔岩型等。

（1）热水型。热水田是产出非饱和态地下热水的地热田。这种地热能分布较广，约占已探明的地热资源的 10%，其温度范围也很广，从接近于室温到高达 390 ℃。通常既包括温度低于当地气压下饱和温度的热水和温度高于沸点的有压力的热水，又包括湿蒸汽。90 ℃ 以下的称为低温热水田，90~150 ℃ 的称为中温热水田，150 ℃ 以上的称为高温热水田。中低温热水田一般离地面较近，这种热源用起来方便，使用得最广泛。我国已发现的地热田大多属于这种类型。

（2）蒸汽型。蒸汽型地热能是最理想的地热资源，它是指以温度较高的干蒸汽或过热蒸汽形式存在的地下储热。形成这种地热田要有特殊的地质结构，这种地热资源最容易开发，可直接送入汽轮机组发电。但蒸汽型地热田很少，仅占已探明的地热资源的 0.5% 左右。

（3）地压型。地压型地热能是指埋藏在深 2~3 km 的沉积岩中的高盐分热水的储能。它的温度为 150~260 ℃，其储量较大，约占已探明的地热资源的 20%。地压型地热田常与石油资源有关。地压型水中溶有甲烷等碳氢化合物，可形成有价值的副产品。地压型地热能的开发利用尚处于研究探索阶段。

（4）干热岩型。干热岩是指地层深处普遍存在的不含水分（或含有少量蒸汽）的热岩石，它的温度为 150~650 ℃。干热岩型地热资源储量十分丰富，比蒸汽、热水和地压型地热资源多得多，约占已探明的地热资源总量的 30%。大多数国家都把这种资源作为地热开发的重点研究目标。

（5）熔岩型。熔岩也称为岩浆，是埋藏部位最深的一种完全熔化的高温熔岩（即岩浆），其温度高达 650~1 200 ℃。熔岩储存的热能比其他几种都多，约占已探明的地热资源总量的 40%。不过在开采这种地热能时，需要在火山地区打几千米深的钻孔，所冒的风险很大，因此这种地热能尚未得到实际开发利用。

按水的传热方式,地热资源又可分为传导型和对流型地热资源。

3. 中国地热资源简介

中国位于欧亚板块东南部,西部与印度板块相接,东部与太平洋板块相连,地热资源较丰富,储量巨大。据粗略计算,我国储存的地热资源总量约 $4.018\,4\times10^{19}$ kJ,相当于 $1.371\,1\times10^{12}$ t 标准煤的发热量,若以其 1% 作为可开采的量计算,则可开采地热资源总量为 $4.018\,4\times10^{17}$ kJ,相当于 $1.371\,1\times10^{10}$ t 标准煤的发热量。

我国地热资源占全球的 7.9%。根据中国地质调查局 2015 年的调查评价结果,分类型来看,全国 336 个地级以上城市浅层地热能年可开采资源量折合 7 亿 t 标准煤当量,主要分布在东北地区南部、华北地区、江淮流域、四川盆地和西北地区东部,可实现供暖(制冷)建筑面积 320 亿 m^2。

我国陆地热水型地热能年可开采资源量折合 18.65 亿 t 标准煤当量(回灌情景下)。热水型地热能资源中,中低温热水型地热能资源占比达 95% 以上,主要分布在华北、松江、苏北、江汉、鄂尔多斯、四川等平原、盆地地区以及东南沿海、胶东半岛、辽东半岛等山地、丘陵地区,可用于供暖、工业干燥、旅游、康养和种植养殖等;高温热水型地热能资源主要分布于西藏南部、云南西部、四川西部和台湾地区,西南地区高温热水型地热能年可开采资源量折合 1 800 万 t 标准煤当量,发电潜力达 7 120 MW,地热能资源的梯级高效开发利用可满足四川西部、西藏南部等少数民族聚居地区约 50% 人口的用电和供暖需求。

我国埋深 3 000~10 000 m 干热岩型地热能基础资源量约为 2.5×10^{25} J(折合 856 万 t 标准煤当量),其中埋深在 5 500 m 以浅的干热岩型地热能基础资源量约为 3.1×10^{24} J(折合 106 万 t 标准煤当量)。我国干热岩资源主要分布在西藏地区,其次为云南、广东、福建等地区。鉴于干热岩型地热能勘查开发难度和技术发展趋势,埋深在 5 500 m 以浅的干热岩型地热能将是未来 30 年内我国地热能勘查开发研究的重点。

我国利用地热资源的方式主要是高温地热发电和中低温地热直接利用。1975 年发现的羊八井地热蒸汽田位于距离拉萨市西北 90 km 的青藏公路线上,是一处面积为 30 km^2 的断陷盆地,有十多个地热显示区,由沸泉组成的热水湖、大小喷气孔、热水泉星罗棋布。羊八井地热蒸汽田内的第一口钻孔探至地下 38~43 m 深时,蒸汽和热水混合物从钻杆外沿喷出,高达 15 m 以上,井口最大压力约 0.31 MPa,蒸汽流量为 10 t/h,井下温度达到 150 ℃ 左右。羊八井地热蒸汽田是我国目前已知的热储温度最高的地热田。我国第一座地热蒸汽电站于 1976 年在西藏羊八井建立,第一台 1 MW 试验机组于 1977 年发电成功,此后羊八井地热电站经过不断扩容,至 1991 年陆续完成了 8 台 3 MW 机组的组装,同时第一台 1 MW 试验机组退役。此后,羊八井地热电站维持装机容量 24.18 MW,每年发电量为 1 亿 kW·h 左右,在当时的拉萨电网中曾承担 41% 的供电负荷,冬天甚至超过了 60%,被誉为"世界屋脊"上的一颗明珠。2008 年,在国家"863 计划"的支持下,在羊八井地热电站新增安装了 1 MW 低温双螺杆膨胀发电机组,利用电站排放的 80 ℃ 废热水发电运行。2009 年,羊八井地热电站发电量达到 1.419 亿 kW·h。至今,羊八井地热电站已运行 40 多年,每年运行 6 000 h 以上,年均发电量超过 1.2 亿 kW·h。此外,羊八井还建有地热温室,种植了多种蔬菜,一年四季向拉萨供应新鲜蔬菜。目前,西藏羊八井地热电站总装机容量为 25.18 MW。

在华北、东北、西北地区,北京、天津、西安、鞍山等大中城市,地热采暖已取得良好的经济效益和环境效益。此外,地热温室、地热养殖、地热灌溉等地热资源的农业利用也在迅速发展。地热资源还普遍应用于医疗保健、娱乐和旅游。

二、地热能利用技术

地热能是一种清洁能源,它是具有医疗、保健和工业、农业等多种用途的资源,人类在很早以前就开始利用地热能,如利用温泉沐浴、医疗,利用地下热水取暖,等等。在使用地热能的实践过程中,人类认识到地热资源将是21世纪不可缺少的绿色能源。目前,世界上120多个国家和地区已经发现和开采的地热田多达7500多处。地热能的开发利用主要在采暖、发电、育种、温室栽培和洗浴等方面。地热能的利用可分为地热直接利用和发电两大类,对不同温度的地热流体采取不同的利用方式。为提高地热利用率,多采用梯级开发和综合利用的办法,如热电联产联供、热电冷三联产、先供暖后养殖等。

1. 地热直接利用

地热直接利用主要包括四个方面。

1) 地热供暖

地热供暖是地热能的主要利用方式之一,仅次于地热发电,是将地热能直接用于采暖、供热和供热水的地热利用方式。采用地热供暖既能保持室温恒温,又不污染环境。同时,地热抽水的机械设备比发电的机械设备简单、成本低,这种利用方式简单、经济效益明显,备受各国重视,特别是位于高寒地区的西方国家和我国的北方地区。在国外,冰岛、新西兰和美国在利用地热供暖方面成效突出。其中,冰岛开发利用得最好。该国早在1928年就在首都雷克雅未克建成了世界上第一个地热供暖系统,是世界地热供暖的创始国。目前,冰岛几乎所有的城市都用地热供暖,因此冰岛被称为"世界上最清洁的国家"。美国在地热供暖方面也很先进,为了节约能源,美国以每年20%的速度发展地热供暖,在使用地热供暖方面走在世界前列。

我国利用地热供暖和供热水发展也非常迅速,在京津地区和西安已成为地热利用中最普遍的方式。我国采用地热供暖的省市主要有北京、天津、陕西、昆明、辽宁等。北京是我国浅层地热开发规模最大的城市之一,地热利用为实现首都城市清洁和蓝天工程做出了重要贡献。

2) 地热工农业

在现代工农业生产和开发中,工农业对环境的污染已成为需要重点解决的问题。可以利用地热能来减小工农业对环境的污染,同时提高企业的经济效益。

在工业生产中,可利用地热给工厂供热,如将地热用作干燥谷物和食品的热源,也可用作生产硅藻土、木材、造纸、制革、纺织、酿酒、制糖等生产过程的热源。目前,世界上最大的两家地热应用工厂是冰岛的硅藻土厂和新西兰的纸浆加工厂,它们既达到了节能的目的,提高经济效益,也改善了环境,成为世界上通过改造减小工业污染的成功典范。纺织厂用地热水喷雾,可使纺织线条保持湿度而不发生断裂,如天津纺织厂用热水保持水温,在印染和纺织过程中保持产品着色鲜艳、手感柔软等。用地热水喷雾不但有利于保证纺织质量,而且也降低了废品率,提高了生产效率和经济效益。

地热能在农业生产上应用范围更广,地热水可用于温室育苗、栽培作物、养殖禽畜和鱼类等,还可利用地热温室种植蔬菜和名贵花卉。如地处高纬度地区的冰岛不仅以地热温室种植蔬菜、水果、花卉,近年来还栽培了咖啡、橡胶等热带经济作物。当地热水符合渔业水质标准的低矿化度要求,温度为30~45℃时,可用于水产养殖,主要养殖罗非鱼、鲤鱼、草鱼、鳗鱼、牛蛙、青虾及河蟹等。28℃的水温可加速鱼的育肥,提高鱼的出产率。我国东北地区采用地热水养殖,提高了鱼的繁殖和生长能力,保证安全越冬,使北方百姓在寒冬腊月也能吃到活鲜鱼。

3) 地热浴疗、洗浴、游泳

地下热泉或热水不但温度较高,而且含有许多矿物质成分或微量放射性物质,对人体有保健作用。在浴用医疗方面,人们早就用地热矿泉水医治皮肤病和关节炎等,不少国家还设有专供沐浴医疗用的温泉。地下热水产出于地下深部的地球化学环境,在较高温度、压力下,热水中溶解了丰富的矿物质,如偏硅酸、硫化氢、氡、镭和氟等成分,具有珍贵的医疗价值。地热浴疗主要利用地热水中的化学成分、矿物质和地热水的温度来刺激人体,加快血液循环,促进新陈代谢,提高人的抵抗力和免疫力。随着人民生活水平的不断提高,温泉治疗或疗养已成为常用的保健手段。地热温水洗浴在全世界较为普遍。我国最早的有文字记载的温泉是陕西华清池。

温泉游泳馆也是一般游泳馆不可比拟的。它的池水既有保健作用,又可保持恒温,一年四季不变,节约了大量石油、煤等燃料。目前,世界很多有温泉的地方都建有温泉游泳馆。我国在湖北省英山兴建的温泉游泳馆作为游泳跳水训练基地,培养出了一批卓越的水上项目运动员。

4)温泉旅游

随着人们生活水平的提高和经济收入的增长,人们希望在风景优美、环境幽雅的风景区旅游度假。地热资源一般位于优美的自然景观区,旅游与地热资源结合为旅游者所喜爱。

我国较早利用地热资源开展旅游,很多地区根据当地的地热资源优势建起了集医疗保健、洗浴、休闲娱乐、旅游观光于一体的温泉度假村,取得了良好的社会和经济效益。这类对地热资源的综合利用方式代表着地热资源的主要开发利用方向,如长白山天池温泉、黑龙江的五大连池,还有福建滨海、辽宁兴城一带也建成了旅游与疗养的综合城市。

2. 地热发电

地热发电是地热资源利用最重要的形式,也是技术含量最高的。根据热能梯级利用原理,高温地热流体应首先应用于发电。地热发电和火力发电的原理是一样的,都是将蒸汽的热能在汽轮机中转变为机械能,然后带动发电机发电,将机械能转变成电能;不同的是,地热发电不像火力发电那样要备有庞大的锅炉,也不需要消耗燃料,它所用的一次能源就是地热能。

1904年,意大利人拉德瑞罗利用地热进行发电,并创建了世界上第一座地热蒸汽发电站,装机容量为250 kW。20世纪60年代以来,由于石油、煤炭等能源的大量消耗,美国、中国、菲律宾、新西兰、意大利等国对地热能重视起来,相继建成了一批地热电站。20世纪末,全世界利用地热发电的国家有20多个。

我国地热发电量最大的是西藏的羊八井地热电站,此外,我国台湾、云南等地区也应用地热资源发电。

地热发电系统主要有四种,即闪蒸式地热蒸汽发电系统、双循环式地热发电系统、全流发电系统和干热岩发电系统。

1)闪蒸式地热蒸汽发电系统

闪蒸式地热蒸汽发电系统技术成熟,运行安全、可靠,是目前世界上地热发电中采用较多的方式。闪蒸式地热蒸汽发电系统利用地热蒸汽推动汽轮机运转,产生电能。

不论地热资源是湿蒸汽田还是热水田,闪蒸式地热蒸汽发电系统都是直接利用地下热源产生的蒸汽来推动汽轮机做功的。蒸汽送至汽轮机做功,而分离后的热水可继续利用后排出,最好再回注入地层。为更好地利用地热能发电,还可进行二级闪蒸,即第一级闪蒸器中剩下的热水进入第二级闪蒸器,产生一些压力更低的蒸汽进入汽轮机中做功,可使发电能力增加15%~20%。做功后的蒸汽可直接排入大气,也可用于工业生产中的加热过程。这种系统多用于地热蒸汽不凝结性气体含量高的场合,或者用于工农业生产和生活中的热电联供。国内广东邓屋、湖南灰汤、山东招远地热发电站皆为一级闪蒸式地热蒸汽发电,西藏羊八井地热发电站为二级闪蒸式地热蒸汽发电。

闪蒸式地热蒸汽发电站的优点是低温热能的设备简单、易于制造,可以采用混合式换热器;其缺点是设备尺寸大、容易腐蚀结垢、热效率较低。由于直接以地下热水蒸气为工质,闪蒸式地热蒸汽发电站对地下热水的温度、矿化度及不凝气体含量等有较高的要求。

2)双循环式地热发电系统

双循环式地热发电系统也称有机工质朗肯循环系统,或称双流地热发电系统,是20世纪60年代以来在国际上兴起的一种地热发电系统。它以一种低沸点有机物为工质,工质在流动系统中通过换热器从地热流体中获得热量,并产生有机质蒸气,进而推动有机质汽轮机旋转,带动发电机发电。做完功的气体在冷凝器中凝结为液态有机物,完成一个液相、气相的循环。因此,在这种发电系统中有两种流体:一种是地热流体,作为热源;另一种是低沸点工质流体,作为工作介质来将地下热水的热能转变为机械能。所谓双循环,就是地热流体的封闭循环和有机工质的密闭循环,这两个循环构成整个发电系统。

双循环发电有机工质的选择非常重要,要求沸点低,常用工质多数为碳氢化合物或碳氟化合物,如异丁烷(常压下沸点为-11.7 ℃)、正丁烷(常压下沸点为-0.5 ℃)、丙烷(常压下沸点为-42.1 ℃)和氟利昂等(为满足环保要求,应尽可能不用含氟工质)。所用工质可以是纯的,也可以是由几种物质混合而成的,主要应考虑其热力性质和传输性质,还要注意其在工作温度下的化学稳定性、易燃性、易爆性及毒性等,必须防止其对环境造成污染和与系统中的其他物质发生化学反应等。

根据低沸点工质的这些特点,可以用100 ℃以下的地下热水加热低沸点工质,使它产生具有较高压力的蒸气来推动汽轮机做功。这些蒸气在冷凝器中凝结后,用泵把低沸点工质重新打回换热器,以循环使用。

双循环发电方法的优点是:利用低温热能的热效率较高,设备紧凑,汽轮机的尺寸小,易于适应化学成分比较复杂的地下热水。其缺点是:大部分低沸点工质传热性都比水差,采用此方法需有相当大的金属换热面积;低沸点工质价格较高、来源欠广,有些低沸点工质还有易燃、易爆、有毒、不稳定、腐蚀金属等特性。

3)全流发电系统

全流发电系统将地热井口的全部流体,包括所有的蒸气、热水、不凝气体及化学物质等,不经处理直接送进全流动力机械中膨胀做功,然后排放或收集到凝汽器中。这种形式可以充分利用地热流体的全部能量,它的单位净输出功率可比单级闪蒸法和双级闪蒸法发电系统的单位净输出功率分别提高60%和30%左右,目前尚处在技术攻关阶段。

4)干热岩发电系统

利用地下干热岩体发电的设想,是20世纪70年代由美国加州大学实验室的研究人员提出的。1972年,他们在新墨西哥州北部打了两口约4 000 m的深斜井,从一口井中将冷水注入干热岩体,从另一口井中取出被岩体加热产生的蒸汽,功率达2 300 kW。进行干热岩发电研究的还有日本、英国、法国、德国和俄罗斯,但迄今尚无大规模应用。地球内部的温度随着深度的增大而升高,在没有水或蒸汽的热岩石里,可采用人工钻孔注水方法人为造出一个与天然水热系统相似的地下热储。

干热岩发电系统的优点是不受地热资源分布限制,开发过程不产生废水和废气。干热岩发电是一项高新技术,需要运用斜井深钻技术和深层热岩破碎技术,涉及耐高温高压的新材料、传热、自动控制和计算机模拟设计等技术问题,开发难度大、成本高。

三、地热利用发展趋势

在可再生能源大家族中,地热资源不受环境影响,热源连续稳定,利用效率高,发电的能源利用效率最高(平均73%),可作为基础载荷。地热资源在CO_2减排方面优势明显。与传统的锅炉供暖相比,基于热泵技术的地热供暖的CO_2排放量减少50%;若热泵所耗电力来自清洁能源,则没有CO_2排放。

时至今日,地热能作为新能源中的优势能源之一,再次进入经济发展的主流趋势,其利用模式也由市场经济初期的地热温泉利用逐步向能源为主的利用模式转型,使可贵的地热资源得到充分、高效利用。在未来,全球地热能开发利用趋势如下。

1)地热供暖推广,集中供暖+冷热站

地热供暖目前大部分是小规模的地热井温泉、小区供暖以及一些零散的地源热泵系统运作。要想提升竞争力,进行大型集中供暖是地热供暖发展的必然趋势,也是清洁环保、替代碳排能源的市场需求的体现,与此同时,地热能集中供暖,也能提升对能源的高效利用,降低小片区应用造成的能源损耗。冷热站将深层地热井供暖与浅层地源热泵制冷结合起来,不仅可以集中供暖,也可以集中制冷,不仅提高了生活的舒适度,也极大地提高了能效。

2) 地热发电技术,向更深层探索地热能

地热发电是地热能最高效的利用形式,但目前地热发电依旧受资源条件和开发水平的限制,尤其是在我国,能够进行高温地热发电的浅层区域并不多。地热发电需要极佳的地热资源品位,而较多的地热能蕴藏在几千米深的干热岩中,深层的干热岩储量很大,但开采成本相对较高。

3) 地热温泉旅游,功能性+综合体

不再发展单一的温泉洗浴模式旅游开发,而是将地热温泉作为一种高级资源,进行地产式休闲开发,提高地热温泉资源的利用率,提高其休闲、养生、娱乐价值,形成多层次、多角度的顺应市场需求的综合体,在增值地热温泉资源的同时,保护地热温泉资源。

4) 梯级利用,综合规划

与太阳能、风能在利用上区别最大的地方是,地热能可以根据温度层次进行分层的梯级利用。高温地热水进行地热发电后,中温余水还可进行地热供暖,供暖后的余水还可以经过处理后输入其他管道进行梯级利用,这样使每个温度层次的地热水得到充分利用,既节约了资源,又提高了效率,同时也有利于多角度受益,是全面提升地热能竞争力的一种有效手段。

任务六 氢能

一、氢能概述

氢能是指以氢及其同位素为主导的反应或者氢发生状态变化所释放的能量,氢能是理想的清洁、高效的二次能源。随着制氢、氢能储运及燃料电池技术的发展,氢能已经跨过概念、示范进入产业化阶段。

氢能可以由氢的热核反应释放,也可以由氢跟氧化剂发生化学反应放出。不同种类的氢反应放出的能量是大有差别的,因而其利用程度和利用方式也各不相同。前一种反应释放的能量通常称为热核能或聚变能,后一种反应放出的能量称为燃料反应的化学能。

氢资源可以来源于水、可再生植物、煤炭、天然气等,在地球上可谓无处不在,是一种取之不尽、用之不竭的能源,而且氢氧结合的燃烧产物是最干净的物质——水,是理想的 CO_2 零排放燃料。氢不但是一种优质的燃料,还是石油、化工、化肥和冶金工业中的重要原料和物料。用氢燃料电池可直接发电,采用燃料电池和氢气-蒸汽联合循环发电,其能量转换效率将远高于现有的火电厂。

二、氢的制取、储存和输送

1. 氢的制取

通常,人们所指的氢能是指游离分子 H_2 所具有的能量。虽然地球上氢元素含量非常丰富,但是游离的分子 H_2 却十分稀少。氢通常以化合物的形态存在于水、生物质和矿物质燃料中。要从这些物质中获取氢,需要消耗大量的能量。因此,为了实现氢能的大规模利用,最关键的是要找到一种廉价、低能耗的制氢方法。

人类制氢的历史很长,但氢的产量一直不大,主要作为化工原料使用。目前,人们掌握的制备氢的方法有以下几种。

1)热化学制氢

当水被直接加热到很高的温度(例如 2 000 ℃以上)时,部分水或水蒸气可以分解为氢和氧,但这个过程非常复杂,其中突出的技术问题是高温和高压。热化学制氢是指通过一组相互关联的化学反应形成一个封闭循环系统,该系统投入水和热量,产生氢气和氧气,参与制氢过程的其他化合物均不消耗。与水直接热解制氢相比较,热化学制氢的每一步反应均在较低的温度(1 073~1 273 K)下进行,在对反应器的耐高温要求大为降低的同时,设备成本下降、操作条件相对温和,更便于工程化。

2)水电解制氢

水电解制氢是一种传统的制造氢气的方法(也称为电解水制氢),也是一种成熟的工业制造氢气的方法。该方法采用电能给水提供能量,破坏水分子的氢氧键,获得氢气和氧气。水电解制氢工艺过程简单,无污染,效率一般在 75%~85%,但氢气电耗为 4~5 kW·h/m³,电费占整个水电解制氢生产费用的 80%左右,使得水电解制氢竞争力不强。

水电解槽是水电解制氢过程的主要装置,水电解槽的电解电压、电流密度、工作温度和压力对产氢量有明显的影响,它的部件如电极、电解质的改进研究是近年来的研究重点。对水力资源、风力资源、太阳能资源丰富的地区,将不能上网的电用于电解水制氢,达到"储能"的目的,对能源、环境与经济都具有现实意义。

3) 等离子体制氢

等离子体是一种以自由电子和带电离子为主要成分的物质形态,是继固态、液态、气态之后物质的第四态。

等离子体转化碳氢化合物制氢具有反应速度快、反应温度低、参数控制灵活等优点,与热化学方法相比,其装置体积小、启动快、能耗低、运行参数范围大,特别适合用于以天然气为原料的车载制氢系统和小型分布式制氢系统。等离子体源是等离子体应用的关键,国内现存的问题主要是实验装置结构比较复杂、微波功率比较低。

等离子体在制氢方面的应用仅限于科学研究,工业应用的例子极少。

4) 化石能源制氢

氢可由化石燃料制取,也可由可再生能源获得,但可再生能源制氢技术目前尚处于起步阶段。2004年,世界上商业用的氢大约有96%是利用煤、石油和天然气等化石燃料制取的。我国的制氢原料中,化石燃料的比重更高。我国生产的氢有80%以上用于合成氨工业。

5) 太阳能制氢

在人类使用的能源中,除了直接使用的太阳的热能和光能之外,化石能、风能、水能、生物质能均来源于太阳能。太阳能指直接使用的太阳的热能和光能。利用太阳热能制氢有太阳能热化学分解水制氢和太阳能热化学循环制氢两种方法;利用太阳光能制氢有太阳能光伏发电电解水制氢、太阳能光电化学过程制氢、太阳能光催化水解制氢以及太阳能光生物化学制氢等方法;另外还有热能和光能复合的光电热复合耦合制氢方法。

6) 生物质制氢

生物质能利用的一个重要途径是生物质制氢,主要有生物法制氢和热化学法制氢等。

7) 风能、海洋能、水力能、地热能制氢

风能、海洋能、水力能、地热能均不可以直接获得氢气,要先发电,再利用用户或电网无法消纳的电能制氢。

8) 核能制氢

核能是清洁的一次能源,它能够提供电解过程所需的大量的电和热。截至2019年,全球核电装机容量为443 GW,在世界电力生产中所占的份额仅次于化石燃料发电和水电。核能可以通过先发电再电解水间接制备氢气,也可以直接制氢。核能直接制氢的工艺包括固体氧化物电解池(SOEC)、热化学循环和核能甲烷蒸汽重整三种。

9) 含氢载体制氢

由化石能源制得的含氢载体,如氨气、甲醇、乙醇、肼、汽油和柴油等也是制氢的重要原料,有如下主要制氢方法:①氨气制氢;②甲醇制氢;③肼制氢;④汽、柴油制氢;⑤烃类分解制氢和炭黑;⑥$NaBH_4$制氢。

10) 回收副产的氢气及其他制氢方法

主要包括:①回收副产的氢气;②硫化氢分解制氢;③辐射性催化剂制氢;④陶瓷与水反应制氢。

2. 氢的储存

氢的储存是氢经济发展的主要瓶颈。

氢能工业对储氢的要求总的来说是储氢系统安全、容量大、成本低、使用方便,具体到不同的氢能终端用户又有很大的差别。氢能的终端用户可分为两类:一是民用和工业用户;二是交通工具用户。对于前者,要求特大的储存容量(几十万立方米),就像现在人们常看到的储存天然气的巨大的储罐。对于后者,要求

较大的储氢密度,按照氢燃料电池驱动的电动汽车 500 km 的续驶里程和汽车油箱的通常容量推算,储氢材料的储氢容量达到 6.5%(质量分数)以上才能满足实际应用的要求。因此美国能源部(DOE)将储氢系统的目标定为:质量密度为 6.5%,体积密度为 62 kg/m³(以 H_2 计)。

目前,氢的储存主要有四种方法:加压气态储存、液化储存、金属氢化物储存、非金属氢化物储存。

3. 氢的输送

按照输送时氢所处的状态,氢的输送可以分为气氢(GH_2)输送、液氢(LH_2)输送和固氢(SH_2)输送。其中,前两者是目前大规模使用的两种方式。根据氢的输送距离、用氢要求及用户的分布情况,气氢可以用管网或通过储氢容器用车、船等运输工具输送。管网输送一般适用于用量大的场合,而车、船输送则适用于用户比较分散的场合。液氢输送一般采用车、船输送。

三、氢能利用技术

氢具有清洁无污染、储运方便、利用率高、可通过燃料电池把化学能直接转换为电能的特点;同时,氢的来源广泛,制取途径多样。这些独特的优势使其在能源和化工领域具有广泛的应用,集中表现为以下三个方面。首先,氢能是一种理想的清洁能源。不管是直接燃烧还是在燃料电池中发生电化学转化,其产物只有水,且效率高。随着燃料电池技术的不断发展,以燃料电池为核心的新兴产业将使氢能的清洁利用得到最大程度的发挥,主要表现在氢燃料电池汽车、分布式发电、氢燃料电池叉车和应急电源产业化。其次,氢能是一种良好的能源载体,具有清洁高效、便于储存和输送的特点。可再生能源,特别是风能和太阳能近年来发展迅猛,但由于本身不稳定,其电力上网难,出现大量的弃风、弃光现象,严重制约了它们的发展。将多余的电量用于电解制氢,可大规模消纳风能、太阳能,制得的氢既可作为清洁能源直接利用,还能掺入天然气中经天然气管网输运利用。最后,氢气是化石能源清洁利用的重要原料。

成熟的化石能源清洁利用技术对氢气的需求量巨大,其中包括炼油化工过程中的催化重整、加氢精制以及煤清洁利用过程中的煤制气加氢气化、煤制油直接液化等工艺过程,推进氢能在这些方面的应用有望加速氢能的规模化利用。

1. 以燃料电池为核心的氢能应用

1)氢燃料电池概述

氢燃料电池是利用氢气和氧气发生电化学反应生成水并且发电的设备。氢气经燃料电池发电系统产生直流电,直流电经电力系统变换为交流电供用户使用。燃料电池发电系统除了需要氢气外,还需要空气或者氧气作为反应的原料气。

燃料电池是通过燃料与氧化剂的电化学反应,将燃料储藏的化学能转化为电能的装置。相较于燃料直接燃烧释放热能,电能转化不受卡诺循环的限制,转化效率更高,同时应用更加方便,对环境更为友好,因此通过燃料电池能实现对能源更为有效的利用。燃料电池是氢能利用最重要的形式,通过燃料电池这种先进的能量转换方式,氢能源能真正成为人类社会高效、清洁的能源动力。燃料电池由电极(阳极和阴极)、电解质及外部电路负荷组成。

燃料电池工作的基本原理可通过质子交换膜氢氧燃料电池来说明。燃料电池的负极(阳极)为燃料 H_2,其发生氧化反应,放出电子:

$$H_2 \rightarrow 2H^+ + 2e^-$$

释放的电子通过外电路到达燃料电池的正极(阴极),使氧化剂 O_2 发生还原反应:

$$1/2 O_2 + 2e^- + 2H^+ \rightarrow H_2O$$

在电池内部,电荷通过溶液中的导电离子传递,在这个例子中负极生成的 H⁺ 通过质子交换膜扩散到正极,完成电荷的循环并在正极生成产物 H_2O。

将两个电极反应相加,得到总反应:

$$H_2(g)+1/2O_2(g) \rightarrow H_2O$$

即为通常的 H_2 氧化反应,通过燃料电池,反应的化学能以电能的形式给出,其数值为

$$\Delta G=nFE^\circ$$

式中:n 为迁移的电子数;F 为法拉第常数;E° 为电池标准电极电势。

2)氢燃料电池的分类

氢燃料电池因供氢原料和材质不同、原理不同而存在多种形式。通常燃料电池可以依据其工作温度、燃料来源以及电解质类型进行分类。

按照工作温度,氢燃料电池可分为低温、中温及高温三种类型。低温燃料电池指工作温度从常温至100 ℃的燃料电池,这类电池包括固体聚合物电解质燃料电池等;中温燃料电池指工作温度为 100~300 ℃ 的燃料电池,如磷酸燃料电池;高温燃料电池指工作温度在 500 ℃ 以上的燃料电池,这类电池包括熔融碳酸盐燃料电池和固体氧化物燃料电池。

按照燃料来源,氢燃料电池可分为三类。第一类是直接式燃料电池,其燃料直接使用氢气;第二类是间接式燃料电池,其燃料不直接使用氢气,而是通过某种方法把甲烷、甲醇或者其他烃类化合物转变成氢气或富含氢气的混合气后供给燃料电池;第三类是再生式燃料电池,简称再生燃料电池,其把燃料电池生成的水经适当的方法分解成氢和氧,再输送给燃料电池使用。

按照电解质类型,氢燃料电池可分为碱性燃料电池、磷酸燃料电池、质子交换膜燃料电池、熔融碳酸盐燃料电池和固体氧化物燃料电池。

2. 直接燃烧

氢内燃机的基本原理与汽油或者柴油内燃机一样。氢内燃机车是传统的汽油内燃机车小量改动的版本。氢内燃机车直接燃烧氢,不使用其他燃料或产生水蒸气排出。氢内燃机不需要任何昂贵的特殊环境或者催化剂就能完全做功,这样就不存在造价过高的问题。很多研发成功的氢内燃机车都是混合动力的,也就是既可以使用液氢,也可以使用汽油等作为燃料。这样氢内燃机车就成了一种很好的过渡产品。例如,在一次补充燃料后不能到达目的地,但能找到加氢站的情况下就使用氢作为燃料;或者先使用液氢,然后找到普通加油站加汽油。这样就不会出现在加氢站还不普及的时候人们不敢放心使用氢动力汽车的情况。氢内燃机车由于点火能量小,易实现稀薄燃烧,故可在更宽广的工况内获得较好的燃油经济性。

3. 核聚变

核聚变,即氢原子核(氘和氚)结合成较重的原子核(氦),放出巨大的能量。

热核反应或原子核的聚变反应产生的能量是当前很有前途的新能源。参与核反应的氢原子核从热运动中获得必要的动能而引起聚变反应。热核反应是氢弹爆炸的基础,可在瞬间产生大量热能,但尚无法加以利用。如能使热核反应在一定的约束区域内根据人们的意图有控制地发生与进行,即可实现受控热核反应。这正是进行试验研究的重大课题。受控热核反应是聚变反应堆的基础。聚变反应堆一旦成功,则可能向人类提供最清洁而又取之不尽的能源。

项目小结

通过本项目的学习，使学生对能源分类，太阳能、风能等新能源的基础知识有基本了解和掌握，初步掌握太阳能、风能等新能源的特点、利用技术的基本理论知识，为后面学习能源应用知识打下良好基础。

复习思考题

（1）简要论述清洁能源的概念以及发展清洁能源的意义。

（2）什么是太阳能制冷？

（3）简述风力发电的基本原理和理论。

（4）简述地源热泵的工作原理以及分类。

（5）我国目前正在大力发展氢能，请从你的角度对氢能发展提出合理化的建议。

项目二

供热工程

项目描述

人们在日常生活和社会生产中都需要使用大量的热能。将自然界的能源直接或间接地转化为热能以满足人们需要的科学技术称为热能工程。生产、输配和应用中、低品位热能的工程技术称为供热工程。供热工程的研究对象和主要内容是以热水和蒸汽作为热媒的建筑物供暖系统和集中供热系统。

随着人民生活水平的不断提高，人们对生存环境越来越重视。党的二十大报告指出，要"积极稳妥推进碳达峰碳中和"，"立足我国能源资源禀赋"，"有计划分步骤实施碳达峰行动"，"深入推进能源革命"。我们要大力发展绿色低碳产业，加快节能降碳先进技术研发和推广应用，倡导绿色消费，推动形成绿色低碳的生产方式和生活方式。作为清洁、高效的低碳化石能源，天然气的快速发展对"双碳"目标的实现具有重要的推动作用。

知识目标

- （1）了解供热工程的定义与组成。
- （2）理解供热工程的供暖形式。
- （3）掌握重力循环热水供暖系统的工作原理。
- （4）掌握机械循环热水供暖系统的工作原理。
- （5）掌握供暖系统热用户与热水网路的主要连接方式。
- （6）掌握集中供热系统的自动调节。

能源综合技术应用

任务一　供热工程的主要任务及研究内容

供热工程是研究热能输送和利用热能采暖的一门科学。供暖系统是以人工技术把热源的热量通过热媒输送管道送到热用户的散热设备，为建筑物提供所需要的热量，以保持一定的室内温度，为人们创造适宜的生活条件或工作环境的系统。集中供热系统由热源、热力管网、热用户三部分组成。热源是供热系统热媒的来源，目前应用最广泛的是热电厂和区域锅炉房。在此热源内，燃料燃烧产生的热能以热水或蒸汽的形式通过热力管网送到热用户处。此外，供热系统也可以利用核能、太阳能、风能、地热能、电能、工业余热作为热源。热力管网是由热源向热用户输送和分配供热介质的管线系统。热用户是集中供热系统中利用热能的用户，如室内供暖、通风、空调、热水供应以及生产工艺用热系统等。以区域锅炉房（采用热水锅炉或蒸汽锅炉）为热源的供热系统，称为区域锅炉房集中供热系统；以热电厂为热源的供热系统，称为热电联产集中供热系统。

供热工程研究的主要内容有：供热系统的设计热负荷和散热设备的选择；集中供热系统及其管网水力计算；供热系统水力工况分析和调节控制；热水供暖系统运行调节实行量化管理的节能技术；供热系统热源形式（如热电联供技术、热泵技术的应用等）及主要设备的选择；供热管网的敷设与计算等。

随着城市能源供应结构调整和供热体制改革及建筑节能等节能减排的要求，在以集中供热为主的前提下，出现了多种多样的供暖方式。如以燃气为能源的供暖方式，包括燃气三联供、燃气-蒸汽联合循环供热、大型燃气锅炉房集中供热、小型模块化单栋建筑或单元式燃气供热、分户燃气炉供热等；以燃油为能源的供暖方式，包括大中型燃油锅炉房集中供热、商业建筑中的直燃机供热等；以电为能源的供暖方式，主要有直接电热方式（包括谷电蓄热、电暖气、电热膜和电缆供暖等）、空气源热泵、水源热泵、地源热泵和分布式能源系统；太阳能光热利用以及工业余热利用等供暖方式。多种供暖方式的出现为人们优化供暖方式并选择最适宜的供暖方式提供了可能。

综合上述的各种背景情况，供热方案有多种选择，所以需要进行经济技术可行性分析、方案优选，考虑的因素包括当地能源结构、工程投资和运行费用、系统综合能效、运行管理调控策略、热舒适度、排放指标和环境评价等。如何准确、全面地评价供热方式的优劣，如何针对一个实际工程选取能效最高的供热方式，成为供热方案决策的关键问题。

一、供热系统的供暖方式

供暖方式到底选择哪一种更好，需要进行经济技术比较和运行能效、环境效益等方面的分析。任何一种供暖方式都不可能十全十美，都有优缺点。可见，供暖方式如何选择至关重要。

按照供暖的规模与供热建筑物的种类把众多的供暖方式分为四大类，即城市集中热网供热、居住小区集中供热、分户供热、公共建筑供热。

（1）城市集中热网供热热源主要有：燃煤热电联产、燃气三联供、大型燃气锅炉房、大型燃煤锅炉房、大型燃油锅炉房、燃气-蒸汽联合循环等。

（2）居住小区集中供热热源有：燃气锅炉房、燃煤锅炉房、燃油锅炉房、燃气三联供、楼栋式（或单元式）燃气供暖、集中水源热泵、带蓄热装置的电锅炉、地热水、地源热泵等。

（3）分户供热热源有：分户燃气炉、电暖气（电热膜）、分户水源热泵、分户空气源热泵（多联机）等。

（4）公共建筑供热热源有：燃油或燃气直燃机、空气源热泵、水源热泵、电锅炉、小型燃气-蒸汽联合循环机组、燃气三联供等。

调整能源结构，减少燃煤造成的污染，同时缓解电力和天然气峰谷差的矛盾，是北方地区大中型城市环境治理面临的重大问题。建筑能耗占当地能源消耗的四分之一以上，重新研究建筑供暖策略是北方地区能源结构的调整重点，对目前飞速发展的住宅建设具有重要的指导意义。在分析供暖现状的基础上，探讨可能的供暖方式，从一次能源利用效率、运行成本、初投资、适用性等方面对不同供暖方式进行评价是非常重要的。

二、多种供暖方式及其分析评价

随着我国供热事业的不断发展、各种客观制约条件的变化、生产技术能力的提高，供暖方式日趋多样化，人们面临的选择也越来越多，如热电联产供暖方式、区域锅炉房集中供暖方式、燃气三联供集中供暖方式、家用小型燃气热水炉供暖方式、直接电热供暖方式、热泵供暖方式和地热供暖方式等。面对如此众多、各具特点的供暖方式，人们在评价其优劣性，为一个实际工程选择适宜的供暖方式时，需要对每种供暖方式进行全寿命期分析研究，然后进行全面评价比选。

1. 热电联产供暖方式

热电联产是利用燃料的高品位热能发电后，将低品位热能用于供热的综合能源利用技术。目前我国大型火力电厂的平均发电效率为33%，而热电厂供暖时发电效率可达20%，剩下的80%的热量中70%以上可用于供热。因此，将热电联产供暖方式产出的电力按照普通电厂的发电效率扣除其燃料消耗，则热电厂的供热效率可以大大提高（约为中小型锅炉房供热效率的2倍）。同时热电厂可采用先进的脱硫装置和消烟除尘设备，同样产热量造成的空气污染远小于中小型锅炉房。因此在条件允许时，应优先发展热电联产供暖方式。

热电联产供暖方式的问题是：①长距离输送，管网初投资高，输送水泵电耗较高，维护、管理费用也高；②由于末端无计量装置和调节手段，导致热量浪费。实践证明，供热实施总量控制量化管理，末端增加调节手段，并按热量计量收费，可节省热量20%~30%。

2. 区域锅炉房集中供暖方式

区域锅炉房可以采用燃煤、燃气、燃油或电锅炉方式，但都需要通过区域管网经过热水循环向建筑物内供热。区域燃煤锅炉房以煤为主要燃料，所以存在煤和煤渣的运输与污染、燃煤锅炉的管理等一系列问题。但如果以电或天然气为燃料，它们的输送都比煤容易，输送成本也低，电锅炉或天然气锅炉很容易实现自动调控管理。选择燃料时首先应考虑能源利用是否清洁、系统能效能否提升以及是否便于输送、便于调节，同时要考虑是否可减小环境污染和减少运行费用。

3. 家用小型燃气热水炉供暖方式

单元式燃气供热系统在欧洲、美国已有几十年的应用历史。我国之所以没有广泛应用这种方式，是由于我国燃煤为主的历史形成了集中供热的传统观念，并且以往居住面积狭小也限制了这种方式的使用。此外，过去我国实行住房分配制，集中供热设备投资由政府承担，而家庭燃气热水炉却要个人出资。随着住房改革和燃料结构的改变,这些问题都不复存在。因此在新建住宅区不具备集中供热条件时,家用小型燃气热水炉应为首选方案,但是安全问题必须重点考虑。

在小区燃气锅炉房集中供热工程中,锅炉房、室外管网和建筑物内主管网的投资与家用小型燃气热水炉的投资相当,而使用家用小型燃气热水炉可省去热水器的投资。采用这种供暖方式的用户可以根据需要自行调节供热量,与集中燃气锅炉相比,平均节省30%~40%的燃气,从而降低运行成本。

4. 直接电热供暖方式

这种供暖方式采用各种电暖气、电热膜、热电缆等给室内供暖。尽管末端装置热利用率被认为可达近100%,并且调节灵活,但使用高品位电能直接转换为热能,是很大的能源浪费。目前我国大型火力发电厂的平均热电转换效率为33%,再加上输送损失,电热供暖的效率仅为30%,远低于燃煤或燃气供暖的70%~90%。我国还以火电为主,采用电热方式实际上要比锅炉房直接供热增加2倍以上的总污染物排放量。仅从环境保护的角度看,直接电热供暖的方式也不可取。

5. 电蓄热供暖方式

为了减小电力负荷的峰谷差,解决大型火电调峰问题,利用夜间低谷电力供热可以调节电力系统运行负荷综合平衡。目前常用的电蓄热供暖方式及其特点如下。①常压热水箱:占地面积大,蓄热损失也较大。②高压蓄热水箱:可使蓄热水箱容积减小,但所占空间仍较大,高压容器还有安全问题,且供热调节不灵活,供热效率低。③电热膜或热电缆:利用建筑物本身的热惯性蓄热,由于供暖最大负荷发生在晚间而电力负荷低谷发生在后半夜,因此这种蓄热方式效果差,热损失也大。④相变蓄热电暖气:采用硅铝合金作为相变材料,体积与通常的铸铁暖气相同并可在数小时内蓄存一天的热量,便于调节,是末端电蓄热供暖的有效解决方案。

6. 空气源热泵供暖方式

我国大部分地区的气候条件适宜使用空气源热泵,对空气源热泵的应用越来越广泛,目前我国已是全球空气源热泵应用最广泛的地区之一。现在已形成空气-空气家用分体式、整体式和"户式中央空调"三大类别热泵空调系列。随着科技的进步,空气源热泵机组的性能得到不断改进,效率逐渐提高,用空气源热泵作为空调系统的冷热源逐渐被国内业主和设计部门所接受,尤其在华中、华东和华南地区逐渐成为中小型项目的设计主流,应用范围从长江流域向黄河流域延伸,应用前景广阔。

这种供暖方式的问题如下。①热泵性能随室外温度降低而降低,当室外温度较低时,需要辅助供暖设备。(此时也比直接电热供暖效率高,北京地区采用空气源热泵供暖较为普遍。目前国内已生产出低温(−20 ℃)空气源热泵产品,使用效果良好。)②房间末端设备采用风机盘管或地板供暖,初投资较高。

7. 地源热泵供暖方式

直到20世纪90年代末,我国才开始地源热泵空调系统的应用,热泵生产厂家也逐渐增多。由于地源热泵在国内还是一项新技术,而且缺乏地源热泵机组的相关生产标准,所以还需要对地源热泵系统的性能进行研究,为地源热泵机组的生产和选型提供理论基础。在工程应用上,地源热泵得到越来越多的重视,国家和地方都出台了相关政策,鼓励使用地源热泵空调系统,并逐渐形成了一批国家和地方的示范项目。地源热泵的研究和应用虽然有了初步的成果,但与国外相比在热泵机组的优化设计和工程应用上还存在较大差距,还需要业内专业人士深入研究。

8. 水源热泵供暖方式

水源热泵冬季将地下水从深井中取出经换热器(热交换器)降温后回灌到地下,换热器得到的热量经热泵提升温度后成为供暖热源。夏季则将地下水从深井中取出经换热器升温后回灌到地下,换热器另一侧则为空调冷却水。这种方式在西欧各国广泛使用,我国在20世纪70年代就有工程应用,属可再生环保供暖方式。由于地下水水温常年稳定,采用这种方式整个冬季都可实现高能效运行,比空气源热泵热效率高得多,夏季还可使空调效率提高,可降低30%~40%的制冷电耗。这种方式全部为电驱动,小区无污染、能源效率高,是北方地区城市建筑供暖的最佳方案之一。但这种供暖方式存在井水回灌的问题。

综上所述,在有条件的情况下应大力发展热电联产集中供热方式;不同的燃料对应于不同的最佳供热方式,如燃煤对应的最佳方式为热电联产和集中供热;对于城区利用燃煤锅炉供暖的用户,可以推广带有辅助热源的空气源热泵方式和蓄热式电暖气方式,电力部门还可以对蓄热式电暖气设备给予补贴;严格控制各种电热锅炉集中供热方式,对电暖气、电热膜、热电缆等方式也应尽量控制使用。大力发展热泵技术,实现高效率供热或发展相变蓄热电暖气解决峰谷差问题,是减小用电负荷的合理途径。因此,全面考虑供暖和空调的要求,热泵系统更经济。

任务二 室内热水供暖系统

热水供暖系统

供给室内供暖系统末端装置使用的热媒主要有三类:热水、蒸汽与热风。以热水作为热媒的供暖系统称为热水供暖系统,同理可定义其他两类供暖系统。从卫生条件和能耗等因素考虑,民用建筑应采用热水作为热媒。热水供暖系统也用在生产厂房及辅助建筑中。

室内热水供暖系统是由供暖系统末端装置及其连接的管道系统组成的,根据观察与思考问题的角度,可按下述方法分类。

(1)按热媒温度,室内热水供暖系统可分为低温水供暖系统和高温水供暖系统。各个国家对高温水和低温水的界限有自己的规定,并不统一。某些国家的热水分类标准见表2-1。在我国,习惯认为:水温低于或等于100 ℃的热水称为低温水;水温超过100 ℃的热水称为高温水。

表2-1 某些国家的热水分类标准

单位:℃

国别	低温水	中温水	高温水
美国	<120	120~176	>176
日本	<110	110~150	>150
德国	≤110	—	>110
俄罗斯	≤115	—	>115

室内热水供暖系统采用低温水作为热媒。设计供、回水温度经历了95 ℃/70 ℃、85 ℃/60 ℃、75 ℃/50 ℃的变化过程。目前低温热水辐射采暖供、回水温度为45 ℃/35 ℃。

(2)按系统循环动力,室内热力供暖系统可分为重力(自然)循环系统和机械循环系统。靠水的密度差进行循环的系统,称为重力循环系统;靠机械(水泵)力进行循环的系统,称为机械循环系统。

(3)按系统管道敷设方式,室内热水供暖系统可分为垂直式供暖系统和水平式供暖系统。垂直式供暖系统是指不同楼层的散热器用垂直立管连接的系统;水平式供暖系统是指同一楼层的散热器用水平管线连接的系统。

(4)按散热器供、回水方式,室内热水供暖系统可分为单管系统和双管系统。热水经供水立管或水平供水管顺序流过多组散热器,并按顺序在各散热器中冷却的系统,称为单管系统;热水经供水立管或水平供水管分配给多组散热器,冷却后的回水自每个散热器直接沿回水立管或水平回水管流回热源的系统,称为双管系统。

近些年分户供暖系统越来越普及,新竣工的民用居住建筑基本采用分户供暖系统,户内末端装置采用散热器或低温热水辐射采暖,单元立管采用双管异程式,同时也对一些既有居住建筑的传统供暖系统进行分户改造。

一、传统室内热水供暖系统

传统室内热水供暖系统是相对于新出现的分户供暖系统而言的,就是我们经常说的"大采暖"系统,通常以整幢建筑作为对象来设计供暖系统,沿袭的是苏联上供下回的垂直单、双管顺流式系统。它的优点是构造简单;缺点是整幢建筑的供暖系统往往是统一的整体,缺乏独立调节能力,不利于节能与自主用热。但其结构简单,节约管材,仍可作为具有独立产权的民用建筑与公共建筑的供暖系统使用。根据循环动力,其可分为重力循环系统和机械循环系统。

1. 重力循环系统

1)重力循环系统的工作原理

靠水的密度差进行循环的系统称为重力循环系统,又称自然循环系统。图 2-1 为重力循环系统的工作原理图。因为 $\rho_h > \rho_g$,系统的循环作用压力为

$$\Delta p = p_{右} - p_{左} = gh(\rho_h - \rho_g)$$

式中:Δp 为重力循环系统的作用压力,Pa;g 为重力加速度,m/s²;h 为加热中心至冷却中心的垂直距离,m;ρ_h 为回水密度,kg/m³;ρ_g 为供水密度,kg/m³。

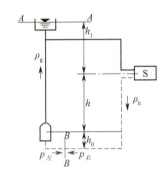

图 2-1 重力循环系统基本工作原理

2)重力循环系统的基本形式

图 2-2(a)、(b)所示是重力循环系统的两种主要形式。上供下回式系统的供水干管敷设在所有散热器之上,回水干管敷设在所有散热器之下。

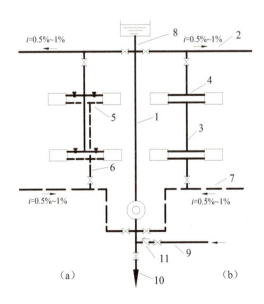

图 2-2 重力循环系统

(a)双管上供下回式系统 (b)单管上供下回式系统

1—总立管;2—供水干管;3—供水立管;4—散热器供水支管;5—散热器回水支管;6—回水立管;7—回水干管;8—膨胀水箱连接管;9—充水管(接上水管);10—泄水管(接下水道);11—止回阀

注意事项如下。

①一般情况下,重力循环系统的作用半径不宜超过 50 m。

②通常宜采用上供下回式,锅炉位置应尽可能降低,以增大系统的作用压力。如果锅炉中心与底层散热器中心的垂直距离较小,宜采用单管上供下回式重力循环系统,而且最好是单管垂直串联系统。

③不论采用单管系统还是双管系统,重力循环的膨胀水箱应设置在系统供水总立管顶部(距供水干管顶标高 300~500 mm 处)。

重力循环系统结构简单,操作方便,运行时无噪声,不需要消耗电能。但它的作用半径小,系统所需管径大,初投资较高。当循环系统作用半径较大时,应考虑采用机械循环系统。

2. 机械循环系统

1)机械循环系统的工作原理

机械循环系统靠水泵提供动力,强制水在系统中循环流动。循环水泵一般设在锅炉入口前的回水干管上,该处水温最低,可避免水泵出现气蚀现象。

在较大规模的机械循环系统中,设有与自来水相连接的补水箱,储存与系统规模相适应的补水备用水源,并通过与补水箱相连的补水泵(或称加压泵)起到向供热管网系统的补水、定压作用。

而在规模较小或单户使用的机械循环系统中,一般仅设置膨胀水箱,水箱通常设置在系统的最高处,水箱下部接出的膨胀管连接在循环水泵入口前的回水干管上。其作用除了容纳水受热膨胀而增加的体积外,还能恒定水泵入口压力,保证供暖系统压力稳定。在供水干管末端最高点处设置集气罐,以便空气能顺利地和水流同方向流动,集中到集气罐处排除。图 2-3 为机械循环上供下回式系统,系统中设置了循环水泵、膨胀水箱、集气罐和散热器等设备。

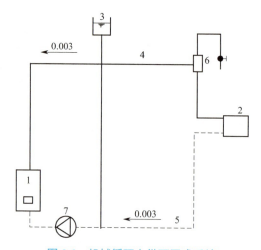

图 2-3　机械循环上供下回式系统

1—热水锅炉;2—散热器;3—膨胀水箱;4—供水管;5—回水管;6—集气罐;7—循环水泵

2)机械循环系统的形式

Ⅰ.按供回水干管布置的方式分类

按供回水干管布置的方式不同,机械循环系统可分为上供下回式、上供上回式、下供下回式、下供上回式和中供式系统,如图 2-4 和图 2-5 所示。

上供下回式系统(图 2-4(a))的供水干管设置于系统最上面,回水干管设置于系统最下面,布置管道方便,排气顺畅,是应用最多的系统形式。

上供上回式系统(图 2-4(b))的供回水干管均位于系统最上面,供暖干管不与地面设备及其他管道发生占地矛盾。但立管消耗管材量增加,立管下面均要设放水阀,主要用于设备和工艺管道较多的、沿地面布置干管有困难的工厂车间。

下供下回式系统(图 2-4(c))的供回水干管均位于系统最下面。与上供下回式相比,下供下回式供水干管无效热损失小,可减轻上供下回式双管系统的垂直失调(沿垂直方向各房间的室内温度偏离设计工况称为垂直失调)。因为上层散热器环路重力作用压头大,但管路亦长,阻力损失大,有利于水力平衡。

下供上回式系统(图 2-4(d))的供水干管在系统最下面,回水干管在系统最上面。如供水干管在一层地面明设时其热量可加以利用,因而无效热损失小,与上供下回式相比,底层散热器平均温度升高,从而可减少底层散热器面积。

中供式系统如图 2-5 所示。它是供水干管位于中间某楼层的系统形式,供水干管将系统垂直方向分为两部分。中供式系统可减轻垂直失调。

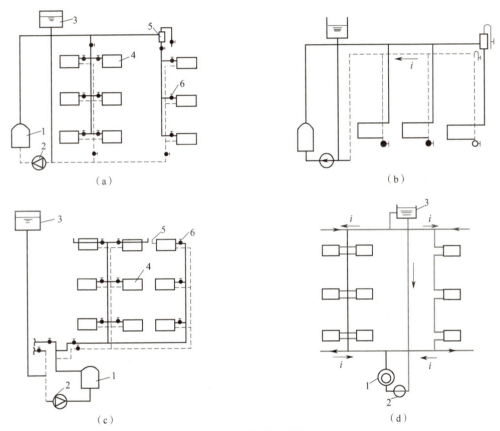

图 2-4 机械循环系统

(a)上供下回式 (b)上供上回式 (c)下供下回式 (d)下供上回式

1—热水锅炉;2—循环水泵;3—膨胀水箱;4—散热器;5—集气罐、放气阀;6—阀门

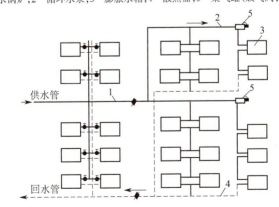

图 2-5 机械循环系统中供式系统

1—中部供水管;2—上部供水管;3—散热器;4—回水干管;5—集气罐

Ⅱ.按散热器的连接方式分类

按散热器的连接方式将热水供暖系统分为垂直式与水平式系统。垂直式系统是指不同楼层的各散热器用垂直立管连接的系统(图2-6(a));水平式系统是指同一楼层的散热器用水平管线连接的系统(图2-6(b))。

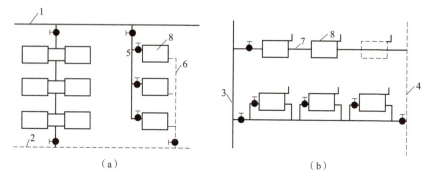

图2-6 垂直式与水平式系统
(a)垂直式 (b)水平式
1—供水干管;2—回水干管;3,5—供水立管;4,6—回水立管;7—水平支路管道;8—散热器

Ⅲ.按连接散热器的管道数量分类

按连接相关散热器的管道数量将热水供暖系统分为单管系统与双管系统(图2-7)。单管系统是用一根管道将多组散热器依次串联起来的系统,双管系统是用两根管道将多组散热器相互并联起来的系统。图2-7(a)表示垂直单管基本组合体,其左边为单管顺流式,右边为单管跨越管式;图2-7(b)为垂直双管基本组合体;图2-7(c)为水平单管组合体,其上图为水平顺流式,下图为水平跨越管式;图2-7(d)为水平双管组合体。

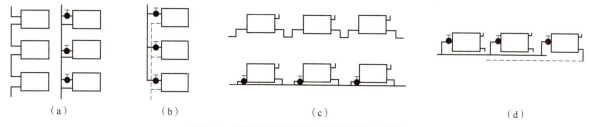

图2-7 单管系统与双管系统的基本组合体
(a)垂直单管 (b)垂直双管 (c)水平单管 (d)水平双管

单管系统节省管材、造价低、施工进度快,顺流式单管系统不能调节单个散热器的散热量,跨越管式单管系统采取多用管材(跨越管)、设置散热器支管阀门和增大散热器的代价换取散热量在一定程度上的可调性;单管系统的水力稳定性比双管系统好。如采用上供下回式单管系统,往往底层散热器较大,有时造成散热器布置困难。双管系统可单个调节散热器的散热量,管材耗量大、施工麻烦、造价高,易产生垂直失调。

Ⅳ.按并联环路水的流程分类

按并联环路水的流程,可将供暖系统划分为同程式系统与异程式系统。热媒沿各基本组合体流程相同的系统,即各环路管路总长度基本相等的系统称同程式系统(图2-8(a));热媒沿各基本组合体流程不同的系统为异程式系统(图2-8(b))。

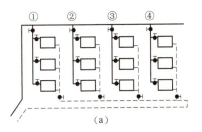 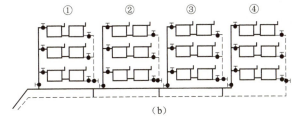

图 2-8 同程式系统与异程式系统
（a）同程式系统 （b）异程式系统

机械循环系统作用半径大,适应面广,配管方式多,系统选择应根据建筑物形式等具体情况进行综合技术经济比较后确定。

二、分户采暖热水供暖系统

分户采暖热水供暖系统对传统的顺流式采暖系统在形式上加以改变,以建筑中具有独立产权的用户为服务对象,使该类用户的采暖系统具备分户调节、控制与关断的功能。

分户采暖的产生与我国社会经济的发展紧密相连。处于计划经济时期,我国供热一直作为职工的福利,采取"包烧制",即冬季采暖费用由政府或职工所在单位承担。我国从计划经济向市场经济转变后,相应的住房分配制度也进行了改革。职工购买了本属单位的公有住房或住房分配实现了商品化。加之所有制变革、行业结构调整、企业重组与人员优化等改革措施,职工所属单位发生了巨大变化。原有经济结构下的福利用热制度已不能满足市场经济的要求,严重困扰城镇供热的正常运行与发展。因为在旧供热体制下,采暖能耗多少与热用户的经济利益无关,用户一般不考虑供热节能,能源浪费严重,采暖能耗居高不下。节能增效刻不容缓,分户采暖势在必行。

分户采暖以经济手段促进了节能。采暖系统节能的关键是改变热用户现有的"室温高,开窗放"的用热习惯,这就要求采暖系统在用户侧具有调节手段,先实现分户控制与调节,为下一步分户计量创造条件。

对于民用建筑的住宅用户,分户采暖就是改变传统的一幢建筑一个系统的"大采暖"系统的形式,实现分别向各个单元具有独立产权的热用户供暖并具有调节与控制功能的采暖系统形式。因此分户采暖工作必然包含两方面的工作内容:一是既有建筑采暖系统的分户改造;二是新建住宅的分户采暖设计。

分户采暖是实现分户热计量以及用热的商品化的一个必要条件,不管形式上如何变化,它的首要目的仍是满足热用户的用热需求,需在供暖形式上进行分户处理。分户采暖系统的形式是由我国城镇居民建筑具有公寓大型化的特点决定的——一幢建筑的不同单元的不同楼层的不同居民住宅的产权不同。根据这一特点以及我国民用住宅的结构形式,楼梯间、楼道等公用部分应设置独立采暖系统,室内的分户采暖主要由以下三个系统组成。

（1）满足热用户用热需求的户内水平采暖系统,就是按户分环,每一户单独引出供回水管,一方面便于供暖控制管理,另一方面用户可实现分室控温。

（2）向各个用户输送热媒的单元立管采暖系统,即用户的公共立管,可设于楼梯间或专用的采暖管井内。

（3）向各个单元公共立管输送热媒的水平干管采暖系统。

同时还要辅以必要的调节、关断及计量装置。但分户采暖系统相对于传统的大采暖系统没有本质的变化,仅仅是利用已有的采暖系统形式,采取新的组合方式,在形式上满足热用户一家一户供暖的要求,使其具有分别调节、控制、关断功能,便于管理与未来分户计量的开展,它的服务对象主要是民用住宅建筑。

三、室内热水供暖系统主要设备及附件

1. 膨胀水箱

水压图

膨胀水箱的作用是贮存热水供暖系统加热的膨胀水量。在重力循环上供下回式系统中,它还起着排气作用。膨胀水箱的另一个作用是恒定供暖系统的压力。

膨胀水箱一般由圆形或矩形钢板制成。箱上连有膨胀管、溢流管、信号管、排水管及循环管等管路。

膨胀管与供暖系统管路的连接点,在重力循环系统中,应接在供水总立管的顶端;在机械系统中,一般接至循环水泵吸入口前。连接点处的压力,无论在系统不工作或运行时,都是恒定的,此点因此也称作定压点。当系统充水的水位超过溢流管口时,通过溢流管将水自动溢流排出。溢流管一般可接到附近下水道。信号管用来检查膨胀水箱是否存水,一般应引到管理人员容易观察的地方(如接回锅炉房或建筑物底层的卫生间等)。排水管用来清洗水箱时放空存水和污垢,它可与溢流管一起接至附近下水道。在机械循环系统中,循环管应接到系统定压点前的水平回水管上。该点与定压点之间应保持 1.5~3 m 的距离。这样可让少量热水能缓慢地通过循环管和膨胀管流过水箱,以防水箱里的水冻结;同时,膨胀水箱应考虑保温。在重力循环系统中,循环管也接到供水干管上,也应与膨胀管保持一定的距离。在膨胀管、循环管和溢流管上,严禁安装阀门,以防止系统超压,水箱水冻结或水从水箱溢出。

2. 热水供暖系统排除空气的设备

系统的水被加热时,会排出空气。在大气压力下,1 kg 水在 5 ℃时的含气量超过 30 mg,而加热到 95 ℃时,水中的含气量只有 3 mg,此外,在系统停止运行时,空气会通过不严密处会渗入系统,充水后,也会有些空气残留在系统内。如前所述,系统中如积存空气,就会形成气塞,影响水的正常循环。

热水供暖系统排除空气的设备,可以是手动的,也可以是自动的。国内目前常见的排气设备主要有集气罐、自动排气阀和冷风阀等。

1)集气罐

集气罐由直径为 100~250 mm 的短管制成,它有立式和卧式两种。

在机械循环的上供下回式系统中,集气罐应设在系统各分环环路的供水干管末端的最高处。在系统运行时,定期手动打开阀门将热水中分离出来并聚集在集气罐内的空气排除。

2)自动排气阀

目前国内生产的自动排气阀形式较多。其工作原理多依靠水对浮体的浮力,通过杠杆机构传动,使排气孔自动启闭,实现自动阻水排气的功能。

3)冷风阀

冷风阀多用于水平式和下供下回式系统中,它旋紧在散热器上部专设的丝孔上,以手动方式排除空气。

3. 散热器温控阀

散热器温控阀是一种自动控制散热器散热量的设备,它由两部分组成:阀体部分和感温元件控制部分。当室内温度高于给定的温度时,感温元件受热,其顶杆就压缩阀杆,将阀口关小;进入散热器的水流量减小,室温下降。当室内温度下降到低于设定值时,感温元件开始收缩,其阀杆靠弹簧的作用,将阀杆抬起,阀孔开大,水流量增大,散热器散热量增加,室内温度开始升高,从而保证室温处在设定的温度值范围内,温控阀控温范围为 13~28 ℃,控温误差为 ±1 ℃。

散热器温控阀具有恒定室温、节约热能的主要优点。在欧美国家得到广泛应用。主要用在双管热水供暖系统上。近年来,我国已有定型产品并已使用。至于用在单管跨越式系统上,从工作原理(感温元件作

用)来看,是可行的。但散热器温控阀的阻力过大(阀门全开时,阻力系数达18.0左右),使得通过跨越管的流量过大,而通过散热器的流量过小,设计时散热器面积需增大。研制低阻力散热器温控阀的工作,在国内仍有待进一步开展。

4. 分、集水器

本节所涉及的分、集水器是在低温热水辐射采暖室内系统中使用的,用于连接各路加热盘管的供、回水管的配、汇水装置,是通过本体的螺纹与主干管道连接,各分支管道与本体上的各接头螺纹相连接而实现主干管道至各分支管道的分流或把各分支管道集流至主干管道的一种连接件。分水器的作用是将低温热水平稳地分开并导入每一路的地面辐射供暖所铺设的盘管内,实现分室供暖和调节温度的目的,集水器的作用是将散热后的每一路内的低温水汇集到一起。有的分、集水器上安装有带刻度的温控阀,具有一定的调节功能。分、集水器的材质一般为铜,近年随着有色金属价格的上涨,出现了一些合成塑料材质的替代品。

5. 锁闭阀

锁闭阀是随着既有建筑采暖系统分户改造工程与分户采暖工程的实施而出现的,前者常采用三通型,后者常采用两通型。其具有关闭功能,是必要时采取强制措施的手段。阀芯可采用闸阀、球阀、旋塞的阀芯,有单开型锁与互开型锁。有的锁闭阀不仅可关断,还具有调节功能。此类型的阀门可在系统试运行调节后,将阀门锁闭。既有利于系统的水力平衡,又可避免由于用户的"随意"调节而造成失调现象的发生。

6. 平衡阀

平衡阀属于调节阀的范畴,其工作原理是通过改变阀芯与阀座的间隙(开度),来改变流经阀门的流动阻力,以达到调节流量的目的,从而能够将新的水量按照设计计算的比例平衡分配,各支路同时按比例增减。平衡阀可分为两种类型:静态平衡阀和动态平衡阀。

1)静态平衡阀

静态平衡阀是一种具有数字锁定特殊功能的调节型阀门,采用直流型阀体结构,具有更好的等百分比流量特性,能够合理地分配流量,有效地解决供热系统中存在的水力、热力失调问题。阀门设有开启度指示、开度锁定装置,只要在各支路及用户入口装上适当规格的平衡阀,进行调试后锁定,就能使各支路流量与设计值一致。但是当系统中某支路的水力工况或压差发生变化时,不能随系统变化而改变阻力系数,需要进行手动调节。

2)动态平衡阀

动态平衡阀可分为自力式流量控制阀和自力式压差控制阀。

(1)自力式流量控制阀最大的优点是不需要外界动力,依靠流体的流动特性,当阻力在一定范围内发生变化时,可以保持该管段的流量基本不变,此种阀门的控制属于恒流量控制。自力式流量控制阀有工作压差要求,小于或者大于其正常工作压差时都不能发挥稳定流量的功能。从其性能曲线上来说,自力式流量控制阀相当于手动调节阀与自力式压差控制阀的结合。自力式流量控制阀应安装在近端热用户支管上,在环路上不宜安装。对建在地势低处的建筑物应装在供水管上,消耗压头后保证户内散热设备不超压;建在地势高处的建筑物应装在回水管上,以保证户内不倒空。在供热半径很大、外网供回水压差很大时,应该在入户供水管安装自力式流量控制阀,在回水管上安装手动平衡阀。这里,自力式流量控制阀用来控制流量,手动平衡阀用来调整压力。自力式流量控制阀水流阻力较大,因此即使是针对定流量系统,应首先采用静态水力平衡阀通过初调节来实现水力平衡。

对于在单元立管底部安装了自力式流量控制阀的分户供暖系统,当用户进行调节使户内流量增大或减小时,由于自力式流量控制阀具有稳定流量的特性,与室内恒温阀的调节效果相互抵消。因此不应设置自力式流量控制阀,可采用自力式压差控制阀。

（2）自力式压差控制阀依靠被控介质自身压力的变化进行自动调节,自动消除管网的剩余压头及压力波动引起的流量偏差,恒定用户进出口压差,有助于稳定系统运行,适用于分户计量供暖系统。自力式压差控制阀不适用于以热源为主动变流量调节系统,当系统进行以热源为主动变流量调节,减小系统流量时,管网的压差减小,近端用户由于压差的变小,自力式压差控制阀的阀芯就会开大,维持原来的压差恒定,导致近端用户流量不变,远端用户流量严重不足,出现水力失调。反之,当需要用户循环水量增加时,由于自力式压差控制阀的控制,使用户的流量增不上去。所以,自力式压差控制阀适合以用户为主动变流量运行的热网。

平衡阀的规格应按热媒设计流量、工作压力及阀门允许压降等参数经计算确定,直接选择与所安装管道同等公称直径的方法是错误的。平衡阀的安装位置应保证阀门前后有足够的直管段,没有特别说明的情况下,阀门前直管段长度不应小于 5 倍管径,阀门后直管段长度不应小于 2 倍管径。

任务三　集中供热系统

集中供热系统是由热源、热网和热用户三部分组成的。集中供热系统向许多不同的热用户供给热能，供应范围广，热用户所需的热媒种类和参数不一，锅炉房或热电厂供给的热媒及其参数，往往不能完全满足所有热用户的要求。因此，必须选择与热用户要求相适应的供热系统形式及其管网与热用户的连接方式。

集中供热系统，可按下列方式进行分类。

（1）根据热媒不同，分为热水供热系统和蒸汽供热系统。

（2）根据热源不同，主要可分为热电供热系统和区域锅炉房供热系统。此外，也有以核供热站、地热、工业余热作为热源的供热系统。

（3）根据热源的数量不同，可分为单一热源供热系统和多热源联合供热系统。

（4）根据系统加压泵设置的数量不同，分为单一网路循环泵供热系统和分布式加压泵供热系统。

（5）根据供热管道的不同，可分为单管制、双管制和多管制的供热系统。热水管网应采用双管制，长距离输送管网宜采用多管制。

一、热水供热系统

热水供热系统主要采用两种形式：闭式系统和开式系统。在闭式系统中，热网的循环水仅作为热媒，供给热用户热量而不从热网中取出使用。在开式系统中，热网的循环水部分地或全部地从热网中取出，直接用于生产或热水供应热用户中。

1. 闭式热水供热系统的连接方式

在单一热源、双管制的闭式热水供热系统中，热水通过单一系统循环泵沿热网供水管输送到各个热用户，在热用户系统的用热设备放出热量后，沿热网回水管返回热源。单一热源、单一系统循环泵、双管闭式热水供热系统是我国目前最广泛应用的热水供热系统。

下面分别介绍闭式热水供热系统热网与供暖、通风、热水供应等热用户的连接方式。

1）供暖系统热用户与热网的连接方式

供暖系统热用户与热网的连接方式可分为直接连接和间接连接两种方式。

直接连接是用户系统直接连接于热网上。热网的水力工况（压力和流量状况）和供热工况与供暖系统热用户有着密切的联系。间接连接是在供暖系统热用户处设置间壁式水-水换热器（或在热力站处设置担负该区供暖热负荷的间壁式水-水换热器），用户系统与热网被间壁式水-水换热器隔离，形成两个独立的系统。用户与热网之间的水力工况互不影响。

常见的供暖系统热用户与热网的连接方式有以下几种。

Ⅰ．无混合装置的直接连接

热水由热网供水管直接进入供暖系统热用户，在散热器内放热后，返回热网回水管，这种直接连接方式最简单，造价低。但这种无混合装置的直接连接方式，只能在网路的面计供水温度不超过《民用建筑供暖通风与空气调节设计规范》规定的散热器供暖系统的最高热媒温度时方可采用，且用户引入口处热网的供、回水管的资用压差大于供暖系统用户要求的压力损失时才能应用。

绝大多数低温热水供热系统采用的是无混合装置的直接连接方式。

当集中供热系统采用高温水供热,网路设计供水温度超过上述供暖卫生标准时,如用直接连接方式,就要采用装水喷射器或装混合水泵的形式。

Ⅱ. 装水喷射器的直接连接

热网供水管的高温水进入水喷射器,在喷嘴处形成很高的流速,喷嘴出口处动压升高,静压降低到低于回水管的压力,回水管的低温水被抽引进入喷射器,并与供水混合,使进入用户供暖系统的供水温度低于热网供水温度,符合用户系统的要求。

水喷射器无活动部件、构造简单、运行可靠、网路系统的水力稳定性好。在高温水热水供热系统中,得到一定的应用。但由于抽引回水需要消耗能量,热网供、回水之间需要有足够的资用压差,才能保证水喷射器正常工作。如当用户供暖系统的压力损失 Δp=10~15 kPa,混合系数(单位供水管水量抽引回水管的水量)u=1.5~2.5 的情况下,热网供、回水管之间的压差 Δp_w=80~120 kPa 才能满足要求,因而装水喷射器的直接连接方式,通常只用在单幢建筑物的供暖系统上并且需要分散管理。

Ⅲ. 装混合水泵的直接连接

当建筑物用户引入口处,热网的供、回水压差较小,不能满足水喷射器正常工作所需的压差,或设集中泵站将高温水转为低温水,向多幢或街区建筑物供暖时,可采用装混合水泵的直接连接方式,这种方式又可分为以下几种。

(1)混合水泵跨接在供水管和回水管之间的连接方式。来自热网供水管的高温水,在建筑物用户引入口或专设热力站处,与混合水泵抽引的用户或街区网路回水相混合,降低温度后,再进入用户供暖系统。为防止混合水泵扬程高于热网供、回水管的压差,而将热网回水抽入热网供水管内,在热网供水管入口处应装设止回阀,通过调节混合水泵的阀门和热网供、回水管进出口处的阀门的开启度,可以在较大范围内调节进入用户供热系统的供水温度和流量。

(2)混合水泵安装在供水管上的连接方式。该水泵同时起到加压和混水的双重作用。若某供热小区建筑物充水高度大于一级网供水管的测压管水头高度时,通过供水管加压和混水,来满足该小区供暖压力和温度的要求。

(3)混合水泵安装在回水管上的连接方式。该水泵同时起到回水加压和混水的双重作用。若某供热小区二级网回水管压力低于接入点一级网回水管压力时,通过该水泵提升小区回水管压力,把小区回水送入回水干管。通过调节旁通管和回水管阀门的开启度来调节进入小区的供水温度。

(4)在热力站处设置混合水泵的连接方式。这种方式可以适当地集中管理。

但混合水泵连接方式的造价比采用水喷射器的方式高,运行中需要经常维护并消耗电能。

装混合水泵的连接方式是我国城市高温水供暖系统中应用较多的一种直接连接方式。

Ⅳ. 间接连接

间接连接系统的工作方式如下:热网供水管的热水进入设置在建筑物用户引入口或热力站的间壁式水-水换热器内,通过换热器的表面将热能传递给供暖系统热用户的循环水,冷却后的回水返回热网回水干管。供暖系统的循环水由热用户系统的循环水泵驱动循环流动。

间接连接方式需要在建筑物用户入口处或热力站内设置间壁式水-水换热器和供暖系统热用户的循环水泵等设备,造价比直接连接方式高得多。换热站需要运行管理人员,耗电、耗水。

基于上述原因,我国城市集中供热系统的热用户与热网的连接,多年来主要采用直接连接方式。只有在热网与热用户的压力状况不适应时才采用间接接网,如回水管在用户入口处的压力超过该用户散热器的承受能力,或高层建筑采用直接连接方式影响整个热网压力水平的升高时就得采用间接连接方式。

国内多年运行实践表明,如采用直接连接方式,由于热用户系统漏损水量大多超过规定的补水率(补水率不宜大于总循环水量的1%),造成热源水处理量增大,影响供热系统的供热能力和经济性;采用间接连接方式,虽造价增高,但热源的补水率大大减小,同时热网的压力工况和流量工况不受用户的影响,便于热网运行管理。目前大型热水供热系统设计中主要采用了间接连接方式,可以预期,今后间接连接方式会得到更多应用。

对小型的热水供热系统,特别是低温水供热系统,直接连接方式仍是最主要的形式。

2)通风系统热用户与热网的连接方式

由于通风系统中加热空气的设备能承受较高压力,并对热媒参数无严格限制,因此通风用热设备(如空气加热器等)与热网的连接,通常都采用最简单的直接连接形式。

3)生活热水系统热用户与热网的连接方式

如前所述,在闭式热水网路供热系统中,热网的循环水仅作为热媒,供给热用户热量,而不从热网中取出使用。因此,生活热水系统热用户与热网的连接必须通过间壁式水-水换热器。根据用户热水供应系统中是否设置储水箱及其设置位置的不同,连接方式有如下几种主要形式。

Ⅰ.无储水箱的连接方式

热水网路供水通过间壁式水-水换热器将城市上水加热。冷却了的网路水全部返回热网回水管。在热水供应系统的供水管上宜装置温度调节器,否则热水供应的供水温度将会随用水量的大小而剧烈地变化;同时系统的供水温度应控制在小于60 ℃的范围内,以防止水垢的产生和烫伤人员。这种连接方式最为简单,常用于一般的住宅或公用建筑中。

Ⅱ.装设上部储水箱的连接方式

在间壁式水-水换热器中被加热的城市上水,先送到设置在建筑物高处的储水箱中,然后热水再沿配水管输送到各取水点使用。上部储水箱起着储存热水和稳定水压的作用。这种连接方式常用在浴室或用水量较大的工业企业中。

Ⅲ.装设容积式换热器的连接方式

在建筑物用户引入口或热力站处装设容积式换热器,换热器兼起换热和储存热水的功能,不必再设置上部储水箱。容积式水-水换热器的传热系数很低,需要较大的换热面积。这种连接方式一般宜用于工业企业和公用建筑的小型热水供应系统上。此外,容积式换热器清洗水垢比壳管式换热器方便,因而容积式换热器也宜用于城市上水硬度较高、易结水垢的场合。

Ⅳ.装设下部储水箱的连接方式

可以采用装有下部储水箱同时还带有循环管的热水供应系统与热网的连接方式。装设循环管路和热水供应循环水泵的目的是使热水能不断地循环流动,以避免开始用热水时,要先放出大量的冷水。

下部储水箱与换热器用管道连接,形成一个封闭的循环环路。当热水供应系统用水量较小时,从换热器出来的一部分热水,流入储水箱蓄热;当系统的用水量较大时,从换热器出来的热水量不足,储水箱内的热水就会被城市上水自下而上挤出,补充一部分热水量。为了使储水箱能自动地充水和放水,应将储水箱上部的连接管尽可能选粗一些。

这种连接方式较复杂,造价较高,但工作可靠,一般宜在对用热水要求较高的旅馆或住宅中使用。

4)闭式双级串联和混联连接的热水供热系统

在热水供热系统中,各种热用户(供暖、通风和热水供应)通常都是并联连接在热水网路上的。热水供热系统中的网路循环水量应等于各热用户所需最大水量之和。热水供应系统热用户所需热网循环水量与网路的连接方式有关。如热水供应用户系统没有储水箱,网路水量应按热水供应的最大小时用热量来确定;而装设有足够容积的储水箱时,可按热水供应平均小时用热量来确定。此外,由于热水供应的用热量随室外温度的变化很小,比较固定,但热网的水温通常随室外温度升高而降低,因此,在计算热水供应系统热用户所需的网路循环水量时,必须按最不利情况(即按网路供水温度最低时)来计算,所以尽管热水供应热负荷占总供热负荷的比例不大,但在计算网路总循环水量中,却占相当大的比例。

为了减少热水供应热负荷所需的网路循环水量,可采用供暖系统与热水供应系统串联或混联的连接方式。

对于双级串联的连接方式,热水供应系统的用水首先由串联在网路回水管上的水加热器(第Ⅰ级加热器)加热。如经过第Ⅰ级加热器加热后,热水供应水温仍低于所要求的温度,则通过水温调节器将阀门打开,进一步利用网路中的高温水通过第Ⅱ级加热器,将水加热到所需温度。经过第Ⅱ级加热器放热后的网路供水,再进入供暖系统。为了稳定供暖系统的水力工况,在供水管上安装流量调节器,以控制用户系统的流量。

对于混联连接方式,热网供水分别进入热水供应和供暖系统的换热器中(通常采用板式换热器)。上水同样采用两级加热,但加热方式与双级串联的连接方式所用的加热方式不同。热水供应换热器的终热段(相当于双级串联连接方式中的第Ⅱ级加热器)的热网回水,并不进入供暖系统,而与热水供暖系统的热网回水相混合,进入热水供应换热器的预热段(相当于双级串联连接方式中的第Ⅰ级加热器),将上水预热。上水最后通过换热器的终热段,被加热到热水供应所要求的水温。根据热水供应的供水温度和供暖系统保证的室温,调节各自换热器的热网供水阀门的开启度,控制进入各换热器的网路水流量。

2. 闭式热水供热系统的优缺点

闭式热水供热系统具有如下一些优缺点。

(1)闭式热水供热系统的网路补水量少。在正常运行情况下,其补充水量只是补充从网路系统不严密处漏失的水量,一般应为热水供热系统的循环水量的1%以下。在运行中,闭式热水供热系统容易监测网路系统的严密程度。补充水量大,则说明网路漏水量大。

(2)在闭式热水供热系统中,网路循环水通过间壁式换热器将城市上水加热,热水供应用水的水质与城市上水水质相同且稳定。

(3)在闭式热水供热系统中,在热力站或用户入口处,需安装间壁式换热器。热力站或用户引入口处设备增多,投资增加,运行管理也较复杂。特别是城市上水含氧量较高,或碳酸盐硬度(暂时硬度)高时,易使热水供应用户系统的换热器和管道腐蚀或沉积水垢,影响系统的使用寿命和热能利用效果。

(4)在利用低位热能方面,对热电厂供热系统,采用闭式时,随着室外温度升高而进行集中式调节,供水温度不得低于70 ℃(考虑到生活热水供应系统的热水温度不低于60 ℃)。因而加热网路水的汽轮机抽汽压力难以进一步降低,不利于提高热电厂的热能利用效率。

二、热网系统的形式与多热源联合供热

热网是集中供热系统的主要组成部分,担负热能输送任务。热网系统的形式取决于热媒(蒸汽或热水)、热源(热电厂或区域锅炉房等)与热用户的相互位置、供热地区热用户种类、热负荷大小和性质等。

供热管网的形状可以分为枝状管网和环状管网;按照热源的个数可分为单一热源管网和多热源管网。传统的管网大部分为单一热源的枝状管网,近年来集中供热面积达到数十万至数百万平方米。以热电厂为热源或具有几个大型区域锅炉房的热水供热系统,其供暖建筑面积甚至达到数千万平方米,因而多热源联合供热的管网系统逐渐增多。热网系统的形式与多热源联合供热系统的选择应遵循供热的可靠性、经济性和灵活性的基本原则。

1. 蒸汽供热系统

蒸汽作为热媒主要用于工厂的生产用热。其热用户主要是工厂的各生产设备,比较集中且数量不多,因此单根蒸汽管和凝结水管的热网系统形式是最普遍采用的方式,同时采用枝状管网布置。

在凝结水质量不符合回收要求或凝结水回收率很低,敷设凝水管道明显不经济时,可不设凝水管道,但应在用户处充分利用凝结水的热量。当工厂的生产用热不允许中断时,可采用复线蒸汽管供热的热网系统形式,但复线敷设(两根50%热负荷的蒸汽管替代单管100%热负荷的蒸汽管)必然增加热网的基建费用。当工厂各用户所需的蒸汽压力相差较大,或季节性热负荷占总热负荷的比例较大时,可考虑采用双根蒸汽管或多根蒸汽管的热网系统形式。

2. 热水供热系统

对于供热范围较小的热水供热系统,管网采用枝状连接,热网供水从热源沿主干线、分支干线、用户支线送到各热用户的引入口处,网路回水从各用户沿相同线路返回热源。

枝状管网布置简单,供热管道的直径随与热源距离的增大而逐渐减小;金属耗量小,基建投资小,运行管理简便。但枝状管网不具后备供热的性能。当供热管网某处发生故障时,在故障点以后的热用户都将停止供热。由于建筑物具有一定的蓄热能力,通常可采用迅速消除热网故障的办法,以使建筑物室温不致大幅度地降低。因此,枝状管网是热水管网最普遍采用的方式。

为了在热水管网发生故障时,缩小事故的影响范围和迅速消除故障。在与干管相连接的管路分支处、与分支管路相连接的较长的用户支管处,均应装设阀门。

对于大型的热网系统,热网供水从热源沿输送干线、输配干线、支干线、用户支线进入热力站;网路回水从各热力站沿相同线路返回热源。热力站后面的热水网路,通常称为二级管网,按枝状管网布置,它将热能由热力站分配到一个或几个街区的建筑物中。

自热源引出的每根管线,通常采用枝状管网。管线上阀门的配置基本原则与前相同。对大型管网,在长度超过2 km的输送干线(无分支管的干线)和输配干线(有分支管线接出的主干线和支干线)上,还应配置分段阀门。《热网标准》规定:输送干线每隔2 000~3 000 m,输配干线每隔1 000~1 500 m,长输管线每隔4 000~5 000 m宜装设一个分段阀门。

对具有几根输配干线的热网系统,宜在输配干线之间设置连通管。在正常工作情况下,连通管上的阀门关闭。当一根干线出现故障时,可通过关闭干线上的分段阀门,开启连通管上的阀门,由另一根干线向出现故障的干线的一部分用户供热。连通管的配置提高了整个管网的后备供热能力。连通管的流量,应按热负荷较大的干线切除故障段后,供应其余热负荷的70%。当然,增加干线之间的连通管的数目和缩短输送干线两个分段阀门之间的距离,可以提高网路供热的可靠性,但热网的基建费用要相应增加。

供热范围较大的区域锅炉房供热系统,通常也需设置热力站。热网系统布置的基本原则与上述相同。根据《热网标准》,供热面积大于$1\ 000 \times 10^4\ m^2$的供热系统应采用多热源联合供热的方式。根据几个热源与热用户的相互位置和运行方式的不同,热网系统图也有所不同。

多热源联合供热系统,目前主要有三种热源组合方式:
(1)热电厂与区域锅炉房联合供热;
(2)几个热电厂联合供热;
(3)几个区域锅炉房联合供热方式。

热电厂与区域锅炉房联合供热系统中,区域锅炉房可设置在热电厂出口处,也可远离热电厂分散布置。

在室外气温较高时,只由热电厂向全区供热,当室外温度降低到热电厂不能满足供热量需求时,区域锅炉房开始投入运行,以提高供水温度补充不足的供热量,并向整个网路供热。

由于区域锅炉房设在热源出口处,集中加热网路循环水,这样可统一按各热力站所要求的供水温度和流量分配热能,使网路的水力工况和热力工况趋于一致,运行管理容易。北京第二热电厂的热水供热系统,在热源处增设数台大型热水锅炉,就属于这种供热形式。

热电厂与几个外置热源联合供热的运行方式有三种:多热源联网运行、多热源解列运行和多热源分别运行。联网运行是指:采暖期基本热源(热电热源)首先投入运行,随气温变化基本热源满负荷后,把调峰热源(区域锅炉房热源)投入热网中,让它与基本热源共同在热力网中供热的运行方式。整个采暖期基本热源满负荷运行,调峰热源承担随气温变化而增减的负荷。各热源的热媒统一送入管网,统一调度、统一分配到各热用户,水力工况相关。解列运行是指:采暖期基本热源首先投入运行,随气温变化用阀门逐步调整基本热源和调峰热源的供热范围的运行方式。基本热源满负荷后,分隔出部分管网划归调峰热源供热,并随气温变化逐步扩大或缩小分割出的管网范围,使基本热源在运行期间接近满负荷运行。这种方式实质还是多个单热源的供热系统分别运行,各热源的供热区域可通过改变隔断阀的位置进行调整,水力工况互不相干。因此热源的解列运行管理简单,但不能最大限度地发挥并网运行的优势。多热源分别运行是指:多热源供热系统用阀门分割各热源的供热范围,即在采暖期热力网用阀门分隔成多个供热区域,由各个热源分别供热的运行方式。这种运行方式实质是多个单热源的供热系统独立运行。目前我国三种运行方式都有应用实例,但分别运行、解列运行居多。

三、分布式加压泵供热系统

上两节介绍的集中供热系统都具备同一特点:系统循环泵安装在热源处,为整个系统热媒循环流动提供动力。随着集中供热的发展,供热规模越来越大,长输管线阀门能耗越来越大,为了节能降耗,近年来在分布式加压泵供热系统在国内一些工程中已得到了较好的应用。

分布式加压泵供热系统是把热源循环泵的动力分解到热源循环泵、管网循环泵(即管网加压泵)和用户循环泵(即用户加压泵),三部分循环水泵变频控制、串联运行。分布式加压泵作为一种新型的循环泵多点串联布置形式与传统的循环泵单点布置形式相比,具有显著的节电效果,管网整体压力低,用户便于混水直连等。

随着单热源循环泵供热系统的供热规模逐步扩大,一些用户呈现资用压差不足。因此通过安装用户加压泵,可有效解决用户压差不足的问题。热力站内安装加压泵和管网安装加压泵相比,投资低、容易实现。

任务四　集中供热系统自动化

自动控制技术已经应用到了集中供热系统的各个组成部分。例如：热源的自动控制，热网、热力站与中继泵站的监控及供热系统末端用户的监控等。随着物联网、大数据、云计算、人工智能等信息技术的飞速发展，供热智能化已经开始在供热领域广泛应用，全网自动化作为供热智能化的基础起到了关键作用。集中供热领域普遍认识到，供热自动化需要精细化和物联网化，需要关注设备的运行状况和能效，仪表的精度和稳定性，智能控制器的数据治理和存储、在线部署和固件升级、策略优化及边缘计算能力等问题，来确保供热安全、供热质量和供热能效。物联网技术的广泛应用，使得热源、一级网、热力站、二级网和末端热用户的工艺数据实现了透明共享，全网可以联合调节、统一控制，做到"一级网按需供热、精准控制；二级网平衡调节、户温舒适"，彻底解决了水力热力失调、经验式人工手动运行、被动式设备检修等供热运维问题。集中供热系统自动化的目的有如下几个方面。

（1）利于及时地了解并掌握热源、热网的参数与运行工况。通过热源及热力站的智能监控系统，可随时在移动端或PC端监视系统各个位置的温度、压力、流量与热量的状况，便于管理。

（2）利于节能降耗。一方面是自动调整热网参数，实现全网水力平衡，解决冷热不均的问题；另一方面是匹配热量，按需供热。在供暖季节里，户外参数是变化的。建筑的热惰性在供热时反映在温度上的滞后性，以及按人的生活习惯与作息规律如何实现人性化供热等，均对按需供热提出新的要求。现在的集中供热系统往往是复杂巨大的，需要统一的生产调度指挥，采用一级网按需供热和二级网水力平衡调节的控制原则，可以保证全网始终在最佳的水力工况下运行，从而在实现舒适供暖的同时降低能耗。

（3）利于实现提质增效。由于智能监控系统的监视功能相当于在各个站点安装了"眼睛"，热力站可实现无人值守，生产调度人员也可以轻松地掌握供热系统的每一个运行细节，并通过监控系统内置的供热策略发出指令，直接控制站点的电动调节阀门（或一级网回水加压泵）和各种水泵变频设备，对供热参数进行科学调节。有些企业通过部署智能化的换热机组等新一代供热设备，还可实现供热监控和运维的云端化，大幅提高其综合运维能力，并且降低了人力成本。

（4）利于及时发现故障，确保供热安全。通过应用自控系统的设备健康诊断功能，可对供热参数的变化做出及时准确的分析，对热源各设备的运行状况做出正确的判断，对供热系统发生的泄漏、堵塞等异常现象做出及时的预报，避免酿成事故。

（5）利于建立运行档案，形成企业信息，实现量化管理。将运行的数据形成数据库，便于查询、分析与总结，通过大数据挖掘和人工智能技术的应用，可以建立和优化负荷预测、健康诊断和能效管理等控制模型，为不断改善热网运行效率提供科学决策的依据。

一、集中供热系统自动化的组成

可以根据供热系统的组成将集中供热系统的自控分为热源、热网、中继泵站、隔压站、热力子站和二级网、热用户部分。这几部分并不是孤立地运行的，而是相互结合，构成联动系统。

1. 传统集中供热自控系统

传统集中供热自控系统包括调度中心、通信网络平台、热力子站控制系统等。

1）调度中心

调度中心一般包括计算机及网络通信设备。计算机包括操作员站、网络发布服务器、数据库服务器。网络通信设备包括交换机、防火墙、路由器等。

操作员站负责所有数据的采集及监控、调度指令的下发、历史数据的查询、报警及事故的处理和报表打印等功能。

网络发布服务器汇集所有采集的数据及信息，然后把相关的数据及画面发布到互联网上。互联网用户都可以通过浏览器远程访问该服务器发布的内容。

数据库服务器负责所有历史数据的归档。数据库服务器需要配套大容量、可容错的硬盘，并定期备份数据。

调度中心的主要功能包括运行监视与控制、负荷调度、生产报表、故障报警与处置等，并为其他供热管理信息系统预留数据接口。

2）通信网络平台

通信网络平台是连接调度中心和子站控制系统的桥梁，通信网络分为有线网络和无线网络两种，基本采用中国移动、中国联通、中国电信三大通信运营商或本地广播电视公司的宽带或 VPN（虚拟专用网络）等有线接入方式，或者采用三大通信运营商的 4G 或 5G 等无线接入方式。

3）热力子站控制系统

热力子站控制系统包括热力站控制系统、管网数据监测系统、中继泵站及隔压换热站控制系统、热源参数监测系统、热计量监测系统。

（1）热力站控制系统以现场控制器为核心完成局部换热站、混水站、直供热力分配站等的数据采集及监控。

（2）管网数据监测系统在供热管网的重要节点处及最不利处设监控点，便于系统的统一指挥。根据系统的大小有时也可以省略管网数据监测系统，而把管网数据接入距离较近的热力站控制系统中。

（3）中继泵站及隔压换热站控制系统。当供热管网的输送距离较长时，由于管路的阻力或者海拔高度的影响，造成系统的供回水压力值不足以维持管网循环，这时要在管路上增设加压泵，建立中继泵站，并且把中继泵站的数据接入其现场控制器内。

（4）热源参数监测系统。一般的热源为锅炉房或热电联产首站，其主要功能是完成热源参数的监测，由于热源的测量点比较多，所以热源控制器一般选用 DCS（分散控制系统）或中大型 PLC（可编程逻辑控制器）系统。

（5）热计量监测系统。由于涉及售热方和购热方的贸易结算，所以要求热计量装置具有极高的可靠性和精确度，能够通过计量部门的强制检定。所供设备必须是计量部门批准使用的，用于贸易计量的计量器具，具有省级以上计量主管部门颁发的"计量器具试验合格证"和"计量器具生产许可证"。

4）自控系统设计原则

自控系统设计原则如下。

（1）城市热力网应该有相应的调度中心，配备完善的自动化系统，实现调度中心和所有热力子站控制系统的双向远程通信。

（2）热源控制系统应该按照负荷的需求自动调整热源的输出参数，实现经济运行。

（3）热力站自动化系统在选择控制系统及配套仪表时，应该本着性能可靠、简单实用、便于维护的原则。

（4）在设计整个自动化供热系统时，要充分考虑到系统的兼容性、开放性、可扩展性。

（5）在热源的出口，应装有用于贸易计量的量热仪表。

（6）根据系统规模及系统的复杂程度，选用高性价比的自控系统，比如 PLC 系统。

（7）在设计自控系统网络时，要充分考虑到系统的稳定性以及将来系统的扩容，通信协议选用在国际上或者在国内已经广泛应用的通信协议,宜优先选用公共通信网络。

2. 现代集中供热监控系统

现代集中供热监控系统除继承了传统集中供热自控系统的基本功能外,充分应用了物联网、大数据、云计算和人工智能等现代互联网信息技术,突破了传统自控系统的时空范式,形成了以低碳、舒适、高效为主要特征,以透彻感知、广泛互联、深度智能为技术特点的现代供热监控系统新模式。

现代集中供热监控系统由感知层、网络层和云端管理决策层组成。

1）感知层

感知层要求现场的供热系统具有透彻感知和广泛互联能力,能为云端管理决策层的深度智能提供支持服务。

Ⅰ. 热源的监测与计算机辅助分析

在热源各机组和主管网出口安装温度、压力、流量和能耗计量装置,计算分析各环节能耗、各机组效率,优化热源运行和供热出口参数,分别显示各供热主管道流量、热量、供水压力、回水压力、供水温度、回水温度等信息,并传送至供热调度监控中心,实时监控热源及出口的运行参数。供热调度监控中心根据气象管理系统给出的未来24 h或近期的户外平均温度的变化趋势,对每一供热主管网做出热负荷预测和需求供热量分析,综合系统的供热能力制订调度计划,热源运行人员依据负荷调度计划进行供热量输出,并对供热量和需热量逐日进行对比,形成运行趋势对比曲线,通过智能分析合理地调整调度计划,做到供需平衡。与收费管理系统对接,自动读取每一个供热主管网所负担的供热面积,自动计算热耗、水耗、电耗,对每一个主管道进行供热成本的分析、计算和考核。

Ⅱ. 热力站的监控

热力站安装温度压力变送器、热量计、流量计、智能调节阀、控制器和变频器等仪表设备,其中控制器是换热站监控的中枢,支持VPN/4G/5G互联网等组网技术,具有数据治理、存储、断线续传、固件升级、远程维护等功能。供热调度监控中心下达供热目标值,通过控制器对供热系统智能调节阀和变频器进行调控,使实际运行参数与目标值一致。热力站运行参数及设备出现故障可自动报警,调度人员可进行远程操作,可对热力站历史运行数据进行查询、统计。

Ⅲ. 二级网的监控

在楼宇热力入口、建筑物单元或热用户入口安装智能调节阀、热量计、温度压力变送器及多功能DTU（数据终端设备）,监测热力入口处的热量和供回水温度、压力参数以及用户热量和室温等参数。针对初期、严寒期、末期的热耗特征制定差异化的调节策略,采用回水温度相对一致法,通过云端二级监控平台以温度目标值或开度指令模式控制智能调节阀,实现二级网平衡调节。把典型用户（一般为顶楼、边户、底户）的室内温度上传到供热调度监控中心,通过对比分析实测热量与目标热量,为热网最优控制提供科学依据。热计量运行参数出现异常可进行报警,供热调度监控中心可进行远程开关调控。

Ⅳ. 管网智能监测系统

管网智能监测系统是一种基于物联网技术进行数据采集和传输的多功能产品,能够在管网检查井内测温、测漏,应用于热网管理。

Ⅴ. 管网泄漏检测系统

管网泄漏检测系统检测技术多样,典型方法是通过嵌入地下的温度监测终端,收集地下供热主管道周边温度变化,并根据温度的变化趋势判断主管道泄漏情况。

2）网络层

感知层的数据,通过有线、无线物联网,上传至云端管理决策层进行数据解析和监控,由人工智能根据供热系统运行工况和环境因素（室内、户外温度、风速、管网情况,房屋情况,地理位置等综合信息）,提供最优的供热策略。

网络层采用的物联网技术,要求具有低功耗、广覆盖、海量连接、低成本的特性,并满足现代供热监控系统所需的深度覆盖、快速部署的技术要求。

网络层需要数据传输管理平台对物联网通信进行管理。该平台面向行业客户和设备厂商,提供万物互联服务,向下接入各种传感器、终端和网关,向上通过开放的API(应用程序接口),对接多种行业应用。

数据传输管理平台有以下特点。

(1)海量设备的接入管理:支持亿级设备接入,支持多种协议。

(2)完备高效的设备管理:提供可视化的设备状态监控、设备生命周期管理、设备配置更新、远程设备软件升级、远程故障定位等能力。

(3)灵活开放的应用接口:开放了海量的API接口,包括应用安全接入、设备管理、数据采集、命令下发、批量处理和消息推送的接口能力,帮助开发者快速孵化行业应用。

(4)安全可靠的保护机制:具备完整的可靠性和安全保护机制。

现代供热监控系统需要不断跟踪通信技术的进步,实现感知的信息高速、双向、实时、稳定、可靠且低成本集成传输。

3)云端管理决策层

热源数据、热网数据、热力站数据、供暖建筑监控数据和热用户室温数据汇总到供热监控云端平台进行大数据分析,以提供最优供热策略。基于人工智能的供热技术如下。

(1)构建仿真智能体:基于一级网供回水温度、压力、流量,二级网供回水温度、压力、水泵频率,环境因素(室内、室外温度、日照强度、风速、建筑类型等综合信息)等历史数据构建仿真器,通过对每个换热站的每个供热系统工作模型进行仿真,构建智能体,模拟供热系统在不同环境因素下一级网供回水温度、压力、流量发生变化时对二级网供回水温度和室温的影响。

(2)设计源、网、站、户的最优控制策略:通过仿真供热系统,借助人工智能的决策技术和巨大算力,提出最优控制策略,使得热源的热量能平衡分配给各个换热站、各栋建筑及各个用户,实现按需供热的目的,从而达到节能环保的效果。另外,人工智能技术会基于最新的数据持续学习,改进和优化算法,不断适应最新的供热情况,提供最优的控制策略。

(3)实现端到端的智慧预测与调节策略:通过人工智能,实现从热源、换热站、一级网、二级网到居民室内的智慧预测与调节策略。

二、热力站的自动控制

热力站自控的首要目的就是使各个热力站按所需得到热量,并将其合理地以流体流量的形式分配出去。根据热力站的特点,本部分对换热站、生活热水换热站及泵站的自控系统进行简单介绍。

1. 换热站自控部分

换热站作为控制对象时,具有如下特点:换热站数目较多;站与站之间分散,距离较远;每个换热站独立运行,自成系统;系统惯性大,参数变化缓慢,滞后时间长;各换热站供热面积大小不一,新旧建筑的负荷状况不一。基于以上特点,换热站非常适于以先进的现代化信息技术实现系统的管理,实现由传统的人工操作模式向现代的高度集成化、自动化的模式转变。

换热站自控系统主要由数据采集控制部分、循环水泵控制部分、补水定压控制部分、通信部分等组成。通过热工检测仪表测量一次网、二次网的温度、压力、流量等信号,按自控系统中预先设定的控制算法及控制方式完成对一次网调节阀、循环泵及补水泵的控制,以达到安全、可靠、经济运行之目的。换热站自控系统控制流程图参见图2-9。

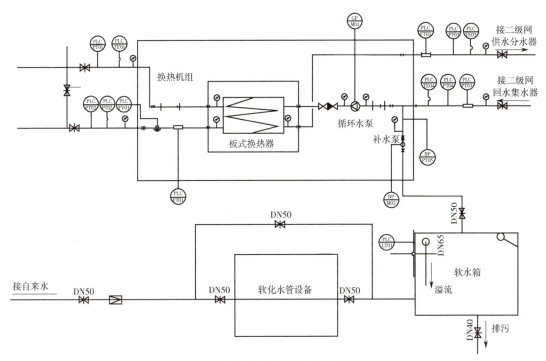

图 2-9 换热站自控系统控制流程图

1）换热站监控参数的采集

换热站具体的采集参数如下。

（1）一次网供回水温度、压力、流量（热量）；

（2）二次网供回水温度、压力、流量；

（3）一次网供水电动调节阀开度；

（4）循环泵、补水泵的启动、停止、运行状态；

（5）循环泵、补水泵的频率控制与反馈；

（6）补水箱液位；

（7）耗水量、耗电量及耗热量的计量参数。

2）换热站的调节方式与控制策略

Ⅰ.换热站的调节方式

①依据未来24 h户外平均温度，检测二次供回水温度，自动调节电动调节阀的开度。按照控制器内设定的经济运行的温度曲线，自动调节二次网供水温度或二次网供回水平均温度。

②对各二次网供热系统的温度进行检测、分析，结合外界干扰因素（如天气温度），计算出最佳的供回水温度。

③对一次网的流量进行控制，使供热系统在满足用户需求量的前提下，保持最佳工况。

在供热系统中，供暖热负荷的计算是以建筑物耗热量为依据的，而热量的计算又以稳定传热概念为基础。实际上外围护结构层内、外各点温度并非常数，它与户外温度、湿度、风向、风速和太阳辐射强度等气候条件密切相关，其中起决定作用的是户外温度。因此根据户外温度变化，对供热系统进行相应的自动控制，可适应用户室内热负荷变化，保持室内要求的温度，避免热量浪费，使热能得到合理利用。

由于供热系统热惯性大，属于大滞后系统，因此电动调节阀不应连续调节，否则会产生振荡，使被调参数出现反复波动现象，这样调节效果反而不好。可采取1~2 h调节一次的间歇性调节，调节间隔视供热系统的规模大小而定。系统越大,调节间隔应越长,这样可以充分反映延时的影响。每次调节,电动调节阀的开度变化也不能过大,调节幅度应由当前的阀门开度和温度偏差决定。

根据供热系统的特性,在一次侧外网工况稳定的情况下,其流量的变化会直接影响一次侧热媒在换热器内的放热量,从而改变用户系统的供回水温度。因此选择一次侧水流量作为控制参数。

Ⅱ.换热站的控制策略

Ⅰ)热负荷预测策略

热力系统本身是一个大的热惯性系统,且影响因素众多,条件千差万别,因此要做到精确控制非常困难。供热时气象条件的变化很复杂且不可准确预测,同时供热系统本身存在严重的滞后问题,即户外气象条件的变化是绝对的,而且对室内环境产生影响存在一定的滞后,供热调节又是有条件的,不可能过于频繁地调节,而且介质的传输必然产生一定的滞后,再加上散热器系统的滞后,基于上述原因,准确的供热量需求是以负荷预测为基础的,需要较长的响应时间。同时,热力系统本身又是一个大的热容系统,这就使得环境气象条件的急剧变化会被热力系统吸收,所谓以慢制快,再加上用户本身的适应能力对环境质量的要求留有余地,因此前几天的环境温度会对现在的热负荷需求产生直接的影响。所以,只要根据天气预报以及前几天的天气状况,建立天气预报与供热负荷预估模型系统,就可以进行较为合理准确的负荷预测。

Ⅱ)前馈模糊 PID 控制策略

供热系统的控制特点是大惯性、多变量、差异性。

采用间接换热的系统的控制惯性更大,在依据户外温度和分时段运行调节供水温度或换热量时,如果控制不当,调节过慢会使响应时间过长,达不到系统要求,调节过快又易引起超调,甚至震荡。

尽管传统 PID 校正控制以其结构简单、工作稳定、物理意义明确、鲁棒性强及稳态无静差等优点在自动化控制中被广泛采用,但是 PID 控制参数一般都由人工整定,有其局限性,不能在线地进行调整。如果将前馈模糊 PID 控制技术与传统 PID 控制技术相结合,按照响应过程中各个时间段的不同要求,通过模糊控制在线地调整 PID 的各个控制参数,对改善控制系统在跟踪目标时的动态响应性能和稳态性能,以适应供热工作任务的要求,是有重要应用意义的。

Ⅲ)参数自整定模糊 PID 控制策略

与传统的控制技术相比,模糊控制主要具有以下几个显著特点。

模糊控制是一种基于规则的控制,只要对现场操作人员或者有关专家的经验、知识以及操作数据加以总结和归纳,就可以构成控制算法,在设计系统时不需要建立被控对象的精确数学模型,适应性强。模糊控制对非线性和时变等不确定性系统有较好的控制效果,对于非线性、噪声和纯滞后等有较强的抑制能力,而传统 PID 控制则无能为力。模糊控制的鲁棒性较强,对参数变化不灵敏,模糊控制采用的是一种连续多值逻辑,当系统参数变化时,易于实现稳定控制,尤其适合于非线性、时变、滞后系统的控制。模糊控制的系统规则和参数整定方便,通过对现场工业过程进行定性分析,就能建立语言变量的控制规则和拟定系统的控制参数,而且参数的适用范围较广。模糊控制结构简单,软硬件实现都比较方便,硬件结构无特殊要求,软件控制算法简捷,在实际运行时只需进行简单的查表运算,其他的过程可离线进行。

3)换热站控制器组成类型

Ⅰ.换热站的控制器组成分类

按换热站控制器的类型和功能不同,传统上可分为两大类。

第一类由早期专用的控制器组成,成本较低,实用性一般,灵活性较差,程序格式固定,编入新算法比较困难。

第二类由"PLC+触摸屏"组成控制单元,其特点为:以模块化组成,实用性、通用性、灵活性较强,但成本较高。

国产供热专用控制器不断走向成熟,大多已经具备边缘计算功能,其具有强大的数据治理、存储、AI 计算和现场总线通信等能力,支持工业互联网,可以通过4G/5G无线网络或宽带有线网络接入云端供热监控平台,实现了移动端或PC端的远程运行和维护,极大地提升了供热企业的运维能力和工作效率。

Ⅱ. 循环水控制系统的组成

随着近年来变频器和水泵技术的不断发展,其在效率、可靠性和稳定性方面得到了极大提高,国产变频器和水泵已成为主角。在换热站实际应用中,变频器和循环泵一般实施"一对一"配置,低负荷供热系统采用单循环泵运行方式,高负荷供热系统采用双泵运行方式,每台水泵按满负荷的60%~70%配置,在初寒期和末寒期单泵变频运行,严寒期双泵同频率变频运行。

循环泵变频控制:控制柜主要由变频器、空气开关及接触器等组成,变频器可接收来自控制器的控制信号完成压差控制或频率控制,也可完成本地频率控制。

Ⅲ. 补水泵控制系统的组成

在换热站的补水控制中主要以二级网定压点压力作为控制参考值,保持二级网的定压点压力在设计范围内,当压力超过设定的高限时,打开泄压电磁阀,进行泄压。其控制方式大体分为以下两种。

①压力开关定压控制:在二级网管路定压点位置安装压力开关,通过设定的压力上限及下限完成启停泵的功能。

②补水变频定压控制:通过压力传感器采集二级网定压点压力的实时信号,作为控制的反馈信号,按各换热站设计的定压点压力进行设定,可由变频器内部进行PID运算完成闭环控制,也可以通过控制器集中完成闭环控制。

Ⅳ. 换热站水、电、热计量系统的组成

水、电、热作为商品,无论是在与用热方作为计量结算依据,还是作为供热企业的成本核算依据及经济运行指标,用热量、用电量、用水量的计量都显得十分重要。

Ⅰ)用热量的计量。

单个换热站供热量的计量一般由一个热水流量计、一对温度传感器和一个积算仪组成。仪表安装在系统的供水管上,并将温度传感器分别装在供、回管路上。一段时间内用户所消耗的热量为所供热水的流量和供回水的焓差的乘积对时间的积分。

热量表依据流量计测量方式的不同可以分为差压式、电磁式、超声波式。大多数热量表配备RS485通信接口,可通过MODBUS或M-BUS等协议与控制器进行通信。

Ⅱ)用水量的计量。

换热站的用水量主要存在于系统运行之前管道的反冲洗及二级网失水的补水过程中,一般采用传统的叶轮式带脉冲输出信号的水表作为计量依据,也可以采用专门用于补水计量的超声波或电磁流量计。

Ⅲ)用电量的计量。

换热站中的用电设备较多,如循环水泵、补水泵、照明设备、水处理设备等的电量的计量以数字式电能表为主,并可通过MODBUS等协议与控制器进行通信。

2. 首站的控制

首站是设在热源出口的换热站,来自热源的蒸汽将热网的回水加热后,供应网上用户使用,蒸汽的凝结水可返回到热源循环使用或作为热网的补水。

首站自控系统在选择时要考虑以下几个方面的情况。

1)热网的负荷调节

输入到热网上的热量不是由各个热力站自己的调节决定的,而是由进入汽-水热交换首站的蒸汽量决定的。各个热力站的作用仅是保证热负荷的按需分配,而决定热负荷调节输入量的多少是在首站完成的。首站流量增加,热网上各个热力站的流量才能增加;首站温度上升必然使各个热力站的供水温度上升。

首站往往采用的是大型管壳式换热器,担负着热网负荷调节的重要任务,负荷的调节可采用控制供汽量与投入换热器的换热面积确定。前一方法根据热网出口的供水温度来调节蒸汽入口的阀门,从而控制蒸汽供给量;后一方法调节凝水管上的阀门,控制换热器的液位高度,从而控制换热器参与换热的面积。

热负荷调节的真正难点在于负荷调节的滞后性,系统越大,滞后性的影响越明显。因此供热方案的制定至关重要,热网的参数控制直接关系到系统的节能与经济性,对于较大的系统,应提前对供热参数进行预判,再根据实际情况的变化进行小幅调整,确保供热质量。

2)热网的流量控制

管网的流量是由负荷状况决定的,但为保证管网的高效输送必须保证较大的温差。流量控制有三种方法:①控制投入工作的循环泵台数;②循环泵变频调转速;③控制旁通混水量(取热量)。

若供热系统初期与末期的流量、扬程相差巨大或季节性热负荷相差较大时,可考虑上两套循环泵系统,以适应不同时期负荷的需要。

3)首站的安全性

首站是热网的第一个热力站,很明显它在安全性的要求上要比其他站点高得多,它的安全运行是供热系统安全运行的重要保障。因此在制定调节控制策略时应考虑对系统安全运行的影响,在控制层面上设法排除和解决问题。

同时由于首站的控制比较复杂,测量点也比较多,所以要求自控系统有较快的处理速度、很强的复杂回路处理能力,同时要兼顾经济性,考虑和调度中心的通信,具有开放通信接口;考虑蒸汽计量系统的接口,把蒸汽计量的数据汇总到首站自控系统中。综合上述情况,首站自控系统一般都选用大、中型 PLC 系统或 DCS 子站系统。

(1)监控及上传的主要参数:①蒸汽管网压力、温度、流量;②凝结水管网压力、温度、流量;③热水管网供回压力、温度、流量;④汽水换热器的水位,出口凝结水温度;⑤电动调节阀的控制及反馈信号;⑥循环泵电机的工作频率及运行状态;⑦补水泵电机的工作频率及运行状态;⑧凝结水泵电机的工作频率及运行状态;⑨热量计量参数。

(2)几个重要参数的调节与控制如下。

①供水温度调节:供水温度的控制主要是调整蒸汽进汽电动调节阀的开度,控制蒸汽流量,从而控制汽水换热器的换热量,维持热源的出水温度在设定值。当多个汽水换热器一起投入时,要考虑多个汽水换热器同步调整时相互干扰的问题,通过前馈解耦的方式消除扰动。

②循环泵变频调速:变频调速的目标是控制管网最不利点的压差,以消除流量分布不均匀的极端状况,保证整个管网的水力平衡。最不利点的压差值由调度软件自动寻找,在保证最不利点的压差值大于设定压差的前提下,控制系统的回水温度。

③汽水换热器的水位控制:汽水换热器的作用是利用高温蒸汽的换热作用,把低温循环水加热成高温水,而蒸汽在换热器内冷凝成凝结水。为了保证良好的换热效果,就要求汽水换热器的水位值稳定在一个合理的范围内,通过调整汽水换热器凝结水的出水电动调节阀,调节出水量,控制换热器的水位值。换热器的水位值检测采用微差压变送器,取样部分要加装平衡容器。

3. 生活热水站的控制

生活热水站是提供生活热水的热力站。生活热水站需全年制备生活热水。生活热水采用板式换热器加保温水箱或容积式换热器制备,由单独一对热水管网输出,为了保证生活热水的温度,可设循环管加循环泵。对于生活热水热负荷采用定值调节。调节热网流量使生活热水供水温度控制在设计温度 ±5 ℃ 以内;控制一次网流量使热网供水温度不超标,并以此为优先控制。根据热量及用水量需求量的不同(企业公共淋浴、居民住宅区热水用户)配置不同的控制算法。对于公共淋浴场所,其用热量较大并且比较集中,要保证在用热量大时供水温度为最适宜温度,不出现冷热失调现象,如果条件具备,在热用户端有必要增加温控水罐,此水罐能够储存一定量的水,温控阀在水罐水低于 40 ℃时,自动打开生活水系统进水阀,以保证最终用户舒适用水。对于居民住宅区的热水用户,在生活热水换热器选型阶段,一定注意配置不要过量,且电动调节阀选用快速调节阀,当居民集中用热时可保证总供热量供给。当居民用热量小时,在控制算法中应定时扫描供水温度,实时预判供水温度趋势,作为控制供水温度的前馈,驱动调节阀快速准确动作,保证热水温度在适宜范围内。

4. 泵站控制

热网上的泵站主要有两类:一类是加压泵站,通过加压,仅改变热网中热媒的水力工况,而热力工况不发生变化;另一类是混水泵站,热媒的水力与热力工况均发生变化。

1)加压泵站

供热系统上的循环泵是为热网上的热媒提供循环动力的装置,一般设在热源处。管线太长时,为降低热网的压力需设置加压泵站。加压泵站按设置的位置可分为中继加压泵站(供水加压泵站、回水加压泵站)和末端加压泵站。

加压泵站主要的监测参数为:①泵站进出口母管的压力、温度及流量;②除污器前后的压力,旁通阀的阀位及开关状态;③每台水泵进口和出口的压力;④泵站进口或出口母管的旁通阀的阀位及开关状态;⑤泵的电动机工作状态,变频器的运行频率及电机电流值。

大型供热系统输送干线的中继加压泵站宜采用工作泵与备用泵自动互相切换的控制方式。工作泵一旦发生故障,连锁装置应保证启动备用泵。上述控制与连锁动作应有相应的声光信号传至泵站值班室。

加压泵应具有变频器装置,这样可以通过调节变频器的频率从而调节泵的转速,达到调节泵的出口压力的目的,维持其供热范围内的热网的最不利资用压头为给定值,满足用户的热力与水力工况的需要。泵的入口和出口应设有超压保护装置。

泵站控制器配置人机界面,便于运行人员操作。

泵站控制器预留和调度中心的通信接口,调度中心的操作人员可以实时监控泵站的数据及设备的运行状态。

2)混水泵站

间接连接管网中的一级管网、二级管网的水力工况是相互独立、互不干扰的。混水站使一级网、二级网水力工况相互关联。如图 2-10 所示混水泵可置于旁通管上或供水管上。

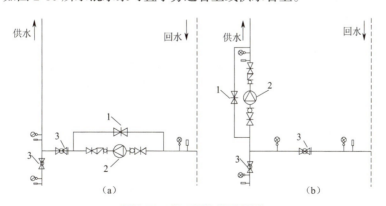

图 2-10 混水泵位置示意图

(a)混水泵位于旁通管上 (b)混水泵位于供水管上
1—旁通阀门;2—混水泵;3—电动调节阀门

混水站后的流量与混水比有关,当某一用户调节其流量后,混水站后的流量即发生变化,为保证用户有足够的压力(压差),在用户处设置压力控制点,调节混水泵的转速,保持控制点压力不变。控制一次供水进口电动调节阀,稳定站内供水压力;控制一次回水出口电动调节阀,稳定站内回水压力;控制混水电动调节阀的开度,使二次供水温度在设定的范围内。混水站的出水温度由户外温度决定,而不应随用户的调节而变化。因此需调节混水站前一次供水电动调节阀门的开度,使供水温度达到要求。

混水泵站主要的监测参数为:
①泵站一级网、二级网的进出口压力、温度及流量;
②泵站一级网供水电动调节阀的阀位及开关状态;
③泵站二级网回水电动调节阀的阀位及开关状态;
④混水泵的电动机工作状态,变频器的运行频率及电机电流值。

三、二级网的自动控制

以换热站二级网供热系统作为控制对象,通过水力平衡调节实现以最小的能耗达到用户室温舒适的目的。其具有如下特点:测点和控制阀数量巨大且布置分散;系统惯性大,参数变化缓慢,滞后时间长;不同年代的建筑物负荷状况也不一样;很多二级网相关技术资料缺失(如热网图)等。基于以上特点,二级网的自控非常适于运用物联网技术,在云端对所有智能调节阀、热量和室温等进行统一监视和控制,实现二级网由传统的手动平衡调节向智能自动平衡调节转变。

二级网自控系统主要由智能调节阀、热计量表和温度压力变送器等本地监控部分和云端监控系统部分等组成。在同一个二级网供热系统内的用户端、单元或单体建筑的支管或干管回水侧安装智能调节阀,通过热工检测仪表测量建筑物的总热量、支管或干管的回水温度以及室内温度等信号,云端监控系统按预定控制策略完成对智能调节阀的控制,实现二级网运行的水力平衡。二级网设置单元控制阀只能解决单元间或楼栋间的平衡问题,但解决不了单元内部各户间的平衡问题。另一方面,户控是未来发展的方向,相比单元控,至少多节热5%、节电10%。同时,设置户控阀的建筑或单元无需设置建筑或单元控制阀。

1. 本地监控部分

1)二级网具体的采集参数
(1)建筑物热力入口回水干管、单元回水支干管或末端用户回水支管的温度。
(2)建筑物热力入口热量、供回水温度和压力。
(3)典型热用户的室内温度,典型热用户指靠边单元的顶/中/底的住宅和中间单元的顶/中/底的住宅。
(4)智能调节阀的开度和状态信息。

2)智能调节阀
智能调节阀主要用于用户端、单元或单体建筑物的供热支管或干管的流量调节,一般安装在回水侧且内置温度传感器。在分户循环的供热系统中,户端支管安装的调节阀可以解决水平和垂直水力失调问题,单元或单体建筑物安装的调节阀仅解决单元或建筑间水平水力失调问题。

智能调节阀一般内置嵌入式电路和物联网通信模组,可以在云端监控系统的指挥下进行二级网平衡调节。

3)热计量表和室温采集器
Ⅰ.热计量表
热计量表一般安装在单体建筑的热力入口处,测量热量、流量和供回水温度,用于分析单体建筑的热耗特性和计量热量,其具有现场总线或物联网接口,可以将数据传至云端。

Ⅱ.室温采集器
室温采集器具有物联网接口,分为移动式摆放或固定式安装。固定式室温采集器一般将室温传感器集成在插座或开关内,用于测量室内温度。由于其在室内安装位置的不同,同一住宅内测量出的结果也不尽相同。目前供热行业没有发布室温测量的相关标准,因此现有方式测得的室温不适于作为过程参量进行调节,只能用作调节的参考值,而这个参考值却是十分必要的。

2. 云端监控系统部分

二级网监控系统部署在云端,支持移动端或 PC 端访问,采用物联网技术进行数据通信,实现智能调节阀、热计量表和室温监控,二级网水力平衡调节、建筑物能耗分析和供热质量分析。云端监控系统通过分析和处理海量的二级网数据,帮助供热企业对二级网系统的运行和维护进行有效管理,大大降低了设施投资和维护成本。

1)二级网水力平衡调节

采用回水温度相对一致法进行二级网水力平衡调节,控制策略置于云端,按照一定的周期控制智能调节阀的开度,使得被调节支管或干管的回水温度趋于一致,由于建筑物或其内部单元和热用户的负荷特征不尽相同,需要通过算法对相关的回水温度参量进行必要的补偿,补偿量跟户外温度和规定的采暖室内温度相关。

2)建筑物能耗分析

建筑物能耗是供热系统能耗的基本构成要素,对建筑物能耗的科学分析,能够建立建筑物综合热指标与户外温度和规定室温关系的统计模型,为实现按需供热奠定基础。

3)供热质量分析

供热质量是以建筑物室温达标率为基础衡量的,室内温度舒适是供热系统调节的最终目标,也是热用户消费的根本诉求。在建筑物内设置典型的观测点,监视和分析建筑物的温度分布情况,有助于改善控制策略模型,使其能够精准地实现建筑物内室温的均衡调节。

四、锅炉房的自动控制

锅炉房主要有燃煤热水锅炉房和燃气热水锅炉房,它们主要作为区域供热系统及热电联产系统的调峰热源。近年来城市集中供热快速发展,小型燃煤锅炉房已完成拆并网被逐步淘汰,城市供热趋于以热电联产供热为主、以调峰热水锅炉为辅的供热模式,或采用区域大型燃煤锅炉房或燃气锅炉房供热。燃煤热水锅炉主要有循环流化床和层燃两种燃烧方式的锅炉,循环流化床锅炉的燃烧效率高于层燃锅炉。

锅炉房的控制系统已比较成熟,依据锅炉房的燃烧方式和规模,普遍采用 DCS 或 PLC 系统来实现控制功能。每台热水锅炉宜采用独立的控制器系统,复杂且关键的适合采用冗余控制器系统。DCS 系统拥有丰富的锅炉控制策略,且能够实现多台锅炉的联合调节,保证锅炉房供热系统始终按照高效安全的模式运行,并支持主流的现场总线接口,同时也应支持工业互联网,能够实现云端监视和维护等。

锅炉房自控系统应接受热网生产调度的统一指挥,按照预制的供热曲线运行,实现按需供热的工作任务,在这几种燃烧方式的锅炉中,循环流化床控制最为复杂,本书以其为例进行详细介绍。

循环流化床锅炉比层燃锅炉或燃气锅炉的控制要复杂得多,其过程变量不仅包括锅炉出水温度、炉膛负压、烟气含氧量,还包括床温、床压等,它是一个多参数、多变量的复杂调节对象。

1)锅炉燃烧控制

就控制系统而言,燃烧控制是锅炉控制的关键,主要由五部分构成,即床温控制、给煤量控制、床压控制、鼓引风量控制和石灰石流量控制,其控制功能如下。

Ⅰ.床温控制

一般床温控制在 800 ℃左右,床温过高会引起锅炉结焦,而过低会影响稳定燃烧,故 DCS 会分析运行相关参数,按照一定规律合理控制给煤量、循环灰量和一次风量等过程变量,保证锅炉在设计炉温下运行。

Ⅱ.给煤量控制

每台锅炉应配置一定数量的给煤机,沿炉膛宽度方向均匀布置,通过播煤风均匀给煤,以确保锅炉燃烧稳定,在床温合适的条件下控制给煤量达到负荷需求(锅炉出水温度)。DCS根据负荷指令控制给煤量和总风量,要保证剩余空气系数最佳和燃烧均匀。

Ⅲ.床压控制

通过控制炉膛底部灰渣的排放来实现床压控制,当负荷稳定时,床压主要受床渣堆积量的影响,床渣堆积量增加会引起床压升高,反之床压会降低。

Ⅳ.鼓引风量控制

鼓引风量控制包括一次风量控制、二次风量控制和引风机控制,主要功能如下。

①一次风量控制:建立流化状态和保证流化质量。

②二次风量控制:控制烟气中的含氧量在3%~5%范围内,确保从密相区逸出的可燃物在稀相区得到进一步富氧燃烧。

③引风机控制:用于建立炉膛负压。可以把鼓风量作为引风机调节的前馈信号,从而更好地维持炉膛压力。

Ⅴ.石灰石流量控制

石灰石流量应与总的燃煤量成一定的配比,以保证烟气中二氧化硫的含量在规定的范围内。

2)辅助设备控制系统

辅助设备控制主要包括水处理控制、补水压力控制和循环水泵控制。

3)电气连锁和自动保护

(1)锅炉电气连锁。为了保证锅炉安全、连续生产、加速故障处理和防止误操作,对锅炉房一些设备设有电气连锁装置。燃煤锅炉首先是鼓引风机之间的电气连锁,开机时先引风、后鼓风,停机时先鼓风、后引风,并设有解锁功能,在单机检修调试时使用。再次是输煤系统的电气连锁;启动顺序是从储煤斗上的输送带到上煤坑的上煤设备,停止顺序正好相反。

锅炉保护的设置,应根据锅炉的运行特点和热力系统要求与工艺专业研究确定。热水锅炉要设压力超低停机保护和温度超高以及循环水泵突然停止时的停机保护。

(2)附属设备电气连锁水处理、循环泵及补水泵连锁保护。

五、热泵机组的自动控制

热泵机组主要有水源热泵、地源热泵、空气源热泵。热泵供热可直接作为地面辐射供暖系统或空调风机盘管系统热源,也可作为集中供热系统补充热源。

热泵供热系统控制可根据生产调度系统的供热量、流量及供水温度对各热泵机组设备进行控制。

可根据峰、谷、平热泵供热优惠电价,按不同时段控制热泵机组的运行负荷。

热泵供热系统利用谷段电价运行且采用热水储热时,控制系统要控制热泵机组与储热系统的联合供热运行。

项目小结

通过本项目的学习,使学生对供暖工程和集中供热工程的基础知识有基本了解和掌握,初步具有供热工程的工作原理、运行等基本理论知识,进而具有综合运用理论知识独立分析和解决供热过程中维护、管理以及运行的工程实践问题的能力。

复习思考题

(1)目前我国供暖方式主要分为哪几类?常用的供暖方式有哪些?
(2)机械循环热水供暖系统的工作原理是什么?
(3)室内热水供暖系统的主要设备及附件有哪些?
(4)常见的供暖系统热用户与热水网路的连接方式有哪些?
(5)换热站的调节方式与控制策略是什么?

项目三
燃气输配与应用

项目描述

城镇燃气是为供给城镇居民生活、商业、工业企业生产、采暖通风和空气调节以及燃气汽车等所需的商品气体燃料，是现代城镇必不可少的基础性重要设施。随着国民经济的快速发展，21世纪以来，我国天然气开发利用取得了长足发展，市场进入快速发展期。天然气作为清洁高效的低碳化石能源，在实现碳达峰、碳中和的进程中，未来天然气依然在我国城镇燃气范围和能源结构中占有主要地位。本项目主要围绕燃气的分类、性质、质量要求、输配系统以及燃烧与应用等方面进行介绍，使学生对城镇燃气的输配与应用有初步的认识与了解，为今后智慧能源专业群的学生能够从事燃气模块的相关岗位工作奠定一定的基础。

随着人民生活水平的不断提高，人们对生存环境越来越重视。党的二十大报告指出，要"积极稳妥推进碳达峰碳中和"，"立足我国能源资源禀赋"，"有计划分步骤实施碳达峰行动"，"深入推进能源革命"。我们要大力发展绿色低碳产业，加快节能降碳先进技术研发和推广应用，倡导绿色消费，推动形成绿色低碳的生产方式和生活方式。作为清洁高效的低碳化石能源，天然气的快速发展对"双碳"目标的实现具有重要的推动作用。

知识目标

(1) 了解燃气的定义与组成。
(2) 理解燃气的分类与性质。
(3) 掌握燃气的输配系统与管道的布置。
(4) 掌握燃气的用户类型与用气工况。
(5) 掌握燃气管道管材及其附属设备。
(6) 掌握燃气燃烧的条件与方式。
(7) 掌握民用燃气灶的结构、工作原理与燃烧工况。

任务一　燃气的认识与发展

一、燃气的认识

燃气是气体燃料的总称,其燃烧可以放出热量。城镇燃气是为供给城镇居民生活、商业、工业企业生产、采暖通风和空气调节以及燃气汽车等所需的商品气体燃料,是现代城镇必不可少的基础性重要设施,是提升城镇竞争力重要的指标。城镇燃气是优质可燃气体,它对保护环境、减少污染、方便人们生活、提升人民生活质量、促进生产、繁荣经济等诸多方面有重大作用。

城镇燃气是指由气源点通过城镇或居住区的燃气输配和供应系统,供给城镇或居民区内,用于生产、生活等用途的且符合规范燃气质量要求的气体燃料。

近些年,我国城镇燃气行业发展迅速,无论是燃气普及率、用气人口,还是供气规模都有很大的进步,中国城镇燃气的应用极大地减少了环境污染,同时也为我国能源可持续发展提供了有力的保障。

二、近代以来我国城镇燃气的发展历程

1865年,英商在上海建水平炉生产煤气用于照明。1949年,有煤制气的城市有9个(上海、大连、沈阳、鞍山、抚顺、长春、锦州、哈尔滨、丹东)。20世纪50年代燃气发展主要是改造和兴建小焦炉和利用冶金工业的焦炉余气。20世纪60年代初,四川、东北、华北等地区先后供应部分天然气,随着石油工业的发展,大中城市以液化石油气(LPG)和重油制气为气源。20世纪70年代,由于LPG和天然气受资源和政策限制仅略有发展,建设较多的还是以煤和石油产品为原料的煤气厂。20世纪80年代,国内LPG的供应量逐步增加,作为优质民用燃料进入千家万户。

20世纪90年代,大量进口国外LPG和天然气的开采利用使中国城市燃气事业得到了很大的发展。

21世纪,随着天然气的勘探、开发的进一步发展,我国城镇燃气供应的天然气时代已经来临。

三、我国城镇燃气的发展形势

随着国民经济的快速发展,21世纪以来,我国天然气开发利用取得了长足发展,市场进入快速发展期。天然气作为清洁高效的低碳化石能源,在实现碳达峰、碳中和的进程中,需求不断增加,天然气行业发展前景较好。

我国天然气发展现状:立足国内、利用海外、西气东输、北气南下、海气登陆、就近供应。

城镇燃气经过不断发展,目前以天然气为主,在碳达峰、碳中和的理念下,未来天然气依然在我国城镇燃气范围和能源结构中占主要地位。

任务二　燃气的分类

城镇的燃气分类

城镇燃气是由多种气体组成的混合气体,由可燃气体和不可燃气体组成。可燃气体的主要组分有碳氢化合物、氢气和一氧化碳等;不可燃气体有二氧化碳、氮气等。在这些可燃气体和不可燃气体及其燃烧产物中,有一些是可污染环境、具有一定毒性的成分,如硫化物、氮氧化物、氨气、一氧化碳、二氧化碳等,另外,气体燃料具有的流动性使其极易与空气混合形成有爆炸危险的混合气体。因此,城镇燃气是一种易燃、易爆的气体燃料。

城镇燃气的种类很多,主要有天然气、人工煤气、液化石油气、生物气等。

一、天然气

随着全球经济的发展以及环境保护意识的不断加强,人们越来越重视使用清洁、环保、经济、高效的能源。天然气是指通过生物化学作用及地质变质作用,在不同地质条件下生成、运移,在一定压力下储集的可燃气体。天然气已成为21世纪城市燃气的重要组成部分。天然气是以甲烷为主的低分子量烷烃。天然气无色、无味、无毒,属于清洁能源。

1. 天然气的分类

天然气有多种分类方式,按照勘探、开采技术可分为常规天然气和非常规天然气两大类。

1)常规天然气

常规天然气按照矿藏特点可分为气田气、石油伴生气和凝析气田气等。

Ⅰ.气田气

气田气指从气井中开采出来的天然气,也叫纯天然气,气田气以甲烷主要组分(甲烷的体积含量一般在98%左右),主要产于我国的四川、华北及陕北地区。在标准状态下,气田气热值在 36 MJ/m³ 左右,密度为 0.74 kg/m³,相对密度为 0.58,爆炸极限为 5%~15%,不易形成爆炸气体。

Ⅱ.石油伴生气

石油伴生气指与石油共生的、伴随石油一起开采出来的天然气。石油伴生气的主要成分是甲烷、乙烷、丙烷和丁烷,还有少量的戊烷和重烃,其中甲烷的体积含量在80%左右,乙烷、丙烷、丁烷等的体积含量总计约为15%,主要产于沈阳、鞍山等地区。在标准状态下,石油伴生气热值为 45 MJ/m³ 左右,密度为 1.04 kg/m³,相对密度为 0.8,爆炸极限为 4%~14%。

Ⅲ.凝析气田气

凝析气田气是指从深层气田开采的含石油轻质馏分的天然气。凝析气田气除含有大量甲烷外,还含有 2%~5%的戊烷及含 5 个碳以上的碳氢化合物。

2)非常规天然气

非常规天然气是指由于目前技术经济条件的限制尚未投入工业开采的天然气资源,包括煤层气、页岩气、天然气水合物、水溶气、浅层生物气及致密砂岩气等。我国非常规天然气资源量丰富,在未来将具有巨大的应用前景。

Ⅰ.煤层气

煤层气又称煤层甲烷气,是煤层形成过程中经过生物化学和变质作用以吸附或游离状态存在于煤层及固岩中的自储式天然气。煤层气的成分以甲烷为主,含有少量的二氧化碳、氮气、氢气以及其他烃类化合物。煤层气的开发利用可以防范煤矿瓦斯事故,有效减排温室气体,并且煤层气可作为一种高效、洁净的城镇燃气气源。我国鼓励煤层气的开发利用,目前,煤层气已经像常规天然气一样得到开采利用,初步形成产业化发展模式。

Ⅱ.页岩气

页岩气是以吸附或游离状态存在于暗色泥页岩或高碳泥页岩中的天然气。页岩气储层的渗透率低,这使页岩气的开采难度较大。美国是世界上页岩气勘探开发利用技术较成熟的国家之一,已经实现了页岩气的商业性开发。我国页岩气资源广泛分布于海相、陆相盆地,资源丰富。

Ⅲ.天然气水合物

天然气水合物是天然气与水在高压低温条件下形成的类冰固态化合物。形成天然气水合物的主要气体为甲烷,在标准状态下,1单位体积的甲烷水合物最多可结合164单位体积的甲烷。因其外观像冰一样,而且遇火即可燃烧,所以又被称作"可燃冰"。其资源密度高,全球分布广泛,具有极高的资源价值,因而成为油气工业界长期研究的热点。在天然气水合物的开采过程中,最大限度地减少对环境和气候的影响等技术难题是目前需要解决的问题。

2. 天然气的优点

(1)清洁:天然气是当今最清洁的可用矿物燃料之一,几乎不含硫及其他杂质。燃烧天然气时,主要产生二氧化碳及水蒸气。燃烧时几乎不对大气层释放二氧化硫或小微粒物质,所释放的有害物质也比其他矿物燃料(如煤及原油)少得多。

(2)经济:就相对热值而言,天然气价格比其他大多数燃料便宜。例如,天然气比煤气便宜34%~88%,比液化石油气便宜38%~52%,比电力便宜63%~80%。

(3)安全:天然气的爆炸极限为5%~15%,范围很小,不易形成爆炸气体;天然气不含一氧化碳或其他有毒气体,纵使吸入少量天然气也不至危害人体健康,这一点比人工煤气安全;天然气以管道输送至最终用户,避免使用罐装液化石油气时高压储存带来的危险;天然气比空气轻,万一发生漏气会迅速扩散而不容易聚集形成爆炸。

(4)高效能:天然气纯净,燃烧充分,燃烧效率高。因此天然气燃烧时较相同热值的大部分其他矿物燃料释放出的热量更高。

(5)方便:由于以管道输送天然气,故不像其他燃料(如煤、罐装液化石油气)一样需要搬运。此外,天然气的燃烧设备比煤或其他矿物燃料的燃烧设备简单、容易操作且方便保养。而且,使用天然气后无须弃置固体废料或烟灰。

二、人工煤气

20世纪50年代,我国城镇燃气供应系统的气源基本是人工煤气。作为居民生活、工业企业生产和商业用气的人工煤气主要是指以煤或油为原料,经制气及净化处理后通过城镇燃气管网提供给用户的气体燃料。

根据煤和油的原料组分、原料的性质和制气的加工方式不同,人工煤气一般可分为四种:固体燃料干馏煤气、固体燃料气化煤气、油制气和高炉煤气。

(1)固体燃料干馏煤气是利用焦炉、连续式直立炭化炉和立箱炉等对煤进行干馏所获得的煤气。这是最早的城市燃气气源,也是我国 20 世纪城市燃气的重要气源之一。

它在标准状态($T=273$ K, $p=101\ 325$ Pa)下的参数如下:热值约为 16.7 MJ/m³,密度约为 0.5 kg/m³,相对密度为 0.4,爆炸极限一般为 4.5%~36%,容易形成爆炸气体。

(2)固体燃料气化煤气就是一般说的水煤气、发生炉煤气,它的热值低(5.4~10.5 MJ/m³),毒性大(CO 含量),一般不作为城市燃气的气源,主要供工业上和工业区的居民用户使用。

(3)油制气是利用重油裂解制取的燃气,重油裂解有热裂解和催化裂解两种方法。热裂解就是用加热的办法让重油裂解产生可燃气体;催化裂解就是用催化剂让重油裂解产生燃气。热裂解的热值为 41.9 MJ/m³ 左右,催化裂解的热值为 20 MJ/m³ 左右。重油裂解制取燃气具有设备简单、投资省、占地少、建设速度快、管理人员少、启停灵活等优点,缺点是原材料紧张、价格较贵,因为重油也是重要的化工原材料。曾经很多城市将其作为城市燃气的调峰气源。

(4)高炉煤气是炼铁时的副产品,热值低(约为 4 MJ/m³),毒性大,主要用在工业上。

三、液化石油气

液化石油气是在开采和炼制石油过程中,作为副产品而获得的一部分碳氢化合物。它的产量通常占石油催化裂化处理量的 7%~8%,它的主要特点是常温常压下呈气态,当温度降低或压力升高时很容易转变为液态,其从气态转变为液态时体积缩小约 250 倍。由于液化石油气运输、储存和供应方便,热值高,可完全燃烧,是目前城市燃气的重要的辅助气源之一,具有投资省、建设快、供应灵活等优点。在标准状态下,液化石油气的热值约为 108 MJ/m³,密度为 2.36 kg/m³,相对密度为 1.8,爆炸极限为 2%~10%,不易形成爆炸气体。

四、生物气

各种有机物质,如蛋白质、纤维素、脂肪、淀粉等,在隔绝空气的条件下发酵,在微生物的作用下产生的可燃气体,称为生物气(沼气)。发酵的原料来源广泛,农作物的秸秆、人畜粪便、垃圾、杂草和落叶等有机物质都可以作为制取生物气的原料,因此生物气属于可再生能源,生物气的组分中甲烷约占 60%,二氧化碳约占 35%,此外,还含有少量的氢气和一氧化碳等气体。其主要用于农村清洁能源的发展,热值为 20.9 MJ/m³ 左右。

各种燃气的主要组分及低发热值见表 3-1。

表 3-1 燃气的组分及低发热值

燃气类别	组分体积含量/%									低发热值/(kJ/m³)
	CH_4	C_3H_8	C_4H_{10}	C_mH_n	CO	H_2	CO_2	O_2	N_2	
天然气										
气田气	98	0.3	0.3	0.4					1.0	36 220
石油伴生气	81.7	6.2	4.86	4.94			0.3	0.2	1.8	45 470
凝析气田气	74.3	6.75	1.87	14.91			1.62		0.55	48 360
矿井气	52.4						4.6	7.0	36.0	18 840
人工煤气										
固体燃料干馏煤气										

续表

燃气类别	组分体积含量/%									低发热值/(kJ/m^3)
	CH_4	C_3H_8	C_4H_{10}	C_mH_n	CO	H_2	CO_2	O_2	N_2	
焦炉煤气	27			2	6	56	3	1	5	18 250
连续式直立炭化炉煤气	18			1.7	17	56	5	0.3	2	16 160
立箱炉煤气	25				9.5	55	6	0.5	4	16 120
固体燃料气化煤气										
压力气化煤气	18			0.7	18	56	3	0.3	4	15 410
水煤气	1.2				34.4	52.0	8.2	0.2	4.0	10 380
发生炉煤气	1.8		0.4		30.4	8.4	2.4	0.2	56.4	5 900
油制气										
重油蓄热热裂解气	28.5			32.17	2.68	31.51	2.13	0.62	2.39	42 160
重油蓄热催化裂解气	16.6			5	17.2	46.5	7.0	1.0	6.7	17 540
高炉煤气	0.3				28.0	2.7	10.5		58.5	3 940
液化石油气（概略值）			50							108 440
生物气	60	50			少量	少量	35		少量	21 770

任务三　燃气的性质

一、燃气的组成

燃气是由多种气体组成的混合气体,它主要由低级烃(甲烷、乙烷、丙烷、丁烷、乙烯、丙烯、丁烯)、氢气和一氧化碳等可燃组分,二氧化碳、氮气和氧气等不可燃组分,以及氨、硫化物、氰化物、水蒸气、焦油、萘和灰尘等杂质所组成。燃气组成中常见的低级烃和某些单一气体的基本性质分别列于表3-2和表3-3。

表3-2　常见低级烃的基本性质(273.15 K,101.3255 kPa)

气体	甲烷	乙烷	乙烯	丙烷	丙烯	正丁烷	异丁烷	正戊烷
分子式	CH_4	C_2H_6	C_2H_4	C_3H_8	C_3H_6	C_4H_{10}	C_4H_{10}	C_5H_{12}
相对分子质量 M_r	16.043 0	30.070 0	28.054 0	44.097 0	42.081 0	58.124 0	58.124 0	72.151 0
摩尔体积 V_m/(m³/mol)	22.362 1	22.187 2	22.256 7	21.936 0	21.990 0	21.503 6	21.597 7	20.891 0
密度 ρ/(kg/m³)	0.717 4	1.355 3	1.260 5	2.010 2	1.913 6	2.703 0	2.691 2	3.453 7
气体常数 R/(kJ/(kg·K))	517.1	273.7	294.3	184.5	193.8	137.2	137.8	107.3
临界温度 T_c/K	191.05	305.45	282.95	368.85	364.75	425.95	407.15	470.35
临界压力 p_c/MPa	4.640 7	4.883 9	5.339 8	4.397 5	4.762 5	3.617 3	3.657 8	3.343 7
临界密度 ρ_c/(kg/m³)	162	210	220	226	232	225	221	232
高热值 H_h/(MJ/m³)	39.842	70.351	63.438	101.266	93.667	133.886	133.048	169.377
低热值 H_l/(MJ/m³)	35.902	·	59.477	93.240	87.667	123.649	122.853	156.733
爆炸下限*/%	5.0	2.9	2.7	2.1	2.0	1.5	1.8	1.4
爆炸上限*/%	15.0	13.0	34.0	9.5	11.7	8.5	8.5	8.3
动力黏度 μ/MPa·s	10.395	8.600	9.316	7.502	7.649	6.835		6.355
运动黏度 ν/(mm²/s)	14.50	6.41	7.46	3.81	3.99	2.53		1.85
无因次系数 C	164	252	225	278	321	377	368	383

注:*在常压和293 K条件下,可燃气体在空气中的体积分数。

表3-3　某些单一气体的基本性质(273.15 K,101.325 kPa)

气体	一氧化碳	氢气	氮气	氧气	二氧化碳	硫化氢	空气	水蒸气
分子式	CO	H_2	N_2	O_2	CO_2	H_2S		H_2O
相对分子质量 M_r	28.010 4	2.016 0	28.013 4	31.998 8	44.009 8	34.076 0	28.966 0	18.015 4
摩尔体积 V_m/(m³/mol)	22.398 4	22.427 0	22.403 0	22.392 3	22.260 1	22.180 2	22.400 3	21.629 0
密度 ρ/(kg/m³)	1.250 6	0.089 9	1.250 4	1.429 1	1.977 1	1.536 3	1.293 1	0.833 0
气体常数 R/(kJ/(kg·K))	296.63	412.664	296.66	259.585	188.74	211.15	286.867	445.357

续表

气体	一氧化碳	氢气	氮气	氧气	二氧化碳	硫化氢	空气	水蒸气
临界温度 T_c/K	133.0	33.3	126.2	154.8	304.2		132.5	647.3
临界压力 p_c/MPa	3.193 7	1.297 0	3.394 4	5.076 4	7.386 6		3.766 3	22.119 3
临界密度 $\rho_c/(kg/m^3)$	200.86	31.015	310.910	430.090	468.190		320.070	321.700
高热值 $H_h/(MJ/m^3)$	12.636	12.745				25.348		
低热值 $H_l/(MJ/m^3)$	12.636	10.786				23.368		
爆炸下限*/%	12.5	4.0				4.3		
爆炸上限*/%	74.2	75.9				45.5		
动力黏度 $\mu/MPa \cdot s$	16.573	8.355	16.671	19.417	14.023	11.670	17.162	8.434
运动黏度 $v/(mm^2/s)$	13.30	93.00	13.30	13.60	7.09	7.63	13.40	10.12
无因次系数 C	104	81.7	112	131	266		122	

注：*在常压和 293 K 条件下，可燃气体在空气中的体积百分数。

二、平均摩尔·质量、平均密度和相对密度

1. 平均摩尔·质量

混合气体的平均摩尔·质量按式（3-1）、（3-2）计算：

$$M = \sum y_i M_i = y_1 M_1 + y_2 M_2 + \cdots\cdots + y_n M_n \tag{3-1}$$

式中：M 为混合气体的平均摩尔·质量，kg/kmol；$y_1, y_2, \cdots\cdots, y_n$ 为混合气体中各组分的摩尔分数（气体的摩尔分数与体积分数数值相等）；$M_1, M_2, \cdots\cdots, M_n$ 为混合气体中各组分的摩尔·质量，kg/kmol。

混合液体的平均摩尔质量按式（3-2）计算：

$$M = \sum x_i M_i = x_1 M_1 + x_2 M_2 + \cdots\cdots + x_n M_n \tag{3-2}$$

式中：M 为混合液体的平均摩尔·质量，kg/kmol；$x_1, x_2, \cdots\cdots, x_n$ 为混合液体中各组分的摩尔分数；$M_1, M_2, \cdots\cdots, M_n$ 为混合液体中各组分的摩尔质量，kg/kmol。

2. 平均密度和相对密度

混合气体的平均密度和相对密度按式（3-3）和式（3-4）计算：

$$\rho = \frac{m}{V} = \frac{M}{V_M} \tag{3-3}$$

$$S = \frac{\rho_0}{1.293} = \frac{M}{1.293 V_{0,M}} \tag{3-4}$$

式中：ρ 为混合气体的平均密度，kg/m³；m 为混合气体的质量，kg；V 为混合气体的体积，m³；V_M 为混合气体的平均摩尔体积，m³/kmol；S 为混合气体的相对密度；ρ_0 为标准状态下混合气体的平均密度，kg/m³；1.293 为标准状态下空气的密度，kg/m³；$V_{0,M}$ 为标准状态下混合气体的平均摩尔体积，m³/kmol。

对于由双原子气体和甲烷组成的混合气体，$V_{0,M}$ 可取 22.4 m³/kmol，而对于由其他碳氢化合物组成的混合气体，则取 22.0 m³/kmol，可采用式（3-5）精确计算：

$$V_{0,M} = \sum y_i V_{0,M_i} = y_1 V_{0,M_1} + y_2 V_{0,M_2} + \cdots\cdots + y_n V_{0,M_n} \tag{3-5}$$

式中：$V_{0,M_1}, V_{0,M_2}, \cdots\cdots, V_{0,M_n}$ 为标准状态下混合气体中各组分的摩尔体积，m³/kmol。

混合气体的平均密度还可根据混合气体中各组分的密度及体积分数按式(3-6)进行计算：

$$\rho_0 = \sum y_i \rho_{0,i} = y_1 \rho_{0,1} + y_2 \rho_{0,2} + \cdots\cdots + y_n \rho_{0,n} \tag{3-6}$$

式中：$\rho_{0,1}, \rho_{0,2}, \cdots\cdots, \rho_{0,n}$ 为标准状态下混合气体中各组分的密度，kg/m³。

含有水蒸气的燃气称为湿燃气，其密度按式(3-7)计算：

$$\rho_0^w = \left(\rho_0^g + d\right)\frac{0.833}{0.833 + d} \tag{3-7}$$

式中：ρ_0^w 为标准状态下湿燃气的密度，kg/m³；ρ_0^g 为标准状态下干燃气的密度，kg/m³；d 为燃气含湿量，kg/m³；0.833为标准状态下水蒸气的密度，kg/m³。

干、湿燃气的体积分数按式(3-8)换算：

$$y_i^w = k y_i \tag{3-8}$$

式中：y_i^w 为湿燃气的体积分数；y_i 为干燃气的体积分数；k 为换算系数，$k = 0.833/(0.833 + d)$。

几种燃气在标准状态下的密度(平均密度)和相对密度(平均相对密度)列于表3-4中。

表3-4 标准状态下几种燃气的密度和相对密度

燃气种类	密度/(kg/m³)	相对密度
天然气	0.75~0.8	0.58~0.62
焦炉煤气	0.4~0.5	0.3~0.4
气态液化石油气	1.9~2.5	1.5~2.0

由表3-4可知，天然气、焦炉煤气都比空气轻，而气态液化石油气比空气重约一倍。

混合液体平均密度与相同状态下水的密度之比称为混合液体的相对密度。在常温下，液态液化石油气的密度是500 kg/m³左右，约为水的一半。

三、黏度

燃气是有黏滞性的，这种特性用黏度表示。气体的黏度随温度的升高而增加，而液体的黏度则随温度的升高而降低。这是因为流体的黏度一方面是由分子间的吸引力所引起的，另一方面也是分子的不规则热运动变换动量的结果。对于燃气，其分子间吸引力很小，温度升高则体积膨胀，对分子间吸引力的影响不大，但增大了气体分子的运动速度，于是气体层间做相对运动时产生的内摩擦力就增大，即黏度增大。

混合气体的动力黏度可以近似地按式(3-9)计算：

$$\mu = \frac{\sum g_i}{\sum \dfrac{g_i}{\mu_i}} = \frac{g_1 + g_2 + \cdots\cdots + g_n}{\dfrac{g_1}{\mu_1} + \dfrac{g_2}{\mu_2} + \cdots\cdots + \dfrac{g_n}{\mu_n}} \tag{3-9}$$

式中：μ 为混合气体在0℃时的动力黏度，Pa·s；$g_1, g_2, \cdots\cdots, g_n$ 为混合气体中各组分的质量分数；$\mu_1, \mu_2, \cdots\cdots, \mu_n$ 为混合气体中各组分在0℃时的动力黏度，Pa·s。

四、含湿量

1 m³(或1 kg)干燃气中所含有的水蒸气的质量称为燃气的含湿量 d，单位为 kg/m³ 或 kg/kg，工程上常用前者。

五、临界参数及实际气体状态方程

温度不超过某一数值,对气体进行加压,可以使气体液化,而在该温度以上,无论加多大压力都不能使气体液化,这个温度就称为该气体的临界温度。在临界温度下,使气体液化所必需的压力称为临界压力。

图 3-1 所示为在不同温度下对气体压缩时,其压力和体积的变化情况。

从 E 点开始压缩至 D 点时气体开始液化,到 B 点液化完成;而从 F 点开始压缩至 C 点时气体开始液化,但此时没有相当于 BD 的直线部分,其液化的状态与前者不同。C 点为临界点,气体在 C 点所处的状态称为临界状态,它既不属于气相,也不属于液相。这时的温度 T_c、压力 p_c、密度 ρ_c 分别称为临界温度、临界压力和临界密度。在图 3-1 中,$NDCG$ 线右侧是气体状态,$MBCG$ 线左侧是液体状态,而在 MCN 线以下为气液共存状态,CM 和 CN 为边界线。

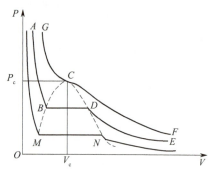

图 3-1　气体 p-V 图的示意图

气体的临界温度越高,越易于液化。天然气的主要成分甲烷的临界温度低,故较难液化;而组成液化石油气的碳氢化合物的临界温度较高,故较容易液化。

几种气体的液态-气态平衡曲线如图 3-2 所示,曲线左侧为液态,右侧为气态,曲线的顶点为临界点。

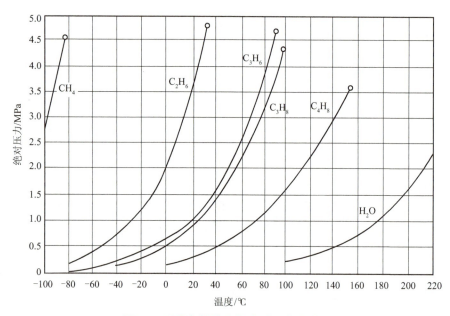

图 3-2　几种气体的液态-气态平衡曲线图

由图 3-2 可知,气体的温度比临界温度越低,则液化所需的压力越小。例如 20 ℃时使丙烷液化的绝对压力为 0.846 MPa,而当温度为 -20 ℃时,丙烷在 0.248 MPa 绝对压力下即可液化。

混合气体的平均临界压力和平均临界温度按式(3-10)和式(3-11)计算:

$$p_{m,c} = y_1 p_{c_1} + y_2 p_{c_2} + \cdots\cdots + y_n p_{c_n} \tag{3-10}$$

$$T_{m,c} = y_1 T_{c_1} + y_2 T_{c_2} + \cdots\cdots + y_n T_{c_n} \tag{3-11}$$

式中:$p_{m,c}$ 为混合气体的平均临界压力,MPa;$T_{m,c}$ 为混合气体的平均临界温度,K;$p_{c_1}, p_{c_2}, \cdots\cdots, p_{c_n}$ 为混合气体中各组分的临界压力,MPa;$T_{c_1}, T_{c_2}, \cdots\cdots, T_{c_n}$ 为混合气体中各组分的临界温度,K;$y_1, y_2, \cdots\cdots, y_n$ 为混合气体中各组分的体积分数。

六、沸点和露点

1. 沸点

通常所说的沸点是指 101.325 kPa 压力下液体沸腾时的温度。一些低级烃的沸点列于表 3-5。

表 3-5　一些低级烃的沸点

气体	甲烷	乙烷	丙烷	正丁烷	异丁烷	正戊烷	异戊烷	新戊烷	乙烯	丙烯
101.325 kPa 时的沸点/℃	-162.6	-88.5	-42.1	-0.5	-11.7	36.2	27.85	9.5	-103.7	-47

由表 3-5 可知，液体丙烷在 101.325 kPa 压力下，-42.1 ℃时就处于沸腾状态，而液体正丁烷在 101.325 kPa 压力下，-0.5 ℃时才处于沸腾状态。冬季如果液化石油气容器设置在 0 ℃以下的地方，应该使用低沸点的丙烷、丙烯含量高的液化石油气。因为丙烷、丙烯在寒冷地区或寒冷季节也可以汽化。

2. 露点

饱和蒸气经冷却或加压，立即处于过饱和状态，当遇到接触面或凝结核便液化成露，这时的温度称为露点。

对于气态碳氢化合物，与表 3-5 所列的饱和蒸气压对应的温度也就是露点。例如，丙烷在 0.349 MPa 时的露点为-10 ℃，而在 0.846 MPa 时的露点为 20 ℃。单一的气态碳氢化合物在某一蒸气压时的露点也就是其液体在同一压力时的沸点。

七、汽化热

单位数量的物质由液态变成与之处于平衡状态的蒸气所吸收的热量为该物质的汽化热；反之，由蒸气变成与之处于平衡状态的液体时所放出的热量为该物质的凝结热。同一物质，在同一状态时汽化热与凝结热是同一值，其实质为饱和蒸气与饱和液体的焓差，单位为 kJ/kg 或 kJ/kmol。某些碳氢化合物在 101.325 kPa 下的沸点和沸点时的汽化热列于表 3-6。

表 3-6　101.325 kPa 下部分碳氢化合物的沸点和沸点时的汽化热

名称	甲烷	乙烷	丙烷	正丁烷	异丁烷	乙烯	丙烯	1-1-丁烯	顺2-2-丁烯	反2-2-丁烯	异丁烯	正戊烷
沸点/℃	-162.6	-88.5	-42.1	-0.5	-10.2	-103.7	-47.0	-6.26	3.72	0.88	-6.9	36.2
汽化热/(kJ/kg)	510.8	485.7	422.9	383.5	366.3	481.5	439.6	391.0	416.2	405.7	394.4	355.9

混合液体的汽化热按式（3-12）计算：

$$r = g_1 r_1 + g_2 r_2 + \cdots\cdots + g_n r_n \tag{3-12}$$

式中：r 为混合液体的汽化热，kJ/kg；$g_1, g_2, \cdots\cdots, g_n$ 为混合液体各组分的质量分数；$r_1, r_2, \cdots\cdots, r_n$ 为相应各组分的汽化热，kJ/kg。

汽化热因汽化时的压力和温度而异，汽化热与温度的关系用式（3-13）表示：

$$r_1 = r_2 \left(\frac{t_c - t_1}{t_c - t_2} \right)^{0.38} \tag{3-13}$$

式中：r_1 为温度为 t_1 时的汽化热，kJ/kg；r_2 为温度为 t_2 时的汽化热，kJ/kg；t_c 为临界温度，℃。

液态丙烷、丁烷的汽化热与温度的关系列于表 3-7。

表 3-7 液态丙烷、丁烷的汽化热与温度的关系

温度/℃		-20	-15	-10	-5	0	5	10	15
汽化潜热/(kJ/kg)	丙烷	399.8	396.1	387.7	383.9	379.7	368.9	364.3	355.5
	丁烷	400.2	397.3	392.7	388.5	384.3	380.2	276.0	370.5
温度/℃		20	25	30	35	40	45	50	60
汽化潜热/(kJ/kg)	丙烷	345.4	339.1	329.1	320.3	309.8	301.4	284.7	262.1
	丁烷	366.8	362.2	358.4	355.0	346.7	341.2	333.3	321.5

由表 3-7 可知，温度升高，汽化热减小。到达临界温度时，汽化热等于零。

八、热值

燃气的热值是指单位数量（1 kmol、1 m³ 或 1 kg）燃气完全燃烧时所放出的全部热量，单位分别为 kJ/kmol、kJ/m³、kJ/kg。燃气工程中常用 kJ/m³，液化石油气有时用 kJ/kg。

燃气的热值可分为高热值和低热值。高热值是指单位数量的燃气完全燃烧后，其燃烧产物和周围环境恢复至燃烧前的温度，而其中的水蒸气被凝结成同温度的水后放出的全部热量；低热值是指单位数量的燃气完全燃烧后，其燃烧产物和周围环境恢复至燃烧前的温度，而不计其中水蒸气凝结时所放出的热量。高、低热值的单位为 kJ/m³ 或 MJ/m³。

显然，燃气的高热值在数值上大于其低热值，差值为水蒸气的汽化热。

对于间接加热的换热设备，烟气中水蒸气的汽化热往往无法利用，随着烟气被排放掉，因此，常用低热值进行计算。对于直接加热的换热设备，如浸没燃烧装置，由于烟气直接与液体接触，水蒸气被冷凝，汽化热可以利用，因此常用高热值进行计算。如果仍用低热值进行计算，其加热设备的热效率就可能会大于 100%。

单一可燃气体的热值可根据该气体燃烧反应的热效应计算或直接查取。实际使用的燃气是含有多种组分的混合气体，混合气体的热值可直接用热量计测定，也可由各单一气体的热值根据混合法则按式（3-14）进行计算：

$$H = H_1 r_1 + H_2 r_2 + H_3 r_3 + \cdots\cdots + H_n r_n \tag{3-14}$$

式中：H 为燃气（混合气体）的高热值或低热值，kJ/m³；H_1，H_2，……，H_n 为燃气中各可燃组分的高热值或低热值，kJ/m³；r_1，r_2，……，r_n 为燃气中各可燃组分的体积分数。

一般的工作燃气中都含有水分，含有水分的燃气称为湿燃气。湿燃气的低热值与干燃气的低热值可按式（3-15）进行换算：

$$H_1^w = H_1^{dr} \frac{0.833}{0.833 + d_g} \tag{3-15}$$

式中：H_1^w 为湿燃气的低热值，kJ/m³；H_1^{dr} 为干燃气的低热值，kJ/m³；d_g 为湿燃气的含湿量，kg/m³。

九、着火温度与燃烧速度

一种可燃物只有达到着火温度时才能点着。所谓着火，就是可燃气体与空气中的氧由稳定缓慢的氧化

反应加速到发热发光的燃烧反应的突变点,突变点的最低温度称为着火温度。实际上,着火温度不是一个固定数值,它取决于可燃气体在空气中的浓度及其混合程度、压力以及燃烧室的形状与大小。

燃烧速度是气体燃烧最重要的特性之一,其大小与燃气的成分、温度、混合速度、混合气体压力、燃气与空气的混合比例有关。

十、体积膨胀

液态碳氢化合物的体积膨胀系数很大,约比水大 16 倍。在灌装容器时必须考虑由温度变化引起的体积增大,留出必需的气相空间体积。

十一、爆炸极限

可燃气体和空气的混合物遇明火而引起爆炸时的可燃气体浓度范围称为爆炸极限。在这种混合物中,当可燃气体的含量减少到不能形成爆炸混合物时的那一含量,称为可燃气体的爆炸下限,而当可燃气体含量增加到不能形成爆炸混合物时的含量,称为爆炸上限。

甲烷的爆炸极限为 5%~15%,丙烯的爆炸极限为 2.0%~11.7%,人工煤气的爆炸极限为 11%~75% 或 22%~68%。爆炸极限的计算公式:

$$L = \frac{1}{\frac{y_1}{L_1} + \frac{y_2}{L_2} + \cdots + \frac{y_n}{L_n}} \tag{3-16}$$

式中:L 为混合气体的爆炸下(上)限,%;$L_1, L_2, \cdots, L_n$ 为混合气体中各可燃组分的爆炸下(上)限,%;$y_1, y_2, \cdots, y_n$ 为混合气体中各可燃组分的体积分数。

十二、水合物

如果碳氢化合物中的水分超过一定含量,在一定温度、压力条件下,水能与液相和气相的 C_1、C_2、C_3 和 C_4 生成结晶水合物 $C_mH_n \cdot xH_2O$(对于甲烷,$x=6$~7;对于乙烷,$x=6$;对于丙烷及异丁烷,$x=17$)。水合物在聚集状态下是白色或带铁锈色的疏松结晶体,一般水合物类似于冰或致密的雪,若在输气管道中生成,会缩小管路的流通截面积,造成管路、阀件和设备的堵塞。另一方面,在地球的深海和永久冻土层下存在着大量的甲烷水合物,而水合物是不稳定的结合物,在低压或高温的条件下易分解为烃类气体和水,因此自然界中存在的甲烷水合物具有潜在的开发价值,应该列入能源资源。

水合物生成的条件:在湿气中形成水合物的主要条件是压力和温度;次要条件是含有杂质、高速、紊流、脉动(例如由活塞式压送机引起的)、急剧转弯等。

由于水合物的生成会缩小管道的流通断面,甚至堵塞管线、阀件和设备,可采用一些措施防止水合物的生成,例如:降低压力,升高温度,加入可以使水合物分解的反应剂(防冻剂);脱水,使气体中的水分含量降低到不致形成水合物的程度。

任务四 燃气的质量要求

一、城镇燃气的基本要求

作为城镇燃气气源,应尽量满足以下要求。

1. 热值高

城镇燃气应尽量选择热值较高的气源。燃气热值过低,输配系统的投资和金属耗量就会增加。只有在特殊情况下,经技术经济比较认为合理时,才容许使用热值较低的燃气作为城镇气源。根据规范,燃气低热值一般应大于 147 MJ/m³。当小城镇采用人工煤气作为气源时,燃气的热值可适当降低,但不应低于 117 MJ/m³。

2. 毒性小

为防止燃气泄漏引起中毒,确保用气安全,必须控制城镇燃气中的一氧化碳等有毒成分的含量。

3. 杂质少

城镇燃气供应中,常常由于燃气中的杂质及有害成分影响燃气的安全供应。杂质可引起燃气系统的设备故障、仪表失灵、管道阻塞、燃具不能正常使用,甚至造成事故。

二、城镇燃气的质量要求

作为燃气气源的天然气、人工煤气和液化石油气都含有一些杂质,需要去除。天然气中的主要杂质包括烃类凝析液、冷凝水、夹带的岩屑粉尘、硫化氢等,在输送天然气时都需要去除。人工煤气中的主要杂质有焦油与灰尘、萘、硫化物、氨、一氧化碳、氮氧化物。

城镇燃气偏离基准气的波动范围应符合国家标准《城市燃气分类和基本特性》(GB/T 13611—2018)的规定。采用不同种类的燃气作为城镇燃气时,还应分别符合下列规定。

1. 天然气质量指标

天然气的质量应根据经济效益、安全卫生、环境保护等三个方面综合考虑。天然气质量指标应满足国家标准《天然气》(GB 17820—2018)规定。

天然气按高位发热量和总硫、硫化氢、二氧化碳含量分为一类和二类。天然气的质量要求如表3-8所示。

表 3-8 天然气的质量要求

项目	一类	二类
高位发热量[1][2]/(MJ/m³)	≥31.4	≥31.4
总硫(以硫计)[1]/(mg/m³)	≤20	≤100
硫化氢[1]/(mg/m³)	≤6	≤20
二氧化碳摩尔分数/%	≤3.0	≤4.0

注：[1]标准参比条件为 101.325 kPa,20 ℃。
　　[2]高位发热量以干基计。

2. 人工煤气质量指标

人工煤气的质量指标应符合现行国家标准《人工煤气》(GB/T 13612—2006)中的规定。主要指标如表 3-9 所示。

表 3-9 人工煤气的质量要求

项目		质量指标
低热值[1]	一类气/(MJ/m³)	>14
	二类气/(MJ/m³)	>10
杂质[2]	焦油和灰尘/(mg/m³)	<10
	硫化氢/(mg/m³)	<20
	氨/(mg/m³)	<50
	萘[3]/(mg/m³)	<50×10²/p（冬天） <100×10²/p（夏天）
含氧量(体积分数)	一类气/%	<1
	二类气/%	<2
含一氧化碳量[4](体积分数)/%		<10

注：[1]这里的煤气体积(m³)指在 101.325 kPa,15 ℃状态下的体积。
　　[2]一类气为煤干馏气；二类气为煤气化气、油气化气(包括液化石油气及天然气改制)。
　　[3]萘系指萘和它的同系物 α-甲基萘及 β-甲基萘。当管道输气点的绝对压力 p 小于 202.65 kPa 时,压力因素可不参加计算。
　　[4]二类气或掺有二类气的一类气,其一氧化碳含量应小于 20%(体积分数)。

3. 液化石油气质量指标

液化石油气的质量指标应符合现行国家标准《液化石油气》(GB 11174—1997)的规定。

表 3-10 液化石油气的质量指标

项目	质量指标	试验方法
密度(15°C)/(kg/m³)	报告	SH/T0221
蒸气压(37.8°C)/kPa	≤1 380	GB/T6602
C_5 及 C_5 以上烃类组分含量(体积分数)/%	≤3.0	SH/T0230
蒸发残留物/(mL/100 mL)	≤0.05	SY/T7509

续表

项　　目	质量指标	试验方法
油渍观察值/mL	通过	
铜片腐蚀等级	≤1	SH/T0232
总硫含量/(mg/m³)	≤343	SH/T0222
游离水	无	目测

三、城镇燃气加臭的原因

为能及时消除因管道漏气引起的中毒、燃爆事故,城镇燃气应具有可以察觉的臭味。根据《城镇燃气设计规范(2020年版)》(GB 50028—2006)规定,燃气中加臭剂的最小量应符合下列规定。

(1)无毒燃气泄漏到空气中,达到爆炸下限的20%时,应能察觉。

(2)有毒燃气泄漏到空气中,达到对人体允许的有害浓度时,应能察觉。

有毒燃气一般指含一氧化碳(CO)的可燃气体。若空气中含有0.01%(体积分数)左右的CO,人就会感到头痛、呕吐,出现轻度中毒症状;含量达到0.10%为致命界限。可见,CO漏入空气中尚未达到其爆炸下限的20%时(CO的爆炸下限为12.4%),人体早已中毒。CO的毒性主要是CO在人体血液中生成碳氧血红蛋白(COHb),使血液失去吸氧能力。

无毒燃气泄漏到空气中,达到爆炸下限的20%(甲烷的爆炸下限为5%)时,应能察觉。

四、城镇燃气对加臭剂的性质要求

城镇燃气加臭剂应符合下列要求。

①加臭剂和燃气混合后应具有特殊的臭味、不易被土壤和家具吸收、漏气消除后不应再有臭味保留。

②加臭剂不应对人体、管道或与其接触的材料有害。

③加臭剂的燃烧产物不应对人体呼吸有害,并不应腐蚀或伤害与此燃烧产物常接触的材料。

④加臭剂溶解于水的程度不应大于2.5%(体积分数)。

⑤加臭剂应有在空气中能察觉的加臭剂含量指标。

⑥加臭剂应便于制造、价格低廉。

五、加臭剂的类型

目前国内外常用的加臭剂有四氢噻吩(THT)和硫醇(TBH)等。较为普遍的加臭剂是四氢噻吩。四氢噻吩是一种具有强烈气味的有机化合物,以很低的浓度加入天然气中,就能使天然气有一种特殊的警示性臭味,以使泄漏的燃气在达到其爆炸下限5%或达到对人体允许的有害浓度时,即被察觉。常用的加臭剂还有其他类型,比如硫醇等,目前应用最为广泛的是四氢噻吩。

六、加臭的方式

滴入式:将液体加臭剂以液滴的状态放入燃气管道中,液滴在管道中蒸发后与燃气混合,如图3-3所示。

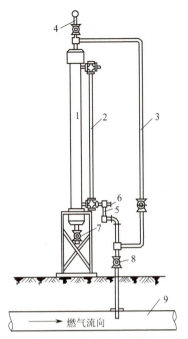

图 3-3 滴入式加臭装置

1—加臭剂储槽；2—液位计；3—压力平衡管；4—加臭剂充装管；5—观察管；
6—针形阀；7—排出管阀门；8—滴入管阀门；9—燃气管道

吸收式：部分燃气进入加臭器，与蒸发后的加臭剂混合后一起进入燃气管道。

注入式：加臭剂通过储罐由计量加臭泵导入加臭管线，再由加臭阀将加臭剂注入燃气管道中与燃气混合进行加臭。加臭剂的流量由计量加臭泵调节，如图 3-4 所示。

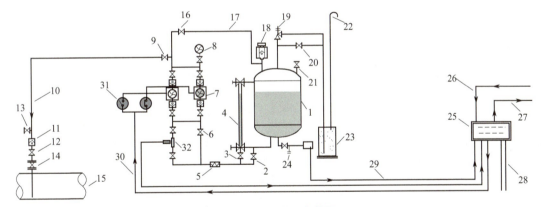

图 3-4 注入式加臭装置

1—加臭剂储罐；2—出料阀；3—标定阀；4—标定液位计；5—过滤器；6—旁通阀；7—燃气加臭泵；8—压力表；9—加臭阀；10—加臭管线；11—逆止阀；
12—加臭剂注入喷嘴；13—清洗检查阀；14—加臭点法兰球阀；15—燃气管道；16—回流阀；17—回流管；18—真空阀；19—安全放散阀；20—排空阀；
21—加臭剂充装管；22—排空管；23—吸收器；24—排污口；25—燃气加臭装置控制器；26—输入燃气流量信号；27—数据输出；28—供电电源；
29—信号反馈电缆；30—控制电缆；31—防爆开关；32—输出监视仪

任务五　燃气输配

燃气从气井开采出来以后,经过矿场集输管道集中到净化厂,处理后,由长输管道输送至城市管网,供给工业和民用的用户。从气井到用户,燃气都在密闭的状态下输送,形成一个燃气输配系统。整个燃气输配系统包括上游长距离输送系统和下游城镇燃气输配系统。长距离输送系统是连接气田净化处理厂与城市之间的干线输气管道,它具有输气量大、压力高、运距长的特点。城镇燃气输配系统由门站、线路工程及其附属设施组成,根据用户情况和管线距离条件,输气管道设有调压站、计量站及阀室,通过分输站或计量站将天然气调压后输往城镇配气管网或直接输往用户。

一、长距离输送系统

1. 长距离输送系统的起点与终点

长距离输送系统的起点是气井,终点是燃气分配站(门站)。

2. 长距离输送系统的作用

长输系统的作用是将产气地的气源(天然气、油田气及人工煤气)输送到远离产地的使用地(城镇和工业区),如图 3-5 所示。

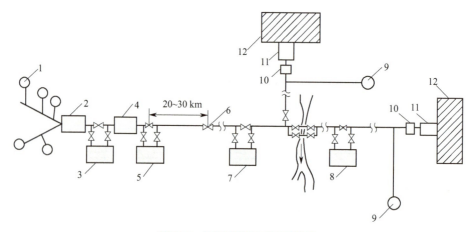

图 3-5　长距离输气系统示意图

1—井口装置;2—集气站;3—矿场压气站;4—天然气处理厂;5—输气干线起点站;
6—阀门;7—中间压气站;8—终点压气站;9—储气设施;10—燃气分输站;11—燃气门站;12—城镇或工业区

3. 长距离输送系统的构成

长距离输气系统主要由集输管网、气体净化设备、起点站、输气干线、输气支线、中间调压计量站、压气站、燃气分配站、管理维修站、通讯和遥控设备、阴极保护站(或其他电保护装置)等构成。

1)矿场集输系统

矿场集输系统从井口对天然气进行采集和开始输送,如图 3-6 所示。

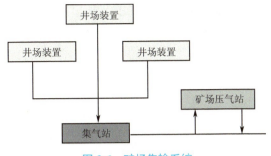

图 3-6　矿场集输系统

（1）井场。根据气田集输工艺的不同，采用不同的井场工艺流程，可分为：①单井集气，在气井附近直接设置单独的天然气节流减压、初次分离和计量设备；②多井集气，将两口以上气井用管线分别从井口连接到集气站，每口气井只设置采气井口装置，而在集气站对各气井输送来的天然气再分别进行节流减压、初次分离和计量。

（2）集气管网（各气井、集气站与天然气处理厂之间的管网）按其连接的几何方式可以分为：①放射状集气管网，集气干线呈放射，如图 3-7 所示；②树枝状集气管网（线型集气管网），集气干线呈直线状，如图 3-8 所示；③环形集气管网，集气干线呈环状，如图 3-9 所示；④组合型集气管网。

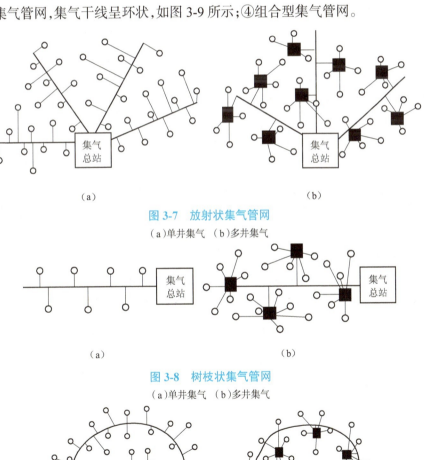

图 3-7　放射状集气管网
（a）单井集气　（b）多井集气

图 3-8　树枝状集气管网
（a）单井集气　（b）多井集气

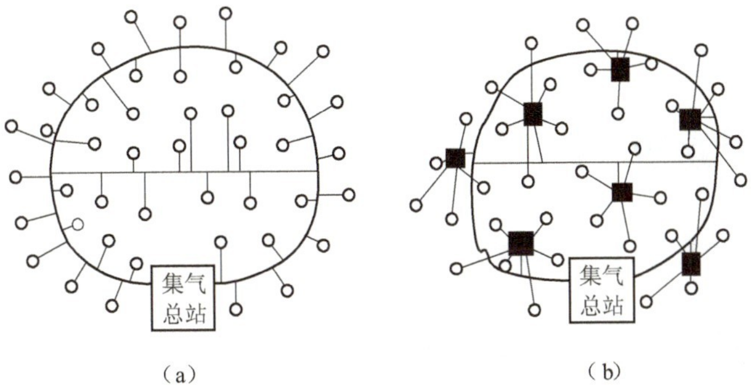

图 3-9　环状集气管网
（a）单井集气　（b）多井集气

（3）矿场压气站。在气田开采后期（或对于低压气田），地层压力不足以满足生产和输送要求时，用矿场压气站将低压天然气增压到所需压力，然后输送到天然气处理厂或输气干线。

2）天然气处理厂

当天然气中硫化氢、二氧化碳、凝析油的含量和含水量超过一定标准时，需设置天然气处理厂进行净化。

3）输气干线起点站

输气干线起点站的作用是除尘（除去固体悬浮物和游离水）、调压、计量。

基本流程如图3-10所示。当输气管线需要清管时，可利用清管球发送装置完成作业。

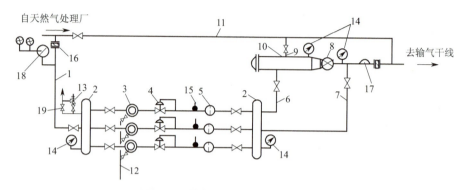

图3-10　输气干线起点站流程示意图

1—燃气进气管；2—汇气管；3—分离器；4—调压器；5—孔板流量计；6—清管旁通管；7—燃气输出管；8—球阀；9—放空管；10—清管器发送筒；11—越站旁通管；12—分离器排污管；13—安全阀；14—压力表；15—温度计；16—绝缘法兰；17—清管器通过指示器；18—带声光信号的电接点式压力表；19—放空阀

4）输气干线设施

输气干线设施有中间压气站、清管球收发装置、阴极保护站、管理维修站、通信与遥控设施等。最主要的设施是中间压气站（为了满足远距离输气，需设加压设施），中间压气站的数量和出口压力要经过技术经济计算确定。通常两个压气站间的距离为100~150 km。其他附属设备如清管球收发装置、阴极保护站以及遥控中心站等也可与压气站联合设置。

输气干线沿途最好设置地下储气库。地下储气是将长输送管道输送来的天然气重新注入地下空间，一般利用枯竭油气田、含水层、盐穴、废弃矿坑储气。夏天注气，冬天采气。储气量大，造价和运行费用省，可用来平衡季节不均匀用气。但不应该用来平衡日不均匀用气及小时不均匀用气，因为急剧增加采气强度，会使储气库的投资和运行费用增加，经济可行性差。

5）燃气分配站

燃气分配站亦称为门站，是长输管线的终点站，也是城镇、工业区分配管网的气源站。其任务是接收长输管线的燃气，经过除尘、调压（将燃气压力调至城镇高压环网或用户所需的压力）、计量和加臭后送入城镇和工业区的管网，其流程图如图3-11所示。

二、城镇燃气输配系统

1. 城镇燃气输配系统的起点与终点

城镇燃气输配系统的起点是燃气分配站（门站）；终点是用户。

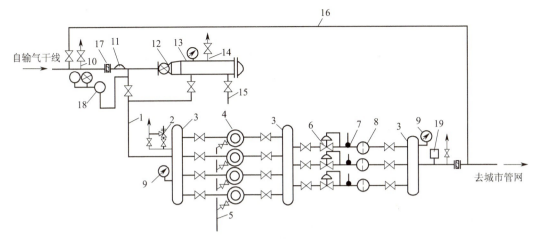

图 3-11 燃气分配站（门站）流程图

1—燃气进气管；2—安全阀；3—汇气管；4—过滤器；5—过滤器排污管；6—调压器；7—温度计；8—孔板流量计；9—压力表；10—干线放空管；11—清管器通过指示器；12—球阀；13—清管器接收筒；14—放空管；15—排污管；16—越站旁通管；17—绝缘法兰；18—电接点式压力表；19—加臭装置

2. 城镇燃气输配系统的作用

城镇燃气输配系统的作用是将上游输送来的燃气经过门站输送到各类用户。

3. 城镇燃气输配系统的构成

城镇燃气管道输配系统一般由门站、输配管网、储配站、调压站、监控与调度中心、维护管理部门等共同组成。

1）门站（燃气分配站）

门站是城市输配系统的气源点，也是燃气进入城市燃气管网的配气站，其任务是接收燃气，在站内进行过滤、调压、计量、加臭、分配后，送入城市输配管网或直接送入大用户。

在门站进站总管上设置分离器（或过滤器），在长输管线采用清管工艺时，其清管器的接收装置可以设置在门站内。站内计量调压装置根据工作环境要求可以露天布置，也可以设在厂房内。

站内应设置以下建构筑物：收发球站、调压计量区或车间、储罐区、消防水池及消防水泵房、变配电及控制室、通信站房、机修及锅炉房、行政管理及生活用房。

2）输配管网

输配管网将接受站（燃气分配站）的燃气输送至各储气点、调压站、燃气用户，并保证沿途输气安全可靠。

3）储配站

储配站所建储罐容积应根据输配系统所需储气总体积、管网系统的调度平衡和气体混配要求确定，具体储配站的储气方式及储罐形式应根据燃气进站压力、供气规模、输配管网压力等因素，经过经济技术比较后确定。储配站的作用：一是储存一定量的燃气以供用气高峰时调峰用；二是当输气设施发生暂时故障、维修管道时，保证一定程度的供气；三是对使用的多种燃气进行混合，使其组分均匀；四是将燃气加压（减压）以保证输配管网或用户燃具前燃气有足够的压力。

4）调压站

调压站在燃气输配系统中的主要作用是调节和稳定系统压力，并控制燃气流量，防止调压器后设备被磨损和堵塞，保护系统，以免出口压力过低或超压。

调压站由调压器、阀门、过滤器、安全装置、旁通管以及测量仪表等组成。有的调压站装有计量设备，除了调压以外，还起计量作用，故称为调压计量站。

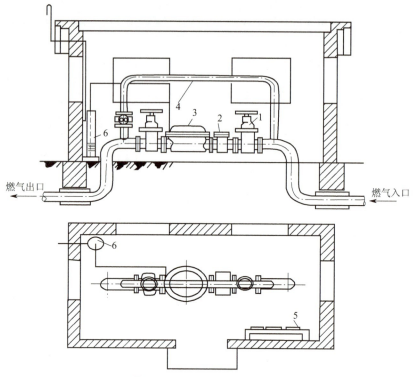

图 3-12 调压站平面和剖面图

1—闸阀;2—过滤器;3—调压器;4—旁通管;5—压力检查测量仪表;6—水封

调压站按照调节压力的范围可分为高中压调压站、高低压调压站、中低压调压站、低低压调压站;按照建筑形式可分为地上调压站、地下调压站;按照使用性质可分为区域调压站、用户调压箱、专用调压站。

调压站应尽量避开城市繁华地段及主要道路、密集的居民楼、重要建筑物及公共运动场所,调压站为二级防火建筑,距明火或散发火花的地点不得小于30 m。

5)监控与调度中心

为确保城镇燃气能够安全供应,需设置监控与调度中心,通常监控与调度中心具有以下功能。

(1)气源调度:监控上游的燃气组分、热值和一级输差;保证燃气输配系统的燃气连续供应。

(2)输配调度:监控燃气输配系统的燃气压力、流量、温度、加臭等各项技术参数在安全运行和规程规定的范围内;调度协调各场站和管线的运行操作和设备检修;保证燃气输配系统的安全运行和稳定供气。

(3)应急调度:编制应急调度预案,实施应急调度。当进气量高于供气量时,利用储气设施进行调峰,或采取紧急放散措施控制系统压力,保证安全运行;当气源不足时,采取必要的限气等措施,保证重点用户的燃气供应。

(4)抢险调度:当燃气输配系统发生燃气泄漏、火灾、爆炸等安全事故时,调度中心要及时调度抢险队伍赶赴现场抢险维修,并向有关领导和部门及时报告。

6)维护管理部门

城镇燃气输配系统在供气期间应保证不间断地、可靠地给用户供气,在运行管理方面应是安全的,在维修检测方面应是简便的。还应考虑在检修或发生故障时,可关断某些部分管段而不致影响全系统的工作。

任务六　城镇燃气输配管网及其附属设备

一、城镇燃气输配管网

1. 燃气管道的分类

城镇燃气管道将气源厂的燃气输送到各储气点、调压站、燃气用户,并保证沿途输气安全可靠。城镇燃气管道可根据用途、敷设方式和输气压力进行以下分类。

1)根据用途分类

Ⅰ.长距离输气管线

其干管及支管的末端连接城市或大型工业企业,作为该供应区的气源点,管线的末端设有燃气分配站,即门站。

Ⅱ.城镇输配管道

将供气地区的燃气输送给工业企业用户、公共建筑用户和居民用户的燃气管道称为城镇燃气输配管道。

①输气管道:燃气门站至城镇配气管道之间的管道。

②配气管道:在供气地区将燃气分配给居民用户、商业用户和工业企业用户。配气管道包括街区和庭院的分配管道。

③用户引入管:室外配气支管与用户燃气进口管总阀门之间的管道。

④室内燃气管道:从用户燃气进口管总阀门到用户各燃具或用气设备之间的燃气管道。

Ⅲ.工业企业燃气管道

①工厂引入管和厂区燃气管道:将燃气从城镇燃气管道引入工厂,分配到各用气车间的管道。

②车间燃气管道:从车间的管道引入口将燃气送到车间内各个用气设备(如窑炉)的管道。车间燃气管道包括干管和支管。

③炉前燃气管道:从支管将燃气分送给炉上各个燃烧设备的管道。

2)根据敷设方式分类

Ⅰ.埋地管道

一般城市中的输气管道埋设于土壤中,当管段需要穿越铁路、公路时,有时需要加设套管或管沟,因此埋地管道的敷设方法有直接埋设和间接埋设两种。

Ⅱ.架空管道

工厂厂区、管道跨越障碍物以及建筑物内的天然气管道,常采用架空敷设的方式。

3)根据输气压力分类

燃气管道的气密性与其他管道相比,有特别严格的要求,漏气可能导致火灾、爆炸、中毒或其他事故。

燃气管道中的压力越高,管道接头脱开或管道本身出现裂缝的可能性和危险性也越大。当管道内燃气的压力不同时,对管道材质、安装质量、检验标准和运行管理的要求也不同。根据《城镇燃气设计规范》(GB 50028—2006)的规定,城镇燃气管道按城镇燃气压力分为低压燃气管道、中压燃气管道、次高压燃气管道和高压燃气管道四类,设计压力分为7级(见表3-11)。

表3-11 城镇燃气设计压力(表压)分级

名称		压力/Mpa）
高压燃气管道	A	$2.5<p\leqslant 4.0$
	B	$1.6<p\leqslant 2.5$
次高压燃气管道	A	$0.8<p\leqslant 1.6$
	B	$0.4<p\leqslant 0.8$
中压燃气管道	A	$0.2<p\leqslant 0.4$
	B	$0.01\leqslant p\leqslant 0.2$
低压燃气管道		$p<0.01$

2. 城镇燃气管网系统

城镇燃气配气系统的主要部分是燃气管网,根据所采用的管网压力级制不同可分类如下。

(1)一级系统:仅由低压或中压一级压力级别组成的管网输配系统。

(2)两级系统:由低压和中压B或低压和中压A两级组成的管网输配系统,如图3-13所示。

(3)三级系统:由低压、中压和次高压或高压三级组成的管网输配系统,如图3-14所示。

(4)多级系统:由低压、中压、次高压和高压组成的管网输配系统,如图3-15所示。

低压供应方式和低压一级制系统。低压气源以低压一级管网系统供给燃气的输配方式,一般只适用于小城镇。根据低压气源(燃气制造厂和储配站)压力的大小和城镇的管网,低压供应方式分为利用低压储气柜的压力进行供应和由低压压送机供应两种。低压供应原则上应充分利用储气柜的压力,只有当储气柜的压力不足,以致低压管道的管径过大而不合理时,才采用低压压送机供应。

中压供应方式和中-低压两级制管网系统。中压燃气管道经中-低压调压站调至低压,由低压管网向用户供气;或由低压气源厂和储气柜供应的燃气经压送机加至中压,由中压管网输气,再通过区域调压器调至低压,由低压管道向用户供气。在系统中设置储配站以调节用气不均匀性。

高压供应方式和高-中-低三级制管网系统。高压燃气从城市燃气接收站(天然气门站)或气源厂输出,由高压管网输气,经区域高-中压调压器调至中压,输入中压管网,再经区域中-低压调压器调成低压,由低压管网供应燃气用户。可在燃气供应区域内设置储气柜,用以调节不均匀性,但目前多采用管道储气调节用气的不均匀性。

燃气管网系统的优缺点比较见表3-12。

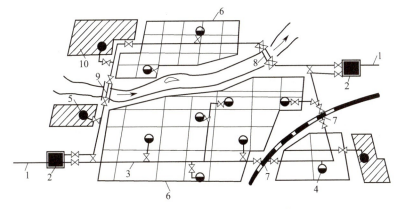

图 3-13　中压 A -低压二级管网系统

1—来自长输管线；2—城镇燃气门站；3—中压 A 管网；4—区域调压站；5—工业企业专用调压站；6—低压管网；7—穿越铁路的套管敷设管道；8—穿越河底的过河管道；9—沿桥敷设的过河管道；10—工业企业

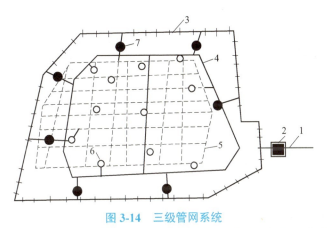

图 3-14　三级管网系统

1—来自长输管线；2—城镇燃气门站；3—次高压 A 环网；4—中压 B 环网 B 调压站；5—低压管网；6—中-低压调压站；7—次高压-中压

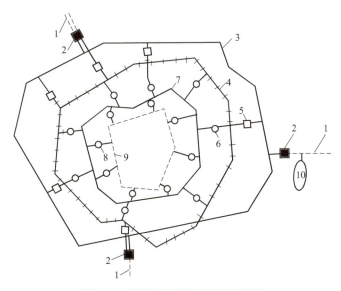

图 3-15　高压-次高压多级管网系统

1—来自长输管线；2—城镇燃气门站；3—高压 A 环网；4—次高压 A 环网；5—高-高压调压站；6—次高压-中压 A 调压站；7—中压 A 环网；8—中-中压调压站；9—中压 B 环网；10—地下储气库

表 3-12　燃气管网系统优缺点比较

序号	类型	优点	缺点
1	低压一级制	系统简单,供气安全,运行费用低,节省管材,保证压力	压力低且不稳定,管径大
2	中压一级制	提高燃烧效率	运行维护费用高,安全性稍差
3	低压+中压 A	输气干管管径小	对管材、安全距离、安装要求高
4	低压+中压 B	供气安全、可靠	投资较大
5	三级管网系统	供气安全、可靠	系统复杂,维修管理不便
6	多级管网系统	系统安全灵活,解决了用气不均匀性	投资大,系统复杂,维修管理不便

采用不同压力级制的必要性:①管网采用不同的压力级制是比较经济的;②各类用户需要的燃气压力不同;③消防安全的要求。

3. 城镇燃气管网系统的选择

在选择燃气输配管网系统时,应考虑许多因素,其中最主要的因素如下。

(1)气源情况:气井的布置及规模,产气层的数目和性能,供气量和供气压力,燃气近期、远期规划发展等。

(2)城镇规模、远景规划情况、街区和道路的现状和规划、建筑特点、人口密度、各类用户的数量和分布情况。

(3)原有的城镇燃气供应设施情况。

(4)对不同类型用户的供气方针、气化率及不同类型的用户对燃气压力的要求。

(5)大型燃气用户的数目和分布。

(6)储气设备的类型。

(7)城镇地理地形条件,敷设燃气管道时遇到天然和人工障碍物(如河流、湖泊、铁路等)的情况。

(8)城镇地下管线和地下建筑物、构筑物的现状和改建、扩建规划。

(9)对城镇燃气发展的要求。

选择城镇燃气管网系统时,应全面考虑上述诸因素并进行综合,从而提出数个方案进行技术经济比较,选用经济合理的最佳方案。方案的比较必须在技术指标和工作可靠性相同的基础上进行。

4. 城镇燃气管网的布置

燃气管网要保证安全、可靠地供应具有正常压力与足够数量的燃气给各类用户。在满足这一要求的条件下,要尽量缩短管线,以节省投资和费用。在城镇燃气管网供气规模、供气方式和管网压力级制选定以后,根据气源规模、用气量及其分布、城市状况、地形地貌、地下管线与构筑物、管材设备、供应条件、施工和运行条件等因素综合考虑。应全面规划,远近结合,做出分期建设的安排,并按压力高低,先布置高、中压管网,后布置低压管网。

1)布置原则

(1)高、中压燃气干管应靠近大型用户,尽量靠近调压站,以缩短支管长度。为保证燃气供应的可靠性,主要干线应逐步连成环状。

(2)城镇燃气管道应布置在道路下,尽量避开主要交通干道和繁华的街道,以减少施工难度和运行、维修的麻烦,并可节省投资。

(3)沿街道敷设燃气管道时,可以单侧布置,也可以双侧布置。双侧布置一般在街道很宽,横穿道路的支管很多,道路上敷设有轨电车轨道,输送燃气量较大,单侧管道不能满足要求时采用。

(4)低压燃气干管应在小区内部的道路下敷设,可使管道两侧供气,又可兼作庭院管道,节省投资。

(5)燃气管道不准敷设在建筑物、构筑物下面,不准与其他管道上下重叠平行布置,并禁止在下列场所之下敷设:①机械设备和货物堆放地;②易燃、易爆材料和腐蚀性液体的堆放场所;③高压电线走廊。

(6)燃气管道应尽量避免穿越铁路、河流、主要公路和其他较大障碍物,必须穿越时应有防护措施。

2)布线依据

地下燃气管道宜沿城镇道路、人行便道敷设,或敷设在绿化地带内。在决定城镇中不同压力燃气管道的布线问题时,必须考虑到下列基本情况。

(1)管道中燃气的压力。

(2)街道及其他地下管道的密集程度与布置情况。

(3)道路现状和规划。

(4)街道交通量和路面结构情况,以及运输干线的分布情况。

(5)所输送燃气的含湿量、必要的管道坡度、街道地形变化情况。

(6)与该管道相连接的用户数量及用气情况,该管道是主要管道还是次要管道。

(7)线路上所遇到的障碍物情况。

(8)土壤性质、腐蚀性能和冰冻线深度。

(9)该管道在施工、运行和万一发生故障时,对交通和人民生活的影响。

由于输配系统各级管网的输气压力不同,其设施和防火安全的要求也不同,而且各自的功能也有所区别,故应按各自的特点进行布置。

5. 燃气管道的安全距离

地下燃气管道与建筑物、构筑物基础或相邻管道之间的水平净距和垂直净距不应小于表3-13和表3-14的规定值。

表3-13 地下燃气管道与建筑物、构筑物或相邻管道之间的水平净距

单位:m

项目		地下燃气管道				
		低压	中压		高压	
			B	A	B	A
建筑物基础		0.7	1.5	2.0	4.0	6.0
给水管		0.5	0.5	0.5	1.0	1.5
排水管		1.0	1.2	1.2	1.5	2.0
电力电缆		0.5	0.5	0.5	1.0	1.5
通信电缆	直埋	0.5	0.5	0.5	1.0	1.5
	在导管内	1.0	1.0	1.0	1.0	1.5
其他燃气管道	DN≤300 mm	0.4	0.4	0.4	0.4	0.4
	DN>300 mm	0.5	0.5	0.5	0.5	0.5
热力管	直埋	1.0	1.0	1.0	1.5	2.0
	在管沟内	1.0	1.5	1.5	2.0	4.0

续表

项目		地下燃气管道				
		低压	中压		高压	
			B	A	B	A
电杆(塔)的基础	≤35 kV	1.0	1.0	1.0	1.0	1.0
	>35 kV	5.0	5.0	5.0	5.0	5.0
通信照明电杆(至电杆中心)		1.0	1.0	1.0	1.0	1.0
铁路钢轨		5.0	5.0	5.0	5.0	5.0
有轨电车钢轨		2.0	2.0	2.0	2.0	2.0
街树(至树中心)		1.2	1.2	1.2	1.2	1.2

表 3-14　地下燃气管道与构筑物或相邻管道之间的垂直净距

单位：m

项目		地下燃气管道（当有套管时以套管计）
给水管、排水管或其他燃气管道		0.15
热力管的管沟底（或顶）		0.15
电缆	直埋	0.50
	在导管内	0.15
铁路轨道		1.20
有轨电车轨道		1.00

如受地形限制，布置有困难而又无法解决时，经与有关部门协商，采取有效的防护措施后，表 3-13 和表 3-14 规定的净距，可适当缩小。

6. 管道的纵断面布置原则

（1）管道的埋深。管道的埋深主要考虑地面动负荷，特别是车辆重负荷的影响以及冰冻层对管内输送气体中可凝性气体的影响。

①埋设在车行道下时，不得小于 0.8 m；
②埋设在非机车行道下时，不得小于 0.6 m；
③埋设在庭院内时，不得小于 0.3 m；
④埋设在水田下时，不得小于 0.8 m；
⑤输送湿燃气的管道，应埋设在土壤冰冻线以下。

（2）管道的坡度及凝水缸的设置。输送湿燃气的燃气管道应采取排水措施。燃气管道坡向凝水缸的坡度不宜小于 0.003。

（3）地下燃气管道与其他管道或构筑物之间的最小垂直间距应符合规范要求。

（4）燃气管道不得在地下穿过房屋或其他建筑物，不得平行敷设在有轨电车轨道之下，也不得与其他地下设施上下并置。

（5）一般情况下，燃气管道不得穿过其他管道本身，如因特殊情况要穿过其他大断面管道时，需征得有关方的同意，同时，燃气管道必须安装在钢套管下。

二、燃气管道穿越公路、铁路、河流等障碍物的方法

1. 燃气管道穿越公路

燃气管道在穿越一、二、三级公路或城镇主干道时,宜敷设在套管或地沟内。

2. 燃气管道穿越铁路

燃气管道穿越铁路和电车轨道时,必须采用保护套管或混凝土套管,并要垂直穿越。

3. 燃气管道穿(跨)越河流

(1)燃气管道水下穿越:一般易用双管敷设,每条管道承担设计流量的75%。(敷设方法:①沟埋敷设,多采用该法,埋设深度不小于0.5 m;②裸管敷设;③定管敷设。)

(2)附桥架设:简单,投资少。

(3)管桥跨越:可采用桁架、拱式、悬索等形式。

三、燃气管材与连接方式

1. 燃气管材

用于输送燃气的管材种类很多,必须根据燃气的性质、系统压力及施工要求来选用,并满足机械强度、抗腐蚀、抗震及气密性等各项基本要求。

1)钢管

常用的钢管有普通无缝钢管和焊接钢管,具有承载力大、可塑性好、便于焊接的优点。与其他管材相比,壁厚较薄、节省金属用量,但耐腐蚀性较差,必须采取可靠的防腐措施。由于薄壁不锈钢管具有安全性高、耐腐蚀性强、使用寿命长和安装快捷等优点,在高层和超高层建筑中作为室内管正在推广,将会得到广泛应用。

2)聚乙烯管

在此,仅介绍燃气用埋地聚乙烯(PE)管。PE管具有耐腐蚀、质轻、流体流动阻力小、使用寿命长、可盘卷、施工简便、费用低、抗拉强度较大等一系列优点。经济发达国家在天然气输配系统中使用PE管已有六十多年历史,我国大力发展天然气以来,已经广泛使用PE管。

PE管道输送天然气、液化石油气和人工煤气时,其设计压力不应大于管道最大允许工作压力,最大允许工作压力应符合表3-15的规定。

表3-15　PE管道的最大允许工作压力

单位:MPa

城镇燃气种类		PE80		PE100	
		SDR11	SDR17.6	SDR11	SDR17.6
天然气		0.50	0.30	0.70	0.40
液化石油气	混空气	0.40	0.20	0.50	0.30
	气态	0.20	0.10	0.30	0.20

续表

城镇燃气种类		PE80		PE100	
		SDR11	SDR17.6	SDR11	SDR17.6
人工煤气	干气	0.40	0.20	0.50	0.30
	其他	0.20	0.10	0.30	0.20

注：SDR 指 PE 管道的公称直径与公称壁厚的比值。

由于 PE 管的刚性不如金属管，所以埋设施工时必须夯实沟槽底，基础要垫沙，这样才能保证管道坡度的要求和防止被坚硬物体损坏。

3) 铸铁管

铸铁管的抗腐蚀性能很强。用于燃气输配管道的铸铁管，一般采用铸模浇铸或离心浇铸方式制造出来。灰铸铁管的抗拉强度、抗弯曲性能抗冲击能力和焊接性能均不如钢管好。随着球墨铸铁铸造技术的发展，铸铁管的机械性能大大增强，从而提高了其安全性，降低了维护费用。球墨铸铁管在燃气输配系统中仍被广泛使用。

4) 其他管材

有时还使用有色金属管材，如铜管和铝管。由于其价格昂贵，只在特殊场合下使用。引入管、室内埋墙管及灶前管已广泛使用不锈钢波纹管。

2. 燃气管道连接方法

1) 钢管的连接

钢管可以用螺纹、焊接和法兰进行连接。室内管道管径较小、压力较低，一般用螺纹连接。高层建筑有时也用焊接连接。室外输配管道以焊接连接为主。设备与管道常用法兰连接。

室内管道广泛采用三通、弯头、变径接头、活接头、补心和丝堵等螺纹连接管件，施工安装十分简便。为了防止管道螺纹连接时漏气，螺纹之间必须缠绕适量的填料。常用的填料有铅油加麻丝和聚四氟乙烯。对于输送天然气的管道，必须采用聚四氟乙烯作为密封填料。

焊接是管道连接的主要形式，可采用的方法很多，有气焊、手工电弧焊、手工氩弧焊、埋弧自动焊、埋弧半自动焊、接触焊和气压焊等。

燃气管道及其附属设备之间常用法兰连接。

2) PE 管的连接

随着塑料管的广泛应用，它的连接方法越来越简便和多样化。PE 管通常采用热熔连接、电熔连接。PE 管与金属管通常使用钢塑接头连接。

3) 铸铁管的连接

低压燃气铸铁管道的连接广泛采用机械接口的形式。

四、阀门

阀门是用于启闭管道通路或调节管道介质流量的设备。

燃气阀门必须进行定期检查和维修，以便掌握其腐蚀、堵塞、润滑、气密性等情况以及部件的损坏程度，避免不应有的事故发生。阀门的设置足以维持系统正常运行即可，尽量减少其设置数，以减少漏气点和额外的投资。

阀门的种类很多，燃气管道上常用的有闸阀、旋塞、截止阀、球阀和蝶阀等。

1. 阀门的分类

阀门是采输气场站使用最多、型号最多的设备,可根据不同的用途分为:

切断阀类——主要用于切断或接通介质流,主要有闸阀、截止阀、隔膜阀、旋塞、球阀和蝶阀等;

调节阀类——主要用于调节介质的流量、压力等,包括调节阀、节流阀和减压阀等;

止回阀类——用于阻止介质倒流,包括各种结构的止回阀;

分流阀类——用于分配、分离或混合介质,包括各种结构的分配阀和疏水阀;

安全阀类——用于设备、场站等超压安全保护,包括各种类型的安全阀。

2. 常见阀门

1)球阀

球阀的启闭件是一个球体,利用球体绕阀杆的轴线旋转90°实现开启和关闭的目的。球阀在管道上主要用于切断、分配和改变介质流动方向。球阀的结构如图3-16所示。

球阀的优点:具有最低的流阻(实际为0);在较大的压力和温度范围内,能实现完全密封;可实现快速启闭,某些结构的启闭时间仅为0.05~0.1 s;工作介质在双面上密封可靠;在全开和全闭时,高速通过阀门的介质不会引起密封面的侵蚀;全焊接阀体的球阀,可以直埋于地下,使阀门内件不受浸蚀,最高使用寿命可达30年,是石油、天然气管线最理想的阀门。

球阀的缺点:球阀最主要的阀座密封圈材料是聚四氟乙烯,低温时密封材料变硬时,密封的可靠性就受到破坏。聚四氟乙烯的耐温等级较低,只能在低于180 ℃的情况下使用。长期使用的情况下,一般只在120 ℃以下使用;调节性能相对于截止阀要差一些,尤其是气动阀(或电动阀)。

2)截止阀

截止阀是指关闭件(阀瓣)沿阀座中心线移动的阀门。根据阀瓣的这种移动形式,阀座通口的变化与阀瓣行程成正比例关系。该类阀门的阀杆开启或关闭行程相对较短,而且具有非常可靠的切断功能,又由于阀座通口的变化与阀瓣的行程成正比例关系,非常适合对流量进行调节。因此,这种类型的阀门非常适合用于切断或调节以及节流。截止阀结构如图3-17所示。

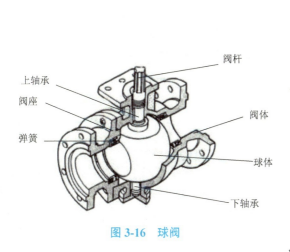

图3-16 球阀

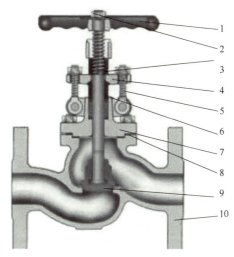

图3-17 截止阀

1—手轮;2—阀杆螺母;3—阀杆;4—填料压盖;5—螺栓;6—填料;7—阀盖;8—垫片;9—阀瓣;10—阀体

截止阀的优点:在开启和关闭过程中,由于阀瓣与阀体密封面间的摩擦力比闸阀小,因而耐磨;开启高度一般仅为阀座通道的 1/4，因此比闸阀小得多；通常在阀体和阀瓣上只有一个密封面，因而制造工艺性比较好，便于维修；由于其填料一般为石棉与石墨的混合物，故耐温等级较高。

截止阀的缺点：由于介质通过阀门的流动方向发生了变化，因此截止阀的最小流阻也较高于大多数其他类型的阀门；由于行程较长，开启速度较球阀慢。

3）闸阀

闸阀（图3-18）是利用闸板控制启闭的阀门。闸阀的主要启闭部件是闸板和阀座。闸板与流体流向垂直，改变闸板与阀座的相对位置，即可改变通道大小或截断通道。为保证关闭严密，闸板与阀座间需研磨配合。通常在闸板和阀座上嵌镶有耐腐蚀材料如不锈钢、硬质合金等制成的密封面。

4）蝶阀

蝶阀（图3-19）是阀瓣绕阀体内固定轴旋转关启的阀门，一般用作管道及设备的开启或关闭，有时也可以用于调节流量。

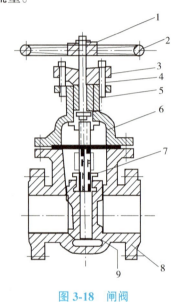

图3-18　闸阀

1—阀杆；2—手轮；3—填料压盖；4—螺栓螺母；5—填料；
6—上盖；7—轴套；8—阀体；9—闸板

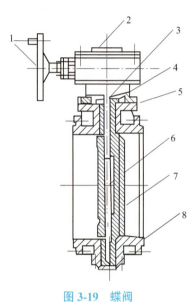

图3-19　蝶阀

1—手轮；2—传动装置；3—阀杆；4—填料压盖；5—填料；
6—转动阀瓣；7—密封面；8—阀体

5）旋塞

旋塞是一种动作灵活的阀门，阀杆转 90° 即可达到启闭的要求。杂质沉积对旋塞的影响比闸阀小，所以广泛应用于燃气管道上。常用的旋塞有两种：一种利用阀芯尾部螺母的作用，使阀芯与阀体紧密接触，不致漏气，称为无填料旋塞，这种旋塞只允许用于低压管道上，主要是室内管道；另一种称为填料旋塞，利用填料以堵塞旋塞阀体与阀芯的间隙而避免漏气，这种旋塞体积较大，但较安全可靠。两种旋塞分别如图3-20及图3-21所示。

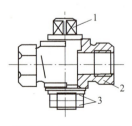

图3-20　无填料旋塞

1—阀芯；2—阀体；3—拉紧螺母

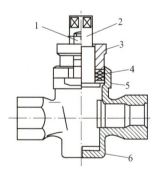

图3-21　填料旋塞

1—螺栓螺母；2—阀芯；3—填料压盖；
4—填料；5—垫圈；6—阀体

城镇燃气管网系统

6）安全阀

安全阀是安装在管道和容器上用以保护管道和容器安全的阀门。其结构如图3-22所示。在采气现场常见的安全阀有弹簧式安全阀、先导式安全阀等。

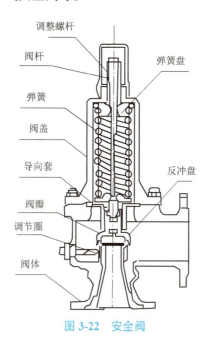

图 3-22　安全阀

工作原理：安全阀借助外加力（杠杆重锤力、弹簧压缩力、介质压力）将阀盘压紧在阀座上，当管道或容器中的压力超过外加到阀盘的作用力时，阀盘被顶开泄压；当管道或容器中的压力恢复到小于外加到阀盘的压力时，外加力又将阀盘压紧在阀座上，安全阀自动关闭。安全阀开启压力的大小，是由设定的外加力来控制的，外加力是由套筒螺丝调节弹簧的压缩程度来控制的，安全阀的开启压力应设定为管道或容器工作压力的 1.05~1.1 倍。

五、调压器

燃气调压器俗称减压阀，是通过自动改变经调节阀的燃气流量而使出口燃气保持规定压力的设备。按作用原理，调压器通常可分为直接作用式和间接作用式两种。

1. 直接作用式调压器

直接作用式调压器是利用出口压力变化，直接控制传动装置（阀杆）带动调节元件（阀芯）运动的调压器，即只依靠敏感元件（薄膜）感受出口压力的变化移动阀芯进行调节，因此直接作用式调压器具有反应速度快的特点。一般用于小型工业用户或公共建筑、居民小区。

直接作用式调压器的结构和工作原理如图3-23所示，用弹簧（或重块）设定压力值。当出口压力变化时，下游出口压力通过导压管作用在薄膜的下方，当它与薄膜上方的弹簧（或重块）的设定压力不相等时，薄膜失去平衡，发生位移，带动阀芯运动，改变通过阀口的燃气量，从而恢复压力的平衡。

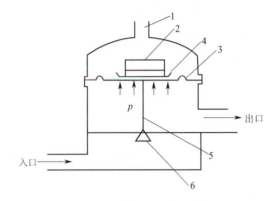

图 3-23　直接作用式调压器

1—呼吸孔；2—重块；3—悬吊阀杆的薄膜；4—薄膜上的金属压盘；5—阀杆；6—阀芯

气体作用在薄膜上的力可按（3-17）计算，即

$$N = F_a p = cFp \tag{3-17}$$

式中：N 为气体作用于薄膜上的移动力，N；F_a 为薄膜的有效面积，m²；p 为作用于薄膜上的燃气压力，Pa；c 为薄膜的有效系数；F 为薄膜表面在其固定端的投影面积，m²。

$$N = W_g \tag{3-18}$$

式中：W_g 为重块的质量，N。

2. 间接作用式调压器

在城市燃气输配系统中，间接作用式调压器多用于流量比较大的区域调压站中。间接作用式调压器由指挥器和主调压器组成。相同的指挥器和不同结构的主调压器或者是相同的主调压器和不同的指挥器组合可以形成不同系列的产品。

间接作用式调压器的敏感元件和传动装置的受力元件是分开的。当敏感元件感受到出口压力的变化后，使操纵机构（如指挥器）动作，接通外部能源或被调介质（压缩空气或燃气），使调节阀门动作。由于多数指挥器能将所受力放大，故出口压力的微小变化也会导致主调压器的调节阀门动作。因此间接作用式调压器的灵敏度较高。

轴流式调压器结构如图 3-24 所示。进口压力为 p_2，进出口流线是直线，故称为轴流式。

工作原理：调压器的出口压力 p_2 由指挥器的调节螺丝 8 给定。稳压器 13 的作用是消除进口压力对调压的影响，使 p_4 始终保持在一个变化较小的范围内。p_4 的大小取决于弹簧 1 和出口压力 p_2，通常比 p_2 大 0.05 MPa，稳压器内的过滤器的作用主要是防止指挥器气流孔阻塞，避免操作故障。

在平衡状态时，主调压器弹簧 14 和出口压力 p_2 与调节压力 p_3 平衡，因此 $p_3 > p_2$，指挥器内由阀 3 流进的流量与阀口流出的流量相等。

当用气量减小，p_2 增加时，指挥器阀室 10 内的压力 p_2 增加，破坏了和指挥器弹簧的平衡，使指挥器薄膜 6 带动阀柱 7 上升。借助杠杆 5 的作用，阀 4 开大，阀 3 关小，使阀 3 流进的流量小于阀 4 和标准孔 11 流出的流量，使 p_3 降低，主调压器膜上、膜下压力失去平衡。主调压器阀向下移动，关小阀门，导致通过调压器的流量减小，因此使 p_2 下降。如果 p_2 增加较快时，指挥器薄膜上升速度也较快，使排气阀 12 打开，加快 p_3 速度的降低，主调压器阀尽快关小甚至完全关闭。当用气量增加，p_2 降低时，其各部分的动作相反。

轴流式调压器的优点为燃气通过阀门时阻力损失小，在进出口压力较低的情况下通过较大的流量。所以该调压器可用于大流量、压力变化范围大的场合。

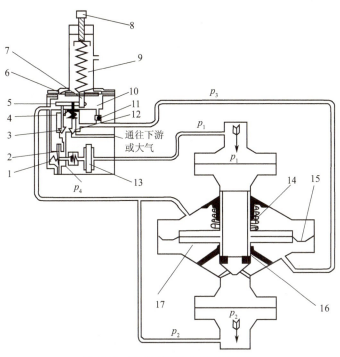

图 3-24 轴流式间接作用式调压器

1—弹簧；2—皮膜；3、4—指挥器阀；5—阀杆；6—指挥器薄膜；7—阀柱；8—调节螺丝；9—指挥器弹簧；10—指挥器阀室；11—校准孔；12—排气阀；13—带过滤器的稳压器；14—主调压器弹簧；15—主调压器薄膜；16—主调压器阀；17—主调压器阀室

六、安全装置

调压器是调压站中的重要设备，为保证调压器的正常运行设置了安全装置。安全装置是用来保证调压站下游用气设备在规定的压力范围内安全、可靠运行的辅助装置。调压站的安全装置包括安全切断装置、安全放散装置、监控器装置、调压器的并联装置和燃气报警装置等。

1. 安全切断装置

安全切断装置即安全切断阀，设置在调压器上游管线上。调压器正常工作时，安全切断阀常开。当调压器下游管线压力升高至设定值时，安全切断阀立即关闭，截断气流，从而有效地避免下游用户的超压。

目前，有些安全切断阀还同时带有超低压保护的功能，即在管道断裂或脱落时，由于燃气大量泄漏，造成管线突然失压，安全切断阀立即做出反应，切断气源，保障调压站的安全。安全切断阀一旦关闭后，一般需采取人工复位，不能自动打开。

2. 安全放散装置

安全放散装置即安全放散阀，设置在调压站的出口管线上。当调压器正常工作时，安全放散阀处于关闭状态。当调压器出现故障，造成出口压力升高至安全放散阀的设定压力时，安全放散阀自动开启将燃气排入大气，使出口压力恢复到规定的允许范围内，以达到降低管线压力的目的。

安全放散阀有压力过高时保护网路不间断供气的优点。主要缺点是当系统容量很大时，可能排出大量燃气，因此，通常不安装在建筑物集中的地方。安全放散阀连接有放散管，放散管管口应高出调压站屋檐 1.5 m 以上。

3. 监视器装置

监视器装置是由两个调压器串联连接的装置，如图 3-25 所示。备用调压器 2 的给定出口压力略高于正常工作调压器 3 的出口压力，因此正常工作时备用调压器的调节阀是全开的。当正常工作调压器 3 失灵，出口压力上升到备用调压器 2 的给定出口压力时，备用调压器 2 投入运行。备用调压器也可以放在正常工作调压器之后，备用调压器的出口压力不得小于正常工作调压器。

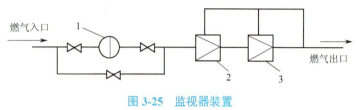

图 3-25　监视器装置

1—过滤器；2—备用调压器；3—正常工作调压器

4. 调压器的并联装置

调压器的并联装置如图 3-26 所示，此种系统运行时，一个调压器正常工作，另一个备用。当正常工作的调压器出故障时，备用调压器自动启动，开始工作。其原理如下：正常工作调压器的给定出口压力略高于备用调压器的给定出口压力，所以正常工作时，备用调压器呈关闭状态。当正常工作的调压器发生故障，使出口压力增加到允许范围时，其线路上的安全阀关闭，致使出口压力降低，当下降到备用调压器的给定出口压力时，备用调压器自行启动正常工作。备用线路上的安全切断阀的动作压力应略高于正常工作线路上安全切断阀的动作压力。

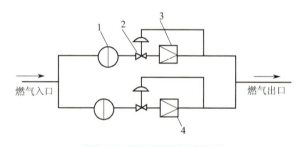

图 3-26　调压器的并联装置

1—过滤器；2—安全切断阀；3—正常工作的调压器；4—备用调压器

5. 燃气报警装置

调压站内可设置燃气报警装置，并与事故排风机连锁，一旦泄漏浓度达到爆炸下限的 20%，报警装置自动报警并启动风机排风。

调压站内通常将以上部分安全装置组合在一起形成安全保护系统，常用的组合有监控器装置和安全放散阀装置组合，安全切断阀装置和安全放散阀装置组合等。

七、补偿器

架空燃气管道由于燃气及周围环境温度变化引起管道长度的变化，会产生巨大的应力，往往导致管道损坏，故需设补偿器。补偿器作为消除因管段膨胀对管道所产生的应力的设备，常用于架空管道和需要进行蒸气吹扫的管道上。此外,补偿器安装在阀门的下侧(沿气流方向),利用其伸缩性能,方便阀门的拆卸和检修。

常用补偿器有波形补偿器及填料式补偿器。波形补偿器用不锈钢压制,依靠补偿器弹性达到补偿。填料式补偿器有套筒式及承插式两种,它依靠管接口的滑动进行补偿。接口填料通常采用石棉盘根、黄油嵌实密封,一般用于过桥管补偿用。

在埋地燃气管道上,多用钢制波形补偿器(如图3-27所示),其补偿量约为10 mm。为防止其中存水腐蚀管道,由套管的注入孔灌入石油沥青,安装时注入孔应在下方。补偿器的安装长度应是螺杆不受力时的补偿器的实际长度,否则不但不能发挥其补偿作用,反而使管道或管件受到不应有的应力。另外,还有一种橡胶-卡普隆补偿器(如图3-28所示),它是带法兰的螺旋皱纹软管,软管是用卡普隆布作为夹层的胶管,外层则用粗卡普隆绳加强。其补偿能力在拉伸时为150 mm,压缩时为100 mm。这种补偿的优点是纵横方向均可变形,多用于通过山区、坑道和多地震区的中低压燃气管道上。

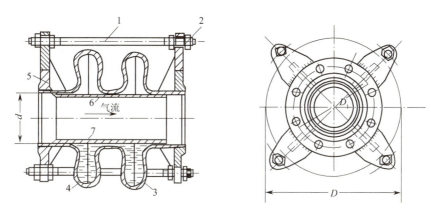

图3-27　波形补偿器

1—螺杆;2—螺母;3—波节;4—石油沥青;5—法兰盘;6—套管;7—注入孔

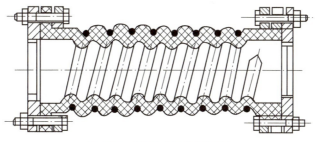

图3-28　橡胶-卡普隆补偿器

八、燃气流量计

燃气在生产、输送、分配和使用过程中,需要对燃气的流量进行计量。

燃气流量计就是用来指示燃气的瞬时流量和显示燃气积算流量的一种计量仪表。适合于测量燃气流量的各种流量计量仪表或器具均可统称为燃气流量计。燃气一般包括液体(液态液化石油气、液态天然气等)和气体(气态液化石油气、气态天然气、人工煤气等)两种状态。燃气流量通常是指单位时间内通过燃气输送管道有效断面的燃气体积(对气体而言)或燃气质量(对液体而言),以气体体积度量时称为体积流量,其单位为 m^3/h 或 m^3/s,以质量度量时称为质量流量,其单位为 kg/h 或 kg/s,二者均称为瞬时流量。燃气流量的实际计量中,通常用某一段时间间隔内通过燃气输送管道的一个断面的燃气总量来表示,即燃气的体积总量(单位为 m^3)或质量总量(单位为 kg)来进行计量,二者可统称为累积流量,又称为积算流量。

1）差压式流量计

差压式燃气流量计又称节流式燃气流量计，由节流装置和差压计两部分组成。根据节流件的型式，又分为孔板式燃气流量计和喷嘴式燃气流量计。

差压式燃气流量计的结构简单，既适用于气态燃气，又适用于液态燃气。孔板和喷嘴已经标准化，只要严格遵照技术要求加工和安装，就可以根据计算结果制造和使用，不必单独检定。若采用非标准孔板和非标准喷嘴，则应单独检定后方可使用。差压式燃气流量计的主要缺点是测量范围窄，一般量程比为3∶1，安装要求严格，压力损失较大，燃气中的焦油和萘等易冷凝的杂质附着于节流件上时对测量精确度影响大，此外，差压计上的流量指示刻度为非线性，直观性差。

2）膜式流量计

燃气表因工作原理不同种类很多，在民用燃气表中，容积式燃气表用得较普遍。其中膜式燃气流量计也叫皮囊式表，是应用最多的一种家用燃气表。膜式燃气流量计属容积式干式燃气表的一种。

（1）膜式燃气表的结构：膜式燃气表主要由壳体、计数器、囊室、滑阀和分配室组成。

（2）膜式燃气表的工作原理（见图3-29）：燃气由进气口进入表内，从分配室上部的阀口进入容积恒定的膜盒，并推动膜片运动。阀盖与膜片协调运动，控制各膜盒依次充气与排气，膜片往复移动带动连杆机构及计数器装置，将充排气次数转换成计量容积，再由计数器指示出来。

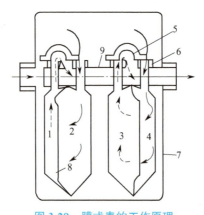

图3-29 膜式表的工作原理

1、2、3、4—计量室；5—滑阀盖；6—滑阀座；7—外壳；8—薄膜；9—分配室

（3）膜式燃气表的类型：按使用燃气种类的不同，燃气表可以分为4类：人工煤气、天然气、液化石油气燃气表及适用上述三种燃气的通用表。

3）涡轮流量计

涡轮流量计是一种速度式仪表，它具有精度高、重复性好、结构简单、运动部件少、耐高压、测量范围宽、体积小、质量小、压力损失小、维修方便等优点，用于封闭管道中测量低黏度气体的体积流量和总量。缺点是对流体清洁度要求高，易受流体物性影响，还受来流速度分布影响和流动脉动影响，有活动件，轴承磨损使特性偏移。涡轮流量计的结构如图3-30所示。

涡轮流量计的计量原理：计量时，气流通过进口端的整流装置后，作用在轴向安装的涡轮上，涡轮的转数和气体的流速成正比，通过涡轮蜗杆及磁耦合机构将涡轮的转动传送至表头计数器。流量计机械表头显示工况压力和温度条件下的累计体积流量。

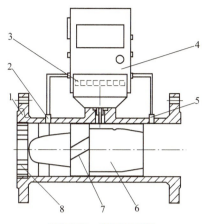

图 3-30　涡轮流量计

1—表体；2—压力传感器；3—计数器；4—体积修正仪；5—温度传感器；6—机芯；7—涡轮；8—整流装置

4）腰轮流量计

罗茨腰轮流量计简称腰轮流量计，是主要用于对管道中的液体流量进行连续或间歇测量的高精度计量仪表。它具有精度高、可靠性好、质量小、寿命长、运行噪声低、安装使用方便等特点。腰轮流量计如图3-31所示。

工作原理：被测气体进入仪表进气口后，会在仪表腔内形成压力差，从而使叶轮转动，而定时齿轮会与叶轮同步反向转动。叶轮每旋转一周就会有固定体积流量从出口排出。这样，通过精密的齿轮传动，就可以将叶轮的旋转转换成固定体积的气体流过。齿轮的转动经磁耦合器传递给计数器，所以计数器就可以计量流过的气体体积。

5）旋涡流量计

旋涡流量计包括涡街式（图3-32）和旋进（旋涡进动）式，属于流体振动型流量计。其特点是无活动件。涡街式压损小。适用于中小管径，涡街式口径范围为15~300 mm，旋进式为15~400 mm，常用40~300 mm。旋涡流量计准确度高（涡街式为 ±1%R，旋进式为 ±0.5%R）；范围度宽（小口径除外，涡街式为10：1~15：1，旋进式10：1~25：1）。涡街式的缺点是敏感于管道等机械振动，对来流流速分布要求较高，需较长前置直管段（15~25D），与之相比旋进式则要求较短（3D）。旋进式的缺点是压力损失较大，以 DN100 为例，常压空气流量为 1 000 m³/h 时，压力损失为 4 kPa。

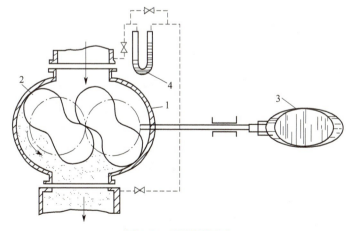

图 3-31　腰轮流量计

1—外壳；2—转子；3—计数机构；4—压差计

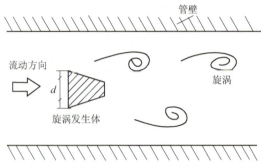

图 3-32　涡街原理图

6）超声波流量计

气体超声波流量计是 20 世纪 90 年代后期才成熟起来的一种新型流量计，它具有无可动部件、无阻力件、无压损、量程比宽、准确度高、全自动化、可测量双向流、含液流等特点。超声波流量计是一种非接触式测量仪表，可用来测量不易接触、不易观察的流体流量和大管径流量，它不会改变流体的流动状态，不会产生压力损失，且便于安装；可以测量强腐蚀性介质和非导电介质的流量；超声波流量计的测量范围大，可测管径范围为 20 mm~5 m，不受被测流体的温度、压力、黏度及密度等热物性参数的影响；可以做成捆绑式、管道式和便携式三种形式。

超声波流量计的测量原理：超声波流量计常用的测量方法为传播速度差法、多普勒法等。传播速度差法又包括直接时差法、相差法和频差法。其基本原理都是测量超声波脉冲顺水流和逆水流时的速度之差来反映流体的流速，从而测出流量。多普勒法的基本原理则是应用声波中的多普勒效应测得顺水流和逆水流的频差来反映流体的流速从而得出流量。

九、过滤器

滤芯式过滤器（图 3-33）主要由筒体、滤芯、排污口、顶盖及紧固件等组成。将其安装在管道上能除去流体中的杂质，使设备、仪表能正常工作和运转，达到稳定工艺过程、保障安全生产的作用。

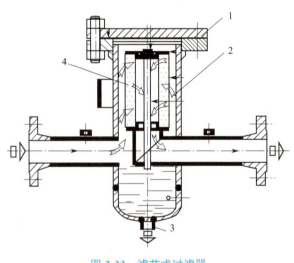

图 3-33　滤芯式过滤器
1—顶盖；2—筒体；3—排污口；4—滤芯

滤芯式过滤器工作原理：当液体通过筒体经过滤芯后，固体杂质颗粒被阻挡在滤芯内，而洁净的流体通过滤芯，由过滤器出口排出。当需要清洗时，旋开主管底部排污口，排净流体，拆卸顶盖，清洗后重新装入即可。因此，使用维护极为方便。

任务七　燃气用户及其用气工况

一、供气对象及供气原则

1. 供气对象

按照用户的特点，城镇燃气供气对象一般分为以下几类。

（1）居民用户：以燃气为燃料进行炊事和制备热水的家庭燃气用户。居民用户是城镇供气的基本对象，也是必须保证连续稳定供气的用户。

（2）商业用户：于商业或公共建筑制备热水或炊事的燃气用户。商业用户包括餐饮业、幼儿园、医院、宾馆酒店、洗浴、洗衣房、超市、机关、学校和科研机构等，对于学校和科研机构，燃气还用于实验室。

（3）工业用户：以燃气为燃料从事工业生产的用户。工业用户用气主要用于各种生产工艺。

（4）采暖、制冷用户：以燃气为燃料进行采暖、制冷的用户。

（5）燃气汽车及船舶用户：以燃气作为汽车、船舶动力燃料的用户。

（6）燃气电站及分布式能源用户：以燃气作为燃料的电站或分布式冷热电联产用户。

2. 供气原则

燃气是一种优质的燃料，应力求经济合理地充分发挥其使用效能。供气原则是一项与很多重大设计原则有关联的复杂问题，不仅涉及国家的能源政策，而且与当地的具体情况密切相关。在天然气的利用方面，应综合考虑资源分配、社会效益、环保效益和经济效益等各方面因素。我国根据不同用户的用气特点，将天然气的利用分为优先类、允许类、限制类和禁止类，优先发展居民用户、商业用户、汽车用户和分布式冷热电联产用户的用气。

（1）民用用气供气原则：优先满足城镇居民生活用气，尽量满足公共建筑用气，人工煤气一般不供应采暖锅炉用气，天然气充足时，可发展燃气供暖和空调。

（2）工业用气供气原则：应优先供应在工艺上使用燃气后可使产品产量及质量有很大提高的企业，使用燃气后能显著减轻污染的企业，作为缓冲用户的工业企业。

（3）处理好工业与民用供气的比例，以平衡城市燃气使用的不均匀性。

工业和民用用气的比例受城镇发展、资源分配、环境保护和市场经济等诸多因素影响。一般应优先发展民用用气，同时发展工业用气，两者要兼顾。这样有利于平衡燃气使用的不均匀性，减少储气容积，减小高峰负荷，有利于节假日的调度平衡，等等。另外，从提高能源效率、改善大气环境和发展低碳经济方面考虑，天然气占城镇能源的比例将大幅提高，从而带动工业用气的发展。发达国家工业用气比例普遍达到70%左右，民用用气占30%左右。

二、居民用户燃气供应系统

1. 一般建筑燃气供应系统

居民用户一般建筑燃气供应系统由用户引入管、水平干管、立管、用户支管、燃气计量表、用具连接管和燃气用具等组成,如图 3-34 所示。

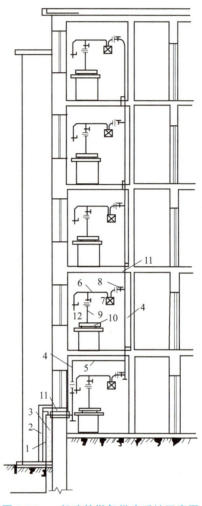

图 3-34 一般建筑燃气供应系统示意图

1—用户引入管;2—砖台;3—保温层;4—立管;5—水平干管;6—用户支管;7—燃气计量表;8—表前阀门;9—燃气灶具连接管;10—燃气灶;11—套管;12—燃气热水器接头

(1)引入管:用户引入管与城镇或庭院低压分配管道连接,在分支管处设阀门。输送湿燃气的引入管一般由地下室引入,当采取防冻措施时也可由地上引入,在非采暖地区或采用管径不大于 75 mm 的管道输送燃气时,可由地上直接引入;湿燃气引入管应有不小于 0.003 的坡度,坡向城镇燃气分配管道;引入管穿过承重墙、基础或管沟时应设在套管内,并考虑沉降的影响,必要时采取补偿措施。

(2)水平干管:引入管上既可连一根燃气立管,也可连若干根立管,后者应设置水平干管。水平干管可沿楼梯间或辅助房间的墙壁敷设,坡向引入管,坡度应不小于 0.003。

(3)燃气立管:立管一般应敷设在厨房或靠近厨房的阳台、走廊内。立管下端应设堵丝,其直径不小于 25 mm,立管通过各层楼板处应设套管,套管高出地面至少 50 mm。

(4)用户支管:由立管引出的用户支管,在厨房内其高度不低于 1.7 m。敷设坡度不小于 0.002,并由燃气计量表分别坡向立管和燃具,穿墙也应安装在套管内。

2. 高层建筑燃气供应系统

对于高层建筑的室内燃气管道系统还应考虑三个特殊的问题。

(1)补偿高层建筑的沉降:易在引入管处造成破坏。可在引入管处安装伸缩补偿接头以消除建筑物沉降的影响。

(2)克服高程差引起的附加压头的影响。

(3)补偿温差产生的变形:高层建筑燃气立管的管道长、自重大,需在立管底部设置支墩,为了补偿由于温差产生的胀缩变形,需将管道两端固定,并在中间安装吸收变形的挠性管或波纹管补偿装置,如图3-35所示。

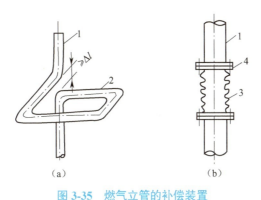

图3-35 燃气立管的补偿装置
(a)挠性管 (b)波纹管
1—燃气立管;2—挠性管;3—波纹管;4—法兰

3. 超高层建筑燃气供应系统

超高层建筑燃气供应系统的特殊处理如下。

(1)为防止建筑物沉降、地震、大风等破坏管道,除立管上安装补偿器外,还应对水平管进行有效的固定,必要时设补偿器。

(2)建筑物中的燃具和调压装置,应采用粘接方法或夹具固定,防止地震时产生移动,导致连接管道脱落。

(3)采用焊接连接的管道应进行100%超声波探伤和100% X射线检查,达到Ⅱ级片要求。

(4)用户引入管上设置切断阀,在建筑物外墙上设置燃气紧急切断阀,燃气用具处设燃气泄漏报警器和燃气自动切断装置(联动装置),保证在发生事故等特殊情况时随时关断燃气。

三、燃气用户的用气工况

城镇各类用户的用气情况是不均匀的,是随月、日、时而变化的,这是城镇燃气供应的一个特点。

用气不均匀性可以分为三种,即月不均匀性(或季节不均匀性)、日不均匀性和时不均匀性。

城镇燃气用气工况与各类用户的需用工况及这些用户在总用气量中所占的比例有关。各类用户的用气不均匀性取决于很多因素,如气候条件、居民生活水平及生活习惯,机关的作息制度和工业企业的工作班次,建筑物和车间内设置用气设备的情况等,这些因素对不均匀性的影响从理论上是推算不出来的,只有大量地积累资料,并加以科学地整理才能取得需用工况的可靠数据。

1. 月用气工况

影响居民生活及商业用户用气月不均匀性的主要因素是气候条件。气温降低则用气量增大,因为冬季水温低,故用气量较多;又因为在冬季,人们习惯吃热食,制备食品需用的燃气量增多,需用的热水也较多。反之,在夏季用气量将会降低。

商业用户用气的月不均匀规律及影响因素与各类用户的性质有关,但与居民生活用气的不均匀情况基本相似。

工业企业用气的月不均匀规律主要取决于生产工艺的性质。连续生产的大工业企业以及工业炉用气比较均匀。夏季由于室外气温及水温较高,这类用户的用气量也会适当降低。

一年中各月的用气不均匀情况用月不均匀系数表示。根据字面上的意义,其应该是各月的用气量与全年平均月用气量的比值,但这并不确切,因为每个月的天数是在 28~31 d 的范围内变化的。因此月不均匀系数 K_m 可按式(3-19)计算:

$$K_m = \frac{该月平均日用气量}{全年平均日用气量} \tag{3-19}$$

12 个月中平均日用气量最大的月,即月不均匀系数值最大的月,称为计算月。并将最大月不均匀系数 $K_{m,max}$ 称为月高峰系数。

2. 日用气工况

一个月或一周中日用气的波动主要由居民生活习惯、工业企业的工作和休息制度及室外气温变化等因素决定。

居民生活习惯对于各周(除了包含节日的一些周)的影响几乎是一样的;工业企业的工作和休息制度也比较有规律;室外气温变化没有一定的规律性,一般来说,一周中气温低的日子,用气量就大。

居民生活和商业用户用气工况主要取决于居民生活习惯。平日和节假日用气的规律各不相同。

根据实测的资料,我国一些城市在一周中从星期一至星期五用气量变化较少,而星期六、星期日用气量有所增长。节日前和节假日用气量较大。

工业企业用气的日不均匀系数在平日波动较小而在轮休日及节假日波动较大。

供暖期间,供暖用气的日不均匀系数变化不大。

用日不均匀系数表示一个月(或一周)中日用气量的变化情况。日不均匀系数 K_d 可按式(3-20)计算:

$$K_d = \frac{该月中某日用气量}{该月平均日用气量} \tag{3-20}$$

3. 小时用气工况

城镇燃气管网系统的管径及设备,均按计算月最大小时流量计算。只有掌握了可靠的小时用气波动的数据,才能确定最大小时流量。一日之中小时用气工况的变化对燃气管网的运行,以及计算平衡时不均匀性所需的储气容积都很重要。

城镇中各类用户的小时用气工况均不相同,居民生活和商业用户的用气不均匀性最为显著。对于供暖用户,若为连续供暖,则小时用气波动小,一般晚间稍高;若为间歇供暖,波动较大。

居民用户小时用气工况与居民生活习惯、住宅的气化数量以及居民职业类别等因素有关。每日有早、午、晚三个用气高峰。早高峰最低;由于生活习惯和工作休息制度不同,有的城镇晚高峰低于午高峰,另一些城镇晚高峰则会高于午高峰。

星期六、星期日小时用气的波动与一周中其他各日又不相同,一般仅有午、晚两个高峰。

我国某城镇居民生活和商业用户及工业企业小时用气的波动情况见表 3-16。

表 3-16　小时用气量占日用气量的百分数

单位:%

时间	居民生活和商业用户	工业企业	时间	居民生活和商业用户	工业企业	时间	居民生活和商业用户	工业企业
6:00—7:00	4.87	4.88	14:00—15:00	2.27	5.53	22:00—23:00	1.27	2.39
7:00—8:00	5.20	4.81	15:00—16:00	4.05	5.24	23:00—24:00	0.98	2.75
8:00—9:00	5.17	5.46	16:00—17:00	7.10	5.45	24:00—1:00	1.35	1.97
9:00—10:00	6.55	4.82	17:00—18:00	9.59	5.55	1:00—2:00	1.30	2.68
10:00—11:00	11.27	3.87	18:00—19:00	6.10	4.87	2:00—3:00	1.65	2.23
11:00—12:00	10.42	4.85	19:00—20:00	3.42	4.48	3:00—4:00	0.99	2.96
12:00—13:00	4.09	3.03	20:00—21:00	2.13	4.34	4:00—5:00	1.63	3.22
13:00—14:00	2.77	5.27	21:00—22:00	1.48	4.84	5:00—6:00	4.35	2.51

通常用小时不均匀系数表示一日中小时用气量的变化情况,小时不均匀系数 K_h 可按式(3-21)计算:

$$K_h = \frac{该日某小时用气量}{该日平均小时用气量} \tag{3-21}$$

四、燃气输配系统的供需平衡

城镇燃气的需用工况是不均匀的,随月、日、时而变化,但一般燃气气源的供应量是均匀的,不可能完全随需用工况而变化。为了解决均匀供气与不均匀用气之间的矛盾,不间断地向用户供应燃气,保证各类燃气用户有足够流量和正常压力的燃气,必须采取合适的方法使燃气输配系统实现供需平衡。

在调节燃气供需平衡时,应根据我国政策、实际实施的可能性及经济性考虑。通常是由上游供气方解决季节性供需平衡,下游用气城镇解决日供需平衡,现分别叙述如下。

1. 季节性供需平衡方法

1)地下储气

地下储气库储气量大,造价和运行费用省,可用来平衡季节不均匀用气。但不应该用来平衡日不均匀用气及小时不均匀用气,地下储气库频繁地储气和采气会使储气库的投资和运行费用增加,经济可行性差。

2)液态储存

天然气的主要成分甲烷在常压下-162 ℃时即可液化。将液化天然气储存在绝热良好的低温储罐或冻穴储气库中,在用气高峰时气化后供出。液化天然气气化方便,负荷调节范围广,适于调节各种不均匀用气。但对于季节调峰量大的城镇和地区,液态存储没有建地下储气库经济,因此多用在不具备建设地下储气库地质条件的地区。

2. 日供需平衡方法

1)管道储气

高压燃气管束储气及长输干管末端储气,是平衡日不均匀用气和小时不均匀用气的有效办法。高压管束储气是将一组或几组钢管埋在地下,对管内燃气加压,利用燃气的可压缩性进行储气。以高压的天然气作为气源,充分利用天然气的压力能,采用长输干管储气或城镇外环高压管道储气是最经济的一种方法,也是国内外最常用的一种方法。

2）储气罐储气

储气罐只能用来平衡日不均匀用气及小时不均匀用气。储气罐储气与其他储气方式相比,投资及运营费用都较大。

此外,可用调整大型工业企业用户厂休日和作息时间的方法,平衡部分日不均匀用气。

当以压缩天然气、液化天然气作为城镇主气源时,可不必另外考虑日和小时的调峰手段,而通过改变开启压缩天然气阀门或液化天然气气化装置数量的方式实现供需平衡。

任务八　燃气燃烧与应用

一、燃烧

燃气是各种气体燃料的总称,它能燃烧并放出热量,供城市居民和工业企业使用。燃气通常是由气体混合而成的,其组分主要是可燃气体,同时也含有一些不可燃气体。可燃气体有碳氢化合物、氢气及一氧化碳。不可燃气体有氮气、二氧化碳及氧气。此外,一般的燃气中还含有少量或者是微量的混杂气体及其他杂质,例如水蒸气、氨气、硫化氢、萘、焦油和灰尘等。

燃烧是燃气中的可燃成分(H_2、CO、C_mH_n 和 H_2S 等)在一定条件下与氧气发生激烈的氧化作用,并产生大量的热和光的物理化学反应过程。

燃烧必须具备的条件如下。

(1)燃气中的可燃成分和(空气中的)氧气需按一定混合比例呈分子状态混合。

(2)参与反应的分子在碰撞时必须具有破坏旧分子和生成新分子所需要的初始能量(通常是外加的点火能量)。

(3)具有完成燃烧反应所必需的时间。

每一种可燃气体与空气的混合物受热达到其燃点时,即使没有明火也会燃烧。要使燃烧过程正常,可燃气体与空气应有一定的比例关系。

最常见的几种燃气中的可燃气体的燃烧反应计量方程式如下。

(1)氢气:$H_2 + 0.5O_2 = H_2O + \Delta H$　(12 753//10 794 kJ/m³)

(2)一氧化碳:$CO + 0.5O_2 = CO_2 + \Delta H$　(12 644 kJ/m³)

(3)甲烷:$CH_4 + 2O_2 = CO_2 + 2H_2O + \Delta H$　(39 842//35 906 kJ/m³)

(4)丙烷:$C_3H_8 + 5O_2 = 3CO_2 + 4H_2O + \Delta H$　(101 270//93 244 kJ/m³)

(5)丁烷:$C_4H_{10} + 6.5O_2 = 4CO_2 + 5H_2O + \Delta H$　(133 885//123 649 kJ/m³)

(6)硫化氢:$H_2S + 1.5O_2 = SO_2 + H_2O + \Delta H$　(25 364//23 383 kJ/m³)

碳氢化合物燃烧反应通式:任何一种形式的碳氢化合物(C_mH_n)的燃烧反应式都可表示为

$$C_mH_n + \left(m + \frac{n}{4}\right)O_2 + 3.76\left(m + \frac{n}{4}\right)N_2 = mCO_2 + 3.76\left(m + \frac{n}{4}\right)N_2 + \frac{n}{2}H_2O + \Delta H$$

在氧气充分的情况下,燃烧速度也取决于可燃物的燃烧面积与其整体的比例,即燃烧面积增大,燃烧速度也相应增加。

二、燃气的燃烧方式

燃气燃烧时所需的氧气是从空气中得来的,要保证燃气的正常燃烧,就必须供给一定量的空气。燃烧方式取决于燃气与空气的混合方式。通常有以下三种燃烧方式。

1. 扩散式燃烧

扩散式燃烧方式在燃烧前天然气与空气不相混合,当燃气流出火孔后靠分子扩散作用与周围空气混合进行燃烧,也可说燃气与空气是边混合边燃烧的。混合得越快、越均匀,燃烧进行得就越快、越好。这种以扩散混合方式所得的火焰称为扩散火焰,其特点是火焰长,不回火,燃烧稳定,但火焰温度比较低,容易发生不完全燃烧。

1)扩散式燃烧机理

燃气与空气燃烧前不预先混合的燃烧称为扩散燃烧。燃烧过程处于扩散区域内。由于燃气与空气的混合过程要比燃烧反应过程慢得多,所以燃烧速度与燃烧完全程度主要取决于燃气与空气的混合速度和混合的完全程度。而燃气与空气的混合是靠燃气与空气之间的扩散作用来实现的。扩散式燃烧的速度主要取决于燃气的扩散速度。扩散有两种形式:在层流状态下,燃气分子与空气分子之间的扩散为层流扩散;在紊流状态下,燃气分子团与空气分子团之间的扩散为紊流扩散。

2)扩散燃烧火焰的稳定性

燃烧的稳定性是指燃烧过程不发生脱火和回火现象。火焰缩入火孔内部的燃烧现象称为回火。火焰离开火孔,最后完全熄灭的现象称为脱火。

扩散式燃烧由于没有预先混入空气,所以不会发生回火现象,这就是扩散燃烧的最大优点,它只能产生脱火。当火孔出流速度超过某一个极限值时,由于周围的空气供应不足,或由于燃气被过多的空气冲淡,火焰便丧失其稳定性,离开火孔,发生间断,最终完全熄灭。

目前,紊流扩散燃烧是工业上应用最为广泛的燃烧方法之一,常采用一些人工稳焰方法使扩散火焰稳定。

2. 部分预混式燃烧

部分预混式燃烧又称为大气式燃烧。这种燃烧方式是在燃烧之前,预先将天然气与燃烧所需空气的一部分(称为一次空气)相混合,而另一部分空气(称为二次空气)则是在燃烧时靠扩散作用获得的。由于存在一次空气和二次空气,故燃烧火焰出现了明显的内锥和外锥。这种火焰称为大气式火焰,也叫预混火焰。由于这种预混方式是德国人本生发明的,亦称本生火焰。这种火焰的特点是内锥蓝色带绿,外锥蓝色带紫,内、外锥轮廓清晰。火焰温度比较高,燃烧比较完全,便于调节。目前,家用燃气炊事灶具都采用这种燃烧方式,灶具上的风门就是为进入一次空气而设置的。

1)部分预混式燃烧机理

部分预混火焰主要由内锥体和外锥体组成。内锥为蓝色的锥体,是稳定的燃烧焰面,属于预混燃烧;而外锥进行的是扩散燃烧。部分预混式燃烧与扩散式燃烧相比,由于预先混入一部分燃烧所需的空气,火焰变得清洁,燃烧得以强化,火焰温度高,火焰短、呈蓝色,刚度强,燃烧较为完全。它是目前民用燃气用具中广泛采用的燃烧方式。

燃烧学家——本生发明的部分预混式燃烧技术是对工业加热技术和燃气燃烧技术做出的重要贡献。其燃烧方法的本质是一次空气系数 α_1 大于 0 且小于 1.0,即 $0<\alpha_1<1.0$。这是本生对燃烧技术的一个重要贡献,使得燃气的燃烧得到极大的加速和强化。

2)部分预混式燃烧火焰的稳定性

所谓火焰稳定,主要是指燃气燃烧过程中,既不回火,也不离焰、脱火。对于民用燃气灶具和燃气热水炉具等大气式燃烧器具,还应包括不出现黄焰现象。

3. 完全预混燃烧

随着工业的高速发展和燃气在工业上的广泛应用,对燃气的燃烧提出了更高的要求。首先是要求燃烧的热强度高;其次是要在热量损失最小的条件下将燃气的化学能完全转变为热能,并获得较高的燃烧温度。这就要求燃烧过程未完全燃烧或过剩空气量均应最小。这些要求是扩散式燃烧和部分预混式燃烧所无法满足的,因此出现了完全预混式燃烧。

完全预混式燃烧,习惯上又称为无焰燃烧。它是在部分预混式燃烧的基础上发展起来的一种燃烧技术。虽然它出现得较晚,但因为在技术上比较合理,所以很快得到了广泛应用。

完全预混式燃烧是在燃烧之前,预先将燃气和燃烧所需的空气完全混合。这种燃烧所需的时间即为氧化反应所需的时间,因此燃烧速度非常快,燃烧温度高,热强度大,几乎看不到火焰,故称无焰燃烧。

1)完全预混燃式烧机理

燃气与燃烧所需的全部空气预先完全、均匀地混合,即一次空气系数 $\alpha_1 \geqslant 1.0$,燃烧过程处于动力区域内。

燃气-空气混合物从燃烧器的喷头喷出,进入耐热火道内燃烧,高温的燃烧产物将火道壁面烧得赤热。然而混合物进入火道时,由于气流逐渐扩大,在转角处形成了旋涡区,使得高温的燃烧产物在旋涡区循环,这样赤热的火道壁和高温的循环燃烧产物就成为继续燃烧的稳定的高温点火源。它提高了火焰传播速度,使得进入火道的燃气与空气的混合物立即燃烧,这时只见到炽热的火道壁,几乎见不到火焰,所以称为无焰燃烧。此外由于扩张的耐热火道保证了焰面的扩展,提高了火道内的燃烧温度,对燃气的燃尽起到了促进作用。

进行无焰式燃烧的条件是:①燃气和空气在着火前预先按化学计量比($\alpha_1 \geqslant 1.0$)混合均匀;②设置专门的燃烧火道,使燃烧区内保持稳定的高温。在这样的条件下,燃气-空气混合物到达燃烧区后能在瞬间燃烧完毕。

2)完全预混式燃烧火焰的稳定性

采用无焰燃烧,由于 $\alpha_1 \geqslant 1.0$,因此燃气燃烧的稳定范围减小了,而燃烧的完全程度却提高了。这样,无焰燃烧主要应解决回火和脱火这两个问题。

I. 回火及防止措施

发生回火现象时,燃气和空气的混合物将要在混合装置内燃烧。一方面会烧坏混合装置;另一方面,由于燃烧的气体在混合装置内膨胀,会破坏燃烧器的正常燃烧工况。因此,必须防止回火的发生。进行无焰燃烧时,最容易发生回火现象。发生回火的主要原因如下。

①当气流的速度场分布不均匀时,如果断面的最小流速小于火焰的传播速度,则会发生回火。例如,混合物进入火道之前发生急剧转向,在其内侧可能出现逆向旋涡而导致回火。

②混合管内的局部地方积存污垢时,也会导致回火。

③喷头断面设计不合理,没有根据最小热负荷设计,一旦在最小热负荷下工作就会回火。

④如果气流在混合管内流动时,发生了振动,而燃气在燃烧室内燃烧也产生了振动,一旦二者频率相同,就会出现共振现象,从而导致回火。

防止回火应采取的措施主要如下。

①保证混合物在火道入口处的速度场均匀分布,为此将喷头制作成收缩型,且加工光滑。

②燃烧含有杂质的燃气时,应设有清除污垢的装置。

③冷却燃烧器头部,减小该处的火焰传播速度。

④喷头根据最小热负荷及正确选取出口速度来设计。

II. 脱火及防止措施

工业上提高燃烧强度的主要方法之一,就是增加燃气和空气混合物离开燃烧器喷头的速度,随之就易于产生脱火。为了防止脱火,通常采用一些非流线型的火焰稳定器(即钝体稳焰器)。其工作原理是:在气流中引入某种钝体障碍物后,能阻止气流流动,造成局部的低流速区域和旋涡区域,使其燃烧重新稳定下来。

三、民用燃气具的认识与应用

民用燃气用具是指一般家庭及公用事业生活中所使用的燃气用具。目前,供使用的生活燃气用具已达百余种,主要可将分为燃气炊事器具和非炊事器具两大类。

生活用燃气炊事器具指的是专门制备主食和副食的燃气用具,大致可划分为民用灶具与公共建筑用灶具两类。

1. 民用灶具

民用灶具也称为家用燃气灶具。其结构形式很多,主要有单眼灶、双眼灶、烤箱灶和带有烤箱的多眼灶。

(1)单眼灶:只有一个燃烧器火头的灶具。热负荷大于 2.9 kW。

(2)双眼灶:具有两个燃烧器火头的灶具。该种灶具应用最为广泛。

(3)烤箱灶:上部是灶具,下部是烤箱的燃气炊事用具。

2. 公共建筑用灶具

公共建筑用灶具是指公共食堂、饭店、旅店等公用事业所用的燃气灶具。常用的有大锅灶、炒菜灶、烤炉和带有烤板的多眼灶等。

(1)大锅灶:有固定式与灶台式两种。热负荷很大(Q =10~100 kW)。

(2)炒菜灶:要求火焰温度高,火力强,火力集中。热负荷不是很大(Q =4~20 kW)。

(3)蒸饭灶:有水管式与烟管式两种。热负荷比较大(Q =10~50 kW)。

(4)蒸锅-炒菜灶:与大锅灶相当。既可蒸煮,也可爆炒。热负荷比较大(Q =5~50 kW)。

(5)联合灶:具有炒、蒸、烘、烤等各种用途的燃烧器具。该燃气用具的总热负荷一般都很大(Q =10~100 kW)。可同时制备中、西餐。

(6)烤炉:主要用于制备糕点、面包和烘烤肉类,如烤鸡、烤鸭、烤鹅、烤羊等(Q =5~50 kW)。

四、民用燃气灶

民用燃气灶是利用燃气(液化气、天然气、人工煤气)作为燃料,用本身带有的支架支撑烹调器皿,用火直接加热烹调器皿的燃烧器具。

1. 民用燃气灶的分类

民用燃气灶具按其所使用的燃气种类、燃烧器头数、点火及控制方式、燃烧方式、外壳材料、功能结构形式和烘烤方式的不同,可分为以下八大类。

(1)按所使用的燃气种类,分为人工煤气灶(R)、天然气灶(T)、液化石油气灶(Y)、沼气灶(Z)等。

(2)按燃烧器头数,分为单头(眼)灶、双头(眼)灶、多头(眼)灶。

(3)按点火及控制方式,分为压电陶瓷燃气灶、电脉冲电子打火燃气灶(M)及带熄火保护装置的燃气灶(A)等。

（4）按燃烧方式，分为大气式燃气灶和红外线燃气灶等。

（5）按功能，分为燃气灶(JZ)、烘烤器(JH)、烤箱灶(JKZ)、烤箱(JK)和饭锅(JF)。

（6）按外壳材料，分为全不锈钢燃气灶(S)、半不锈钢燃气灶(B)、不粘油面燃气灶(F)、玻璃面燃气灶(B)、搪瓷燃气灶和铸铁燃气灶等。

（7）按功能结构形式，分为台式、落地式和镶嵌式燃气灶。

（8）按烘烤方式，分为直接式、半直接式和间接式燃气灶。

2. 民用燃气灶的主要结构

民用燃气灶有许多种类，结构也各异。但基本结构大体相同，主要由以下几个系统组成。

（1）供气系统：主要作用是向燃气灶提供符合要求的燃气，其主要组成元件有燃气管道和阀体总成。

（2）燃烧系统：燃气灶的重要组成部分，其主要元件是燃烧器。

（3）点火系统：作用是将输送到燃烧器的燃气与空气混合气点燃，其主要元件是自动点火器。

（4）自动控制系统：主要作用是对燃烧过程进行保护和自动控制，其主要元件有熄火保护装置、定时装置、温度检测装置等。

（5）其他组成系统：包括外壳、承液盘、锅支架、灶脚等元件。

3. 燃气灶的工作原理

1）压电点火（无熄保）灶具的工作原理

向下轻按旋钮并按逆时针方向转动旋钮，此时，阀体点火喷嘴和阀芯均打开，而拨块也同时将击锤向后拨动，燃气通过进气管进入阀体，再分三路喷出。第一路通过点火喷嘴喷出，而此时拨块转到一定位置，对击锤失去控制能力，击锤在弹簧的作用下向前运动，打击在压电陶瓷上，能量在此时由机械能变成电能，一个瞬间的高压电通过高压引线，传递到点火针，点火针对引火支架放电，而此时点火喷嘴喷出的燃气在引火支架内与空气混合，遇到电火花，点火成功。此时，通过阀芯的其余两路燃气经内外环喷嘴喷进炉头内外环引射管，同时将空气带入炉头，燃气和空气在炉头内充分混合，经火盖流出，并被引火支架喷出的火焰点燃。灶具处于正常工作状态，此时即可松手。调节火焰大小是通过转动旋钮，由转轴带动阀芯的开度来调节燃气进入喷嘴的流量来实现的。

2）脉冲点火（热电偶熄保）灶具的工作原理

向下轻按旋钮，微动开关（常开型）闭合，电池盒内的电池向点火器供电，点火器产生连续的脉冲通过高压引线传递到点火针，点火针外环火盖放电形成连续的电火花。同时，阀体内的顶杆推动电磁阀顶杆，使燃气经进气管进入阀芯，同时，按逆时针方向转动旋钮，阀芯随之打开，燃气经内外环喷嘴喷进炉头内外环引射管，同时将空气带入炉头，燃气和空气在炉头内充分混合，经火盖流出，混合气体被连续的电火花点燃。此时火焰依序点燃内外环火盖整个焰孔，内环火盖的部分火焰燃烧在热电偶顶端，热电偶受到高温，形成一个热动势，经导线传递给电子阀，电子阀线圈导入电流后，形成一个磁场，而将电子阀顶杆吸合，燃气通路形成，灶具进入正常工作，此时即可松手。调节火焰大小是通过旋动旋钮，由转轴带动阀芯的开度调节燃气进入喷嘴的流量来实现的。而一旦意外熄火，热电偶不能感知火焰，从而线圈电流断开，磁场消失，电磁阀顶杆在弹簧的作用下，恢复常态，燃气通路断开。

4. 燃气燃烧工况

燃气燃烧工况如图3-36所示。

| 正常燃烧 | 离焰 | 回火 | 黄焰 |

图 3-36　燃气燃烧工况

（1）正常燃烧：火苗呈蓝色，不离焰，不回火。
（2）离焰：火焰从燃烧器火孔全部或部分离开的现象，原因是使用燃气，压力偏高。
（3）回火：在燃烧器内部燃烧的现象，原因是压力偏小、燃烧器内有杂物。
（4）黄焰：火苗呈黄色的现象，原因是一次空气混合不足。

5. 燃气灶具使用注意事项

（1）使用灶具的人员必须熟悉天然气的特性及每个阀门的作用。
（2）使用燃气时要严格遵守先点火、后开气的原则，使用灶具时厨房不能离人，注意观察燃烧情况。如果发生泄漏或因偶然原因（风吹、水溢出等）火焰熄灭时，应立即关闭气源总开关，打开门窗，迅速通风换气，切记不要点火或开关电器，以防电火花引爆燃气。
（3）燃气灶与管道间如采用胶管连接方式，要经常检查胶管是否损坏老化，是否存在漏气现象。检查漏气应采用报警器、肥皂水检测等方法。
（4）燃气表、灶严禁安装在卧室内，也不能在装有燃气设施的厨房内睡觉。这是因为燃气管道里充满着燃气，一旦因管道腐蚀等原因泄漏出来，就会使人燃气中毒甚至死亡。
（5）灶具周围严禁摆放易燃易爆、腐蚀性物品，以防火灾和爆炸事故的发生。

项目小结

通过本项目的学习，使学生对燃气输配和燃气燃烧与应用的基础知识有基本了解和掌握，初步具有燃气输配与应用方面的基本理论知识，进而具有综合运用理论知识独立分析和解决燃气输配与应用中的工程实践问题，为学生进行燃气输配系统的维护、管理以及燃气的应用打下良好基础。

复习思考题

（1）城镇燃气按照气源种类可以分为哪几类？
（2）长距离输气系统、城镇燃气输配系统的构成分别有哪些？
（3）城市燃气管网系统包括哪几类？
（4）什么是燃气燃烧？燃气燃烧的条件有哪些？

项目四
建筑供配电系统

项目描述

供配电系统研究工厂所需电能的供应和分配问题。电能是现代工业生产的主要能源和动力,在现代工业生产和整个国民经济的各个领域中有着极为广泛的应用,而我国的特高压输电技术目前高居全球第一位。本项目主要介绍与供配电技术相关的一些基本知识,包括电力系统的组成及基本要求,供配电系统的构成,电力系统的中性点运行方式,配电柜、变配电所、配电线路的敷设、低压配电方式以及低压配电系统的常用低压电器等,使学生在对供配电系统有初步认识和了解的基础上,精益求精,勇于创新,为今后从事能源领域供配电模块的工作奠定基础。

知识目标

➡ (1) 了解电力系统、电力网的组成和线路敷设的基本方法。
➡ (2) 理解变配电系统的工作原理。
➡ (3) 掌握电力系统的保护接地与保护接零。
➡ (4) 掌握低压配电的接线方式。
➡ (5) 掌握常用低压配电系统保护装置的名称、功能以及应用。

任务一　电力系统概述

一、电力系统和电力网

电力系统是生产、输送、使用电能的统一整体,供配电系统则是电力系统的重要组成部分,是电力系统的电能用户,也是用电设备的电源。电力系统和供配电系统的基本任务是安全、可靠、优质、经济地供电。

电力系统一般由发电厂、变电所(升压变电所、降压变电所)、电力网和电能用户等部分组成,常称为输配电系统或供电系统。如图 4-1 所示。

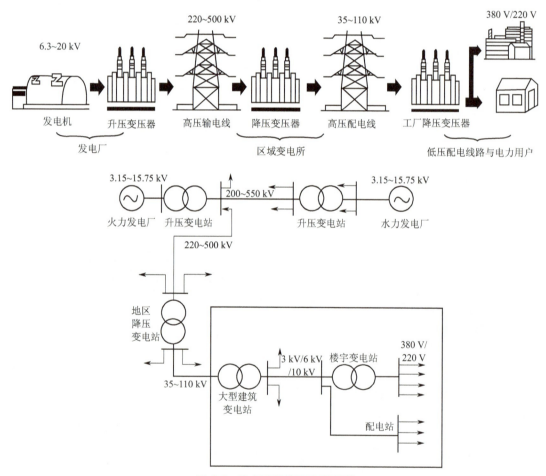

图 4-1　电力系统的组成示意图

下面将电力系统的各组成部分分别加以介绍。

1. 发电厂

发电厂是生产电能的工厂,它通过发电设备将其他形式的能源(一次能源,如煤炭、石油、天然气的化学能,以及水能、核能、太阳能、地热能、风能、潮汐能等)转化为电能(二次能源)。目前,我国主要的发电形式是火力发电和水力发电,另外还有核电发电、风力发电和地热发电等。

2. 变电所

变电所的作用是接受电能、变换电压及分配电能。只接受电能和分配电能,而不承担变换电压的场所,称为配电所。变电所的结构示意图如图4-2所示。

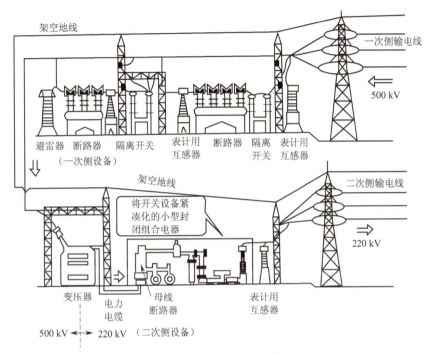

图4-2 变电所的结构示意图

变电所又分为升压变电所和降压变电所两类。

升压变电所将发电机发出的6~10 kV的电压转换为110 kV、220 kV、550 kV等高压电能,以利于远距离输送。

降压变电所将远距离传送来的高压电能转换为3 kV、6 kV、10 kV或380 V/220 V的电能,以满足电力分配和用户低压用电的要求。

根据在电力系统中所处的地位和作用,变电所又可分为:

1)枢纽变电所

枢纽变电所位于电力系统的枢纽点,汇集多个电源和多条出线回路,对电力系统的稳定可靠运行起重要作用。一次侧电压通常为330 kV或500 kV,二次侧电压通常为220 kV或110 kV。

2)中间变电所

中间变电所位于系统主要干线的接口处,一次侧电压通常为220~330 kV,汇集2~3个电源和多条线路,向地区用户供电。

3)地区变电所

地区变电所是一个地区的主要供电点,一次侧电压通常为110~220 kV,给中低压的下一级变电所供电。

4)工厂企业变电所

工厂企业变电所包括工厂总降压变电所和车间变电所。其中,工厂总降压变电所把35~110 kV电压降压为6~10 kV电压,向车间变电所供电;车间变电所把6~10 kV电压降压为380 V/220 V电压,向低压用电设备供电。

5）终端变电所

一般建在接近负荷处，高压侧电压为 10~110 kV，经降压后向用户供电。

3. 电力网

电力网是电力系统的有机组成部分，是连接发电厂、变电所和用电设备之间的电力线路。电力网常分为配电网和输电网两大类。将发电厂生产的电能直接分配给用户或由降压变电所分配给用户的 10 kV 及以下的电力线路，称为配电网或配电线路。用户电压为 380 V/220 V 的配电线路称为低压配电线路。一般把电压在 35 kV 及以上的高压电力线路称为输电网。我国国家标准中规定的输电线的额定电压为 35 kV、110 kV、220 kV、330 kV、500 kV、750 kV 等。

电网电压在 1 kV 及以上的称为高压，在 1 kV 以下的称为低压。

4. 电能用户

电能用户是电力系统中应用电能的最终环节，一幢建筑或建筑群即一个电力系统的用户。所有用电单位或用电设备均称为电能用户。电能用户可分为工业企业电能用户和民用电能用户。在中国，工业企业是最大的电能用户，其用电量占全年总发电量的 70% 以上。

二、电力系统的电压

电力系统中的所有电气设备，都规定有一定的工作电压和频率。电气设备在额定电压和额定条件下工作的综合经济效益最好，因此电压和频率被认为是衡量电力系统电能质量的两个基本参数。我国电气设备采用的工作频率均为 50 Hz，而对不同的电气设备额定电压有不同的规定。

1. 电力系统的额定电压（标准电压）

额定电压是指各种电气设备处于最佳运行状态的工作电压，用 U_N 表示，《标准电压》（GB/T 156—2017）规定了我国电力系统的额定电压等级。见表 4-1。

1）电网的额定电压

电网的额定电压必须符合国家规定的电压等级。当电网的电压选定后，其他各类电力设备的额定电压即可根据电网的电压来确定。

2）用电设备的额定电压

由于电流通过线路时会产生电压降，因此线路上各点的电压都略有不同，如图 4-3 中的虚线所示。但是企业成批生产的用电设备的额定电压不可能按使用地点的实际电压来制造，而只能按线路首端与末端的平均电压，即电网的额定电压来制造，所以规定用电设备的额定电压与同级电网的额定电压相同。

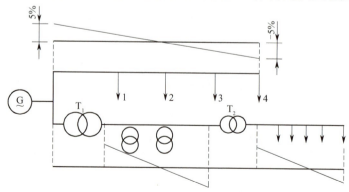

图 4-3　用电设备和发电机额定电压说明简图

3)发电机的额定电压

发电机的额定电压高于线路额定电压 5%,这是因为电力线路允许的电压偏差一般为 ±5%,即整个线路允许有 10% 的电压损耗值,因此为了维持线路的平均电压在额定值,线路首端电压可较线路额定电压高 5%,而线路末端电压则可较线路额定电压低 5%,如图 4-3 所示。即发电机的额定电压为所供电网额定电压的 105%。

4)电力变压器的额定电压

电力变压器的额定电压规定比较复杂,因为对于发电机(电源)来说,电力变压器的一次绕组相当于用电设备,而对于电力用户来说,电力变压器的二次绕组相当于发电机(电源)。

(1)电力变压器一次绕组的额定电压分为两种情况。

①当变压器直接与发电机相连时,如图 4-4 中的变压器 T_1,其一次绕组额定电压应与发电机额定电压相同,即高于同级电网额定电压的 5%;

②当变压器不与发电机相连而是连接在线路上时,如图 4-4 中的变压器 T_2,则可看作是线路的用电设备,因此其一次绕组额定电压应与电网额定电压相同。

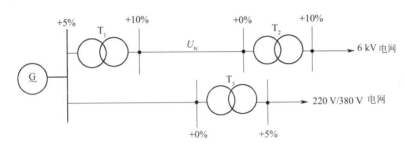

图 4-4 变压器一、二次绕组额定电压说明简图

(2)电力变压器二次绕组的额定电压也分为两种情况。电力变压器二次绕组的额定电压是指变压器一次绕组加上额定电压,而二次绕组开路时的电压即空载电压。而变压器在满载运行时,其绕组内约有 5% 的阻抗电压降,因此二次绕组额定电压分为两种情况。

①如果变压器二次侧供电线路较长(如为较大容量的高压电网),则变压器二次绕组额定电压一方面要考虑补偿变压器绕组本身 5% 的阻抗电压降,另一方面要考虑相当于发电机电压的 5%,所以这种情况的变压器二次绕组额定电压要高于二次侧电网额定电压的 10%(见图 4-4 中变压器 T_1、T_2)。

②如果变压器二次侧供电线路不长(如供电给低压电网或直接供电给高压用电设备的线路),则变压器二次绕组额定电压,只需考虑补偿变压器内部的 5% 的阻抗电压降(见图 4-4 中变压器 T_3)。

例题:写出图 4-5 所示供配电系统的电力变压器 T_1、T_2 和 T_3 的额定电压。

解:T1:6.3 kV/121 kV   T2:110 kV/11 kV   T3:10 kV/0.4 kV

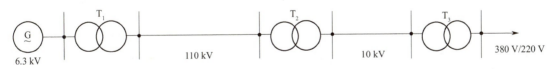

图 4-5 供配电系统图

2. 供配电电压的选择

(1)电力系统额定电压分为以下三类。

①额定电压为 100 V 及以下,如 12 V、24 V、36 V 等,主要用于安全照明、潮湿工作场所建筑物内部的局部照明及小容量负荷。

②额定电压为 100 V 以上 1 000 V 以下,如 127 V、220 V、380 V、600 V 等,主要用于低压动力电源及照明电源。

③额定电压为 1 000 V 以上,如 6 kV、10 kV、35 kV、110 kV、220 kV、330 kV、500 kV、750 kV 等,主要用于高压用电、发电及输电设备。

(2)工厂供电电压的选择。工厂供电电压是指供配电系统从电力系统取得的电源电压。供电电压的选择主要取决于供电企业供电的电压等级,工厂用电设备的电压、容量和输送距离等因素,如表 4-1 所示。

表 4-1 线路电压等级与输送功率和输送距离的关系

线路标准电压/kV	输送容量/MW	输送距离/km	线路标准电压/kV	输送容量/MW	输送距离/km
0.38	<0.1	<0.6	110	10.0~50.0	150~50
3	0.1~1.0	3~1	220	100.0~300.0	300~100
6	0.1~1.2	15~4	330	200.0~1 000.0	600~200
10	0.2~2.0	20~6	500	800~2 000.0	1 000~400
35	2.0~10.0	50~20	750		

3. 电能质量

电压和频率是衡量电能质量的两个基本参数。《电能质量 电力系统频率偏差》(GB/T 15945—2008)中规定,电力系统频率偏差允许值为 ±0.2 Hz,当系统容量较小时,偏差值可放宽到 ±0.5 Hz。标准中并没有说明系统容量大小的界限,而《全国供用电规则》中规定,供电局供电频率的允许偏差为,电网容量在 300 万 kW 及以上者为 0.2 Hz,电网容量在 300 万 kW 以下者为 0.5 Hz。实际运行中,我国各跨省电力系统频率都保持在 ±0.1 Hz 的范围内,这一点在电网质量中最有保障。对于电力用户来说,提高电能质量主要是提高电压质量。

电力系统的保护接地与保护接零

三、电力系统的保护接地与保护接零

正常运行的电气设备的外壳是不带电的,但是当电气设备受潮或异常时,金属外壳可能会变成带电体。为了防止触电事故的发生,保护接地与保护接零是主要的保护措施之一,它将直接关系到能否保证人身、设备的安全。因此,正确选择接地、接零方式,正确安装接地、接零装置是非常重要的。

1. 电力系统的保护接地

1)接地的概念

"地"通常指大地,因大地内含有大量水分、盐类等物质,所以它是能传导电流的。当一根带电的导体与大地接触时,便会形成以接触点为球心的半球形"地电场"。此时,接地电流便经导体由接地点流入大地内,并向四周呈半球形流散。在大地中,因球面积与半径的平方成正比,故离接地点越远,电阻越小。通常可认为在远离接地点 20 m 以外时,电位为零,也就是电气上所指的"地"。

凡是电气设备或设施的任何部位,不论带电或不带电,人为地或自然地与具有零电位的大地相接通的方式,便称为电气接地,简称接地。

按照接地的形成情况,可以将其分为正常接地和故障接地两大类,前者是为了某种需要而人为地设置的,后者则是由各种外界或自身因素自然造成的。正常接地包括强电系统的中性点接地、直流或弱电系统的接地、防雷接地、保护接地与保护接零、重复接地与共同接地、静电接地与屏蔽接地、电法保护(以外电源阴极保护为主,牺牲阳极保护为辅的电法保护)接地,其中前三项为工作接地,后四项为安全接地。故障接地包括电力线路接地、设备碰壳接地。

由于运行和安全的需要,为保证电力网在正常情况或事故情况下能可靠地工作而将电气回路中某一点实行的接地,称为工作接地。工作接地通常有以下几种情况。

(1)利用大地作为回路的接地。正常情况下有电流通过大地。

(2)维持系统安全运行的接地。正常情况下没有电流或只有很小的不平衡电流通过大地。如110 kV以上系统的中性点接地、低压三相四线制系统的变压器中性点接地等。

(3)为了防止雷击和过电压对设备及人身造成危害而设置的接地。

安全接地主要包括:为防止电力设施或电气设备绝缘损坏,危及人身安全而设置的保护接地;为消除生产过程中产生的静电积累,引起触电或爆炸而设置的静电接地;为防止电磁感应而对设备的金属外壳、屏蔽罩或屏蔽线外皮所进行的屏蔽接地;为了防止管道受电化腐蚀,采用阴极保护或牺牲阳极的方法所进行的保护接地等。

2)电力系统中性点运行方式

电力系统中性点接地方式有两大类:一类是中性点直接接地或经过低阻抗接地,称为大接地电流系统;另一类是中性点不接地,经过消弧线圈或高阻抗接地,称为小接地电流系统。应用最广泛的是中性点不接地、中性点经过消弧线圈接地和中性点直接接地三种形式。

Ⅰ.中性点直接接地系统

中性点直接接地系统,即将中性点直接接入大地,中性点的电位在电网的任何工作状态下均保持为零。在这种系统中,当发生一相接地时,这一相直接经过接地点和接地的中性点短路,一相接地短路电流的数值最大,因而应立即进行继电保护动作,将故障部分切除。中性点直接接地系统如图4-6所示。

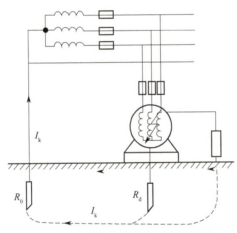

图4-6 中性点直接接地系统原理图

中性点直接接地的主要优点是它在发生一相接地故障时,非故障相对地电压不会增高,因而各相对地绝缘即可按相对地电压考虑。电网的电压愈高,经济效果愈好;而且在中性点不接地或经消弧线圈接地的系统中,单相接地电流往往比正常负荷电流小得多,因而要实现有选择性的接地保护就比较困难,但在中性点直接接地系统中,比较容易实现,由于接地电流较大,继电保护一般都能迅速而准确地切除故障线路,且保护装置简单,工作可靠。

Ⅱ.中性点不接地系统

中性点不接地系统,即中性点对地绝缘,结构简单,运行方便,不需任何附加设备,投资省。当中性点不接地系统中发生一相接地时,其流过故障点的电流仅为电网对地的电容电流,其值很小,称为小电流接地系统。需装设绝缘监察装置,以便及时发现单相接地故障,迅速处理,以免故障发展为两相短路而造成停电事故。中性点不接地系统发生单相接地故障时,其接地电流很小,若是瞬时故障,一般能自动熄弧,非故障相电压升高不大,不会破坏系统的对称性,故可带故障连续供电 2 h,从而获得排除故障时间,相对地提高了供电的可靠性。中性点不接地的系统中,因中性点对地绝缘,电网对地电容中储存的能量没有释放通路。在发生弧光接地时,电弧的反复熄灭与重燃,也是向电容反复充电的过程。由于对地电容中的能量不能释放,造成电压升高,从而产生弧光接地过电压或谐振过电压,其可达很高的数值,对设备绝缘造成威胁。中性点不接地系统如图 4-7 所示。

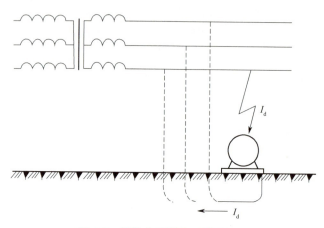

图 4-7　中性点不接地系统原理图

Ⅲ. 中性点经消弧线圈接地系统

当一相接地电容电流超过了其允许值时,可以用中性点经消弧线圈接地的方式去解决,该系统称为中性点经消弧线圈接地系统,中性点经消弧线圈接地系统如图 4-8 所示。

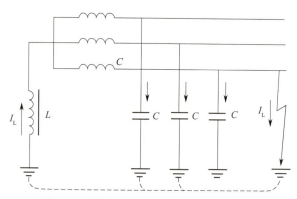

图 4-8　中性点经消弧线圈接地系统原理图

在正常运行状态下,由于系统中性点的电压为三相不对称电压,数值很小,所以通过消弧线圈的电流也很小。根据规程要求消弧线圈必须处于过补偿状态。

采用中性点经消弧线圈接地方式,在系统发生单相接地时,流过接地点的电流较小,其特点是线路发生单相接地时,可不立即跳闸,按规程规定电网可带单相接地故障运行 2 h。从实际运行经验和资料表明,当接地电流小于 10 A 时,电弧能自灭,因消弧线圈电感电流可抵消接地点流过的电容电流,若调节得很好时,电弧能自灭。中性点经消弧线圈接地方式的供电可靠性大大高于中性点直接接地方式。

3)保护接地

将电气设备正常运行时不带电而故障情况下可能出现危险的对地电压的金属外壳(或构架)和接地装置之间进行良好的电气连接,这种保护方式称为保护接地。

当电气设备由于种种原因造成绝缘损坏时就会产生漏电,或是带电导线触碰机壳时,都会使本不带电的金属外壳等带电,具有相当高或等于电源电压的电位。若金属外壳未实施接地,则操作人员触碰时便会发生触电,如果实行了保护接地,此时因金属外壳已与大地有了可靠而良好的连接,便能让绝大部分电流通过接地体流散到地下。保护接地的作用如图4-9所示。

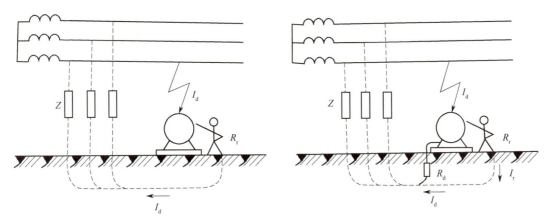

图 4-9 保护接地的作用

人体若触及漏电的设备外壳,因人体电阻 R_r 与接地电阻 R_d 并联,且 $R_r > R_d$(通常人体电阻比接地电阻大 200 倍以上),由于分流作用,通过人体的故障电流将远比流经 R_d 的小得多,对人体的危害程度也就极大地减小了。

此外,在中性点接地的低压配电网络中,假如电气设备发生了单相碰壳故障,若实行了保护接地,由于电源相电压为 220 V,如按工作接地电阻为 4 Ω、保护接地电阻为 4 Ω 计算,则故障回路将产生 27.5 A 的电流。一般情况下,这么大的故障电流定会使熔断器熔断或自动开关跳闸,从而切断电流,保障了人身安全。

在电源中性点直接接地的系统中,保护接地有一定的局限性。这是因为在该系统中,当设备发生碰壳故障时,便形成单相接地短路,短路电流流经相线和保护接地、电源中性点接地装置。如果接地短路电流不能使熔丝可靠熔断或自动开关可靠跳闸时,漏电设备的金属外壳就会长期带电,这也是很危险的。

4)重复接地

在电源中性线做了工作接地的系统中,为确保保护接零的可靠,还需相隔一定距离将中性线或接地线重新接地,称为重复接地。

如图 4-10 所示,经过重复接地处理后,即使零线发生断裂,也能使故障程度减轻。在照明线路中,也可以避免因零线断裂三相电压不平衡而造成某些电气设备损坏。

2. 电力系统的保护接零

若将电气设备在正常情况下不带电的金属部分用导线直接与低压配电系统的零线相连接,这种方式便称为保护接零,简称接零。与保护接地相比,保护接零能在更多的情况下保证人身安全,防止触电事故。保护接零原理图如图 4-11 所示。

在实施上述保护接零的低压系统中,电气设备一旦发生了单相碰壳漏电故障,便形成了一个单相短路回路。因该回路内不包含工作接地电阻与保护接地电阻,整个回路的阻抗就很小,因此故障电流必将很大,就足以保证在最短的时间内使熔丝熔断、保护装置或自动开关跳闸,从而切断电源,保障人身安全。

显然,采取保护接零方式可扩大安全保护的范围,同时也克服了保护接地方式的局限性。保护接零能有效地防止触电事故,但是在具体实施过程中,如果稍有疏忽大意,仍然会导致触电的危险。在应用中应注意以下几点。

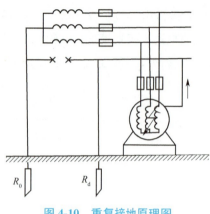 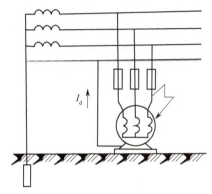

图 4-10　重复接地原理图　　　　　图 4-11　保护接零原理图

（1）三相四线制低压电源的中性点必须良好接地,工作接地电阻值应符合要求。

（2）在采用保护接零方式的同时,还应装设足够的重复接地装置。

（3）同一低压电网中(指同一台配电变压器的供电范围内),在选择采用保护接零方式后,便不允许再(对其中任一设备)采用保护接地方式。

（4）零线上不准装设开关和熔断器。零线的敷设要求应与相线一样,以免出现零线断线故障。

（5）零线截面应保证在低压电网内任何一处短路时,能够承受大于熔断器额定电流 2.5 倍及自动开关额定电流 1.25 倍的短路电流,且不小于相线载流量的一半。

（6）所有电气设备的保护接零线,应以并联方式连接到零干线上。

任务二 变配电系统

通过高低压输电线路将电能输入建筑物内部称为供电,输入建筑物内的电能经变配电装置分配给各个用电设备称为配电。选用相应的电气设备将电源与用电设备联系在一起即组成建筑供配电系统。供配电系统的安全运行关系到整栋建筑各部分功能的正常运行和使用人员的安全。图4-12为小区内部通过变配电系统实现为各类建筑供电。目前,小区供电主要有两种方式:一种是供电部门把电能直接送到用户家中;另一种是先把高压电送到小区或者高层楼宇,再通过变配电站送到用户家中。

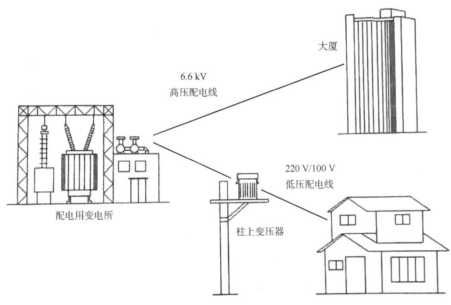

图4-12 建筑变配电示意图

一、低压配电柜

低压配电柜是按照一定的一、二次线路设计方案,将所需的电器元件组合起来的一种低压成套配电装置,用于变配电所或自备电站中500 V以下的动力和照明配电。

配电箱一般按三级设置,即总配电箱、分配电箱和开关箱。总配电箱一般设置在负荷相对集中的地方,分配电箱跟开关箱的距离原则上不超过30 m。

1. 配电柜(箱)的作用

(1)分片(或分类)配置电源;
(2)线路出现故障时,有利于控制故障范围,快速找出故障点;
(3)便于分片安排线路检修,而无须大面积停电;
(4)便于安装各种低压电气设备。

配电柜(箱)内主要安装接线端子、各种刀闸、保护设备(空气开关、熔断器等)、测量设备(电压表、电流表、周波表等)和计量设备(有功功率表、无功功率表)。

2. 配电柜与配电箱的区别

根据《低压成套开关设备和控制设备》，柜式成套设备是指一种封闭的立式成套设备，它由若干个柜架单元、框架单元或隔室组成；箱式成套设备是指安装在垂直面上的一种封闭成套设备。一般安装在墙上的称为配电箱；安装在地上、体积比较大的称为配电柜。

3. 配电柜（箱）的管理

配电柜（箱）门要上锁，至少每月检查、维修一次。使用配电柜（箱）要由专人负责，必须持证上岗，经过培训合格后方可操作。

操作人员要掌握工作场所的总电源开关的位置和控制的范围以及自己使用分支开关的位置。发现设备出现异常情况时要迅速切断电源，必要时切断总电源开关。

二、社区变配电所

变配电所是电力系统中变换电压、接受和分配电能的装置，它是联系发电厂和电力用户的中间环节。变配电所的作用是变换电压，传输和分配电能。社区变配电所是为该社区内的用户变换电压、传输和分配电能的装置。

变电所的形式有独立式、附设式、杆上式或高台式、成套式等。架空线路和设置台上、杆上变压器是住宅小区传统的供电方式，在这样的供电方式下，小区上空如蛛网密布，经常发生用电事故，使得供电可靠性降低。现如今人们对生活质量、生存环境的要求越来越高，箱式变电站（箱变）及埋设在地下的电缆构成了环网供电，在住宅小区供电方案中被广泛采用。

1. 变电所的布置

10 kV 变电所一般由高压配电室、变压器室和低压配电室三部分组成。

1）高压配电室

高压配电室内设置高压开关柜，柜内装设断路器、隔离开关、电压互感器和母线等。一般设有高压进线柜、计量柜、电容补偿柜、配出柜等。高压柜前有巡查操作通道，应大于 1.8 m；柜后及两端应留有检修通道，应大于 1 m；高压配电室的高度应大于 4 m。高压配电室的门应大于设备进出的宽度，门应往外开。根据高压开关柜的数量不同可采用单列布置或双列布置。

2）变压器室

由于输配电线路一般很长，为减少线路上的功率损耗和电压损失，必须采用高电压输电（最高可达 50 kV）。大型发电机的额定电压一般有 3.15 kV、6.3 kV、10.5 kV 几种，因此在输电时必须用变压器将电压升高，供电时通过变压器把高电压降成负载所需的额定电压。因而变压器的作用是变换交流电压和电流，满足输配电的需要。

变压器室要求通风良好，进出通风口的面积应在 0.5~0.6 m² 范围内。对于多台变压器，特别是油浸变压器，应将每一台变压器都相互隔离。当使用多台干式变压器时，也可采用开放式，只设一大间变压器室。对于设在地下室的变电所，可采用机械通风。

3）低压配电室

低压配电室应靠近变压器室，采用低压裸导线（铜母排）架空穿墙引入。低压开关柜包括进线柜、仪表柜、配出柜、电容器补偿柜（采用高压电容器补偿时可不设）等。柜前应留有巡检通道（大于 1.8 m），柜后应留有检修通道（大于 0.8 m）。低压开关柜有单列布置和双列布置等。

2. 变电所的建设

变电所应保持室内干燥,严防雨水漏入。变电所附近或上层不应设置卫生间、厨房、浴室等,也不应设在有腐蚀性或潮湿蒸汽的车间。变电所应考虑通风良好,使电气设备正常工作。变电所的室内高度应大于 4 m,并设置便于大型设备进出的大门。

双台变压器变电所的平面布置如图 4-13 所示。

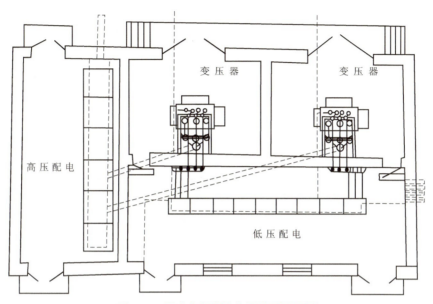

图 4-13 双台变压器变电所的平面布置

三、配电线路的敷设

配电线路的敷设应根据建筑的功能、室内装饰的要求和使用环境等因素,经技术经济比较后确定,并且要按环境条件确定导线的规格及敷设的方式,主要有以下几种方式。

1. 架空线路

室外电缆、电线架空敷设线路具有造价低、取材方便、分支容易、便于施工和维护等优点,其缺点是容易受外界环境的影响和机械损伤,供电可靠性较差,这种布线方式除了临时用电外有逐步被淘汰的趋势。

2. 电缆线路

电缆是由芯线、绝缘层和保护层三部分组成的电线。电缆供电的特点是不影响环境美观、安全耐用、施工复杂、维修不方便、造价比较高,故常用于对环境美观要求较高的场所。

常用电缆分为电力电缆和控制电缆两种。

电缆线路的敷设方式主要有直埋敷设、电缆沟内敷设、电缆排管敷设和电缆明敷设。

3. 绝缘导线

绝缘导线的敷设通常分为明配线和暗配线。

四、低压配电方式

低压配电方式是指低压干线的配线方式。低压配电一般采用 380 V/220 V 中性点直接接地系统。低压配电的接线方式常用的有放射式、树干式和混合式三种，如图 4-14 所示。

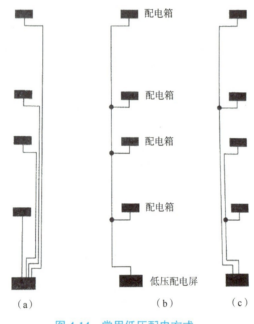

图 4-14　常用低压配电方式
（a）放射式　（b）树干式　（c）混合式

1. 放射式配电

放射式配电是一独立负荷或一集中负荷由一单独的配电线路供电的供电方式，它一般用在供电可靠性要求高或单台设备容量较大的场所以及容量比较集中的地方。例如，单台电梯容量较大时，可采用一回路供一台电梯的放射式接线方式；对于大型的消防水泵、生活水泵和中央空调的冷冻机组，也可用放射式专线供电；对于楼层用电量较大的建筑，可采用一回路供一层楼的放射式供电方案。

放射式配电的优点是各个独立负荷由配电盘（屏）供电，当某一用电设备或其供电线路发生故障时，则故障范围仅限本回路，对其他设备没有影响；缺点是所需的开关和线路较多，电能的损耗大，投资费用较高。

2. 树干式配电

一独立负荷或一集中负荷按它所处的位置依次连接到某一条配电干线上的供电方式。优点是投资费用低，施工方便，易于扩展。缺点是干线发生故障时，影响范围大，供电可靠性较差。一般适用于用电设备比较均匀、容量不大，又无特殊要求的场合。

3. 混合式配电

混合式是由放射式和树干式相结合而形成的接线方式。一般用于楼层的配电。

在实际工程中，照明配电系统不是单独采用某一种形式的低压配电方式，多数采用综合的配电方式，如在一般民用住宅中所采用的配电形式多数为放射式与树干式的结合，其中，总配电箱向每个楼梯间配电为放射式，楼梯间向不同楼层间的配电为树干式。

任务三　低压配电系统的常用低压电器

低压电器通常是指工作在交流1 000 V及以下、直流1 200 V及以下的电路中,用来对电能的生产、输送、分配和使用起开关、控制、调节和保护作用的电气设备。低压电器应正确选择,合理使用。

一、刀开关

按工作原理和结构,刀开关可分为胶盖闸刀开关、铁壳开关、刀形隔离器、熔断器式刀开关、组合开关等。

1. 胶盖闸刀开关

胶盖闸刀开关又叫开启式负荷开关,图4-15所示的是HK2型胶盖闸刀开关。闸刀装在瓷质底板上,每相附有保险丝、接线柱,用胶木罩壳盖住闸刀,以防止切断电源时电弧烧伤操作者。开关上安有保险丝,具有短路保护作用,也可作为小容量三相异步电动机的全压启动操作开关。

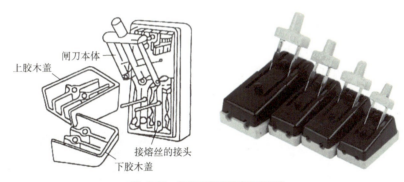

图4-15　HK2型胶盖闸刀开关

2. 铁壳开关

铁壳开关又称封闭式负荷开关,主要由刀开关、熔断器和铁制外壳组成,如图4-16所示。它适用于各种配电设备,供不频繁手动接通和分断负荷电路之用,还可用于线路末端的短路保护。

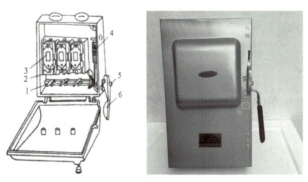

图4-16　铁壳开关

1—闸刀;2—夹座;3—熔断器;4—速断弹簧;5—转轴;6—手柄

3. 隔离刀开关

图 4-17 所示为 HD13 型隔离刀开关。普通的隔离刀开关不可以带负荷操作,需要与低压断路器配合使用,只有在低压断路器切断电路后才能操作刀开关。HD13 型隔离刀开关主要用于交流额定电压 380 V、直流额定电压 440 V、额定电流 1 500 A 及以下的装置中。

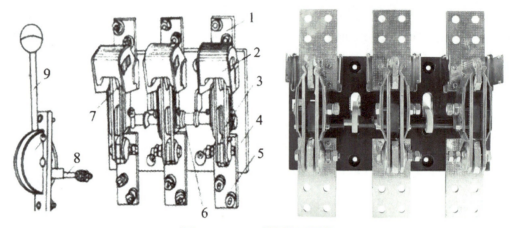

图 4-17　HD13 型隔离刀开关

1—上接线端子;2—钢栅片灭弧罩;3—闸刀;4—底座;5—下接线端子;6—主轴;7—静触头;8—连杆;9—操作手柄(中央杠杆操作)

4. 熔断器式刀开关

熔断器式刀开关由熔断器和刀开关组合而成,具有熔断器和刀开关的基本性能。它在配电网络中用于过载和短路保护,以及正常供电的情况下不频繁地接通和切断电路。图 4-18 所示的是 HR 型熔断器式刀开关。熔断器式刀开关通常装于开关柜及电力配电箱内,主要型号有 HR3、HR5、HR6、HR11 系列。

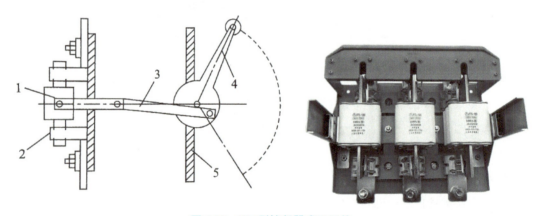

图 4-18　HR 型熔断器式刀开关

1—RT 型熔断器的熔管;2—HD 型刀开关的弹性触座;3—连杆;4—操作手柄;5—配电屏面板

5. 组合开关

组合开关是一种多功能开关,不能用于频繁启停的电路中,经常用在接通或分断电路,切换电源或负载,测量三相电压,控制小容量电动机正、反转等的电路中,主要型号有 HZ10 系列等。

二、熔断器

熔断器俗称保险丝,是最简便且有效的短路保护电器,主要起短路保护的作用,也可起过载保护的作用。当线路中出现故障时,通过的电流大于规定值,熔体产生过量的热而被熔断,电路由此被分断。常用的熔断器有瓷插式(如 RCIA)、螺旋式(如 RL)、密闭管式(如 RM10)、填充料式(如 RT20)等多种类型,下面主要介绍前两种。

1. 瓷插式熔断器

瓷插式熔断器被广泛用于 380 V 分支线路、照明电路和中小容量电动机电路中进行短路保护。RCIA 系列瓷插式熔断器的外形结构、符号和实物图如图 4-19 所示。瓷盖和瓷底均用电工瓷制成,瓷盖上安装有熔丝(保险丝),过载或短路时熔丝熔断。电线接在瓷底两端的静触头上。瓷底座中间有一空腔,与瓷盖突出部分构成灭弧室。RCIA 系列瓷插式熔断器以其结构简单、价格低廉、使用方便等优点,成为建筑工地常用的保护电器。

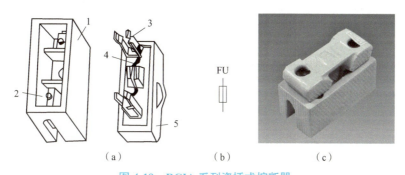

图 4-19 RCIA 系列瓷插式熔断器
(a)外形结构 (b)符号 (c)实物图
1—底座;2—静触头;3—动触头;4—熔丝;5—瓷盖

2. 螺旋式熔断器

图 4-20 所示为 RL 系列螺旋式熔断器。螺旋式熔断器也主要被用于电气设备的过载及短路保护。螺旋式熔断器由瓷帽、熔断管、保护圈及底座四部分组成。熔断管内装有熔丝和石英砂,石英砂起熄灭电弧的作用,管的上盖有指示器,指示熔丝是否熔断。螺旋式熔断器更换熔管时比较安全。

图 4-20 RL 系列螺旋式熔断器

在选择熔断器时应该特别注意以下两点:
①熔断器的额定电压必须大于或等于线路的工作电压。

②熔断器的额定电流必须大于或等于所装熔体的额定电流。

三、空气断路器

空气断路器简称空气开关。断路器是指具有接通和分断电路的作用，能提供短路、过负荷和失压保护的低压开关设备。

空气断路器在分断电路的过程中会产生电弧，而其灭弧过程是在空气介质中完成的（电弧是一种介质在电场中发生的击穿现象）。断路器有真空断路器（利用真空来消除电弧）、油断路器（利用油作为灭弧的介质）和六氟化硫断路器（利用六氟化硫作为灭弧的介质）。

断路器主要由触头系统、灭弧系统、脱扣器和操作机构等部分组成。图 4-21 所示为自动空气断路器的一般原理图。主触点通常是由手动的操作机构来闭合的。开关的脱扣机构是一套连杆装置。当主触点闭合后就被锁钩锁住。如果电路中发生故障，脱扣机构就在有关脱扣器的作用下将锁钩脱开，于是主触点在释放弹簧的作用下迅速分断。当电源电压恢复正常时，必须重新合闸后才能工作，从而实现失压保护。

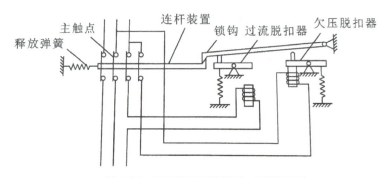

图 4-21　自动空气断路器的一般原理图

图 4-22 所示为常见空气断路器。其中，图 4-22（a）中的断路器一般应用于大规模的电路中，主要应用于 3.5 kV 以上的电路中；图 4-22（b）中的断路器主要应用于小规模的电路中，如家用、办公室用等。

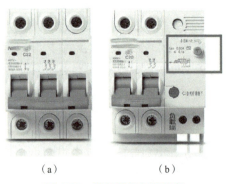

　　　（a）　　　　　　（b）

图 4-22　常见的空气断路器
（a）塑壳断路器　（b）小型断路器

四、漏电保护器

漏电保护器是漏电电流动作保护器的简称，又叫漏电保护开关，主要在设备发生漏电故障时以及有致命危险的人身触电发生时起到保护作用。漏电保护器一般与断路器配合使用。

1. 漏电保护器的组成

漏电保护器主要由三部分组成：检测元件、中间放大环节、操作执行机构。

在被保护电路工作正常、没有发生漏电或触电的情况下，漏电保护器不动作，系统保持正常供电。当被保护电路发生漏电或有人触电时，由于漏电电流的存在，当达到预定值时，主开关分离脱扣器线圈通电，驱动主开关自动跳闸，切断故障电路，从而实现保护。

2. 漏电保护器的分类

按保护功能和用途，漏电保护器一般可分为漏电保护继电器、漏电保护开关和漏电保护插座三种。

（1）漏电保护继电器：能对漏电电流进行检测和判断，但不具有切断和接通主回路功能的漏电保护装置。

（2）漏电保护开关：不仅与其他断路器一样可将主电路接通或断开，而且具有对漏电电流进行检测和判断的功能，一般与熔断器、热继电器配合使用。

（3）漏电保护插座：能够对漏电电流进行检测和判断，并能切断回路的电源插座。漏电动作电流为 6~30 mA，常用于手持式电动工具和移动式电气设备的保护及家庭、学校等民用场所。

一般环境中选择动作电流不超过 30 mA、动作时间不超过 0.1 s 的漏电保护器。在这种条件下，人体如果触电，不会产生病理性生理危险效应。在浴室、游泳池等场所，漏电保护器的额定动作电流不宜超过 10 mA。

3. 空气断路器、漏电保护器、漏电断路器三者的区别

空气断路器能对线路进行过载、短路保护。漏电保护器不仅能对线路过载起到保护作用，而且当线路上有人发生单线触电时，可以迅速分断电路，起到避免发生触电危害的作用；漏电保护器动作的整定值可以整定得很小（一般为毫安级）。漏电断路器是在断路器上加装漏电保护器件。

此外还有按钮、交流接触器、中间继电器、热继电器等常用的电气设备。

实践操作训练

组织学生参观校园的供配电系统，熟悉掌握常用电气设备的名称、功能及实际应用。

设备名称	设备功能	设备应用

项目小结

电力系统一般由发电厂、变电所、电力网和电能用户等部分组成，常称为输配电系统或供电系统。电力系统中性点接地方式有两大类：一类是中性点直接接地或经过低阻抗接地，称为大接地电流系统；另一类是中性点不接地，经过消弧线圈或高阻抗接地，称为小接地电流系统。应用最广泛的是中性点不接地、中性点经过消弧线圈接地和中性点直接接地三种形式。

配电线路的敷设常用的有架空线路、电缆线路和绝缘导线敷设。绝缘导线的敷设分为明配线和暗配线两种。低压配电的方式常用放射式、树干式和混合式。

低压配电系统常用的低压电器有刀开关、熔断器、空气断路器、漏电保护器、交流接触器、热继电器等。

复习思考题

(1) 高低压电是如何界定的？

(2) 电力系统的各组成部分是什么？

(3) 什么是保护接地、工作接地、保护接零？

(4) 低压配线的接线方式主要有哪几种？

(5) 空气断路器、漏电保护器、漏电断路器的区别是什么？

(6) 低压配电系统常用的保护装置有哪些？

(7) 配电箱与配电柜的区别是什么？

(8) 查阅资料说明提高电压质量的措施。

(9) 查阅资料说明 IT、TT、TN 的含义。

项目五

传感器与控制技术

项目描述

在科技高速发展的今天,无论是在生活中还是在生产中,都会利用到传感器与智能检测技术。总的来说,从宇宙到陆地、从陆地到海洋,从顶尖技术到基础知识、从复杂的大型工业自动化设备到日常生活中的细节,传感器与智能检测技术都扮演着重要的角色。在能源工程中,将传感器与多台仪表组合在一起,才能完成信号的检测,而这样便形成了检测系统。随着计算机技术和信息处理技术的发展,检测系统所涉及的内容也不断充实。本项目主要介绍能源领域常用的传感技术,包括温度测量、压力测量、流量测量和液位测量,技术,并对广泛应用于供热、通风、空调及燃气供应领域的自动控制技术进行介绍,使学生能对能源领域的传感技术和控制技术有一定的认识,为今后从事传感器与控制技术相关工作奠定基础。

知识目标

- (1)熟悉并掌握传感器的定义和组成。
- (2)了解温度的基本知识,热电偶、热电阻的测温原理及设备。
- (3)了解各种压力计的原理、应用、选择及安装。
- (4)了解流量的概念及测量方法、差压式流量计的原理。
- (5)了解几种常用的液位测量仪表。
- (6)了解并掌握自动控制系统的组成和分类。

任务一　传感器与智能检测技术

科学和生产工艺的发展大大促进了传感器技术的发展,传感器技术、通信技术和计算机技术是构成现代信息技术的三大支柱。

智能检测技术不仅是机电一体化中不可缺少的技术,也是实现自动控制和自动调节的关键环节。在很大程度上,基于传感器的智能检测技术影响着自动化系统的质量。在一个自动化系统中,只有利用传感器的智能检测技术对各方面参数进行检查,才能使整个自动化系统正常工作。例如,人们一直希望车辆能够自动驾驶,这需要将各种微型传感器、芯片和执行器置于车辆内部,由此制成智能汽车。

一、传感器的定义和组成

传感器的认知

1. 传感器的定义

传感器是指能感受规定的被测量,并按照一定的规律将其转换成可用输出信号的器件或装置。在有些学科领域,传感器又称为敏感元件、检测器或转换器等。这些不同提法是在不同的技术领域根据器件用途对同一类型的器件使用的不同技术术语。例如,在电子技术领域,常把能感受信号的电子元件称为敏感元件,如热敏元件、磁敏元件、光敏元件和气敏元件等;在超声波技术领域,强调的则是能量的转换,如压电式换能器。这些提法在含义上有些狭窄,而传感器一词是使用得最为广泛的用语。

2. 传感器的组成

传感器的输出信号通常是电量,它便于传输、转换、处理、显示等。电量有很多形式,如电压、电流、电容、电阻等,输出信号的形式由传感器的原理确定。

通常传感器主要由敏感元件和转换元件组成。其中,敏感元件是指传感器中能直接感受或响应被测量的部分;转换元件是指传感器中将敏感元件感受或响应的被测量转换成适于传输或测量的电信号部分。由于传感器的输出信号一般都很微弱,因此需要有信号调理与转换电路对其进行放大、运算调制等。随着半导体器件与集成技术在传感器中的应用,传感器的信号调理与转换电路可能安装在传感器的壳体里或与敏感元件一起集成在同一芯片上。此外,信号调理与转换电路以及传感器工作都必须有辅助电源,因此,信号调理与转换电路以及所需的电源都应作为传感器组成的一部分。传感器的组成如图5-1所示。

图 5-1　传感器的组成

二、传感器的分类

从量值变换这个观点出发,对每一种物理效应都可在理论上或原理上构成一类传感器,因此传感器的种类繁多。对非电量进行测试时,有的传感器可以同时测量多种参量,而有时对一种物理量又可用多种不同类型的传感器进行测量。目前,采用较多的传感器分类方法主要有以下几种。

1. 按被测物理量分类

传感器按被测物理量可分为温度、压力、位移、加速度、位置、湿度、气体、流量和转速传感器等。这种分类方法明确表明了传感器的用途,便于使用者选择,如位移传感器用于测量位移等。

2. 按传感器的工作原理分类

传感器按工作原理可分为应变式、电容式、电感式、压电式、热电式和磁电式传感器等。这种分类方法表明了传感器的工作原理,有利于对传感器的学习和设计。

3. 按传感器转换能量的情况分类

(1)能量转换型:又称发电型,不需外加电源而将被测能量转换成电能输出,这类传感器有压电式、热电偶、光电池等。

(2)能量控制型:又称参量型,需外加电源才能输出电量。这类传感器有电阻式、电感式、霍尔式传感器等,以及热敏电阻、光敏电阻、湿敏电阻等。

4. 按传感器的工作机理分类

(1)结构型:

被测参数变化引起传感器的结构变化,从而使输出电量变化,利用物理学中场的定律和运动定律等构成,如电感式、电容式。

(2)物性型:

利用某些物质的某种性质随被测参数变化的原理构成,传感器的性能和材料密切相关,如压电传感器、各种半导体传感器等。

5. 按传感器输出信号的形式分类

(1)模拟式:传感器输出为模拟量。
(2)数字式:传感器输出为数字量,如编码器式传感器。

三、智能检测技术

检测技术的发展是随着社会历史时代与生产方式的变化而不断进步的。人类的每一个历史时代、每一种生产方式都以相应的科学技术水平为基础,如图5-2所示。

微电子技术和微型计算机技术的发展为检测过程自动化、测量结果处理智能化和检测仪器功能仿人化等提供了技术支持。人工智能技术和信息处理技术的快速发展,为智能检测技术提供了强有力的工具和条件。现代控制系统的发展对检测技术提出了数字化、智能化、标准化、网络化的要求,这是导致智能检测系统发展的外在推动力。

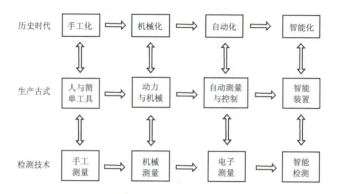

图 5-2　历史时代、生产方式与检测技术的发展

智能检测技术是指为了对被测对象所包含的信息进行定性的了解和定量的掌握所采取的技术措施,智能检测技术也是智能控制中不可缺少的组成部分。智能检测技术的完善和发展推动现代科学技术不断进步。目前,智能检测技术几乎渗透到人类的一切活动领域,在未来也将发挥越来越大的作用。

一个完整的智能检测系统或检测装置通常由传感器、测量电路和显示记录装置等几部分组成,还包括电源和传输通道等不可缺少的部分。智能检测系统的组成如图 5-3 所示。

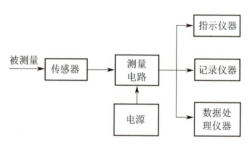

图 5-3　智能检测系统的组成

传感器完成信息获取后,将被测量转换成电量。传感器是智能检测系统中直接与被测对象发生联系的部件,是智能检测系统最重要的环节,其性能决定了智能检测系统获取信息的质量。

测量电路可完成信息转换,将传感器的输出信号转换成易于测量的电流或电压信号。一般情况下,传感器的输出信号是微弱的,需要用测量电路将其放大,以达到显示记录装置的要求。根据需要,测量电路还能进行阻抗匹配、微分、积分、线性化补偿等信号处理工作。

显示记录装置是检测人员和智能检测系统联系的主要环节,人们通过显示记录装置了解被测量的大小或变化过程。常用的显示方式有图像显示、模拟显示和数字显示三种。

任务二 温度测量

温度是供热、通风、空调及燃气供应系统中最重要的热工参数之一。温度是表征物体冷热程度的物理量,从微观上说是物体分子运动平均动能大小的标志,从这个意义上讲,温度不能直接测量,只能借助于冷热不同的物体之间的热交换,以及物体的某些物理性质随着冷热程度不同而变化的特性,来加以间接测量。利用各种温度传感器,组成各种温度测量。

一、温度测量的基本知识

1. 温度和温标

1）温度

温度是表示物体冷热程度的物理量,自然界中的许多现象都与温度有关,在工农业生产和科学实验中,会遇到大量有关温度测量和控制的问题。温度概念的建立是以热平衡为基础的。例如,将两个冷热程度不同的物体相互接触,它们之间会产生热量交换,热量将从热的物体向冷的物体传递,直到两个物体的冷热程度一致,即达到热平衡为止。对处于热平衡状态的两个物体称它们的温度相同,称原来的冷物体的温度低,热物体的温度高。从微观上看,温度标志着物质分子热运动的剧烈程度,温度越高,分子的热运动越剧烈。

2）温标

用来衡量温度高低的标尺称为温度标尺,简称温标。温标是用数值表示温度的一整套规则,它确定了温度的单位。

2. 温度测量的基本原理

温度参数是不能直接测量的,一般只能根据物质的某些特性值与温度之间的函数关系,实现间接测量。工业上测温的基本原理有以下几种。

1）应用热膨胀原理测温

利用液体或固体受热时产生热膨胀的原理可以制成膨胀式温度计。玻璃温度计属于液体膨胀式温度计,双金属温度计属于固体膨胀式温度计。

2）应用压力随温度变化的原理测温

利用封闭在固定体积中的气体、液体或某种液体的饱和蒸气受热时其压力会随着温度的变化而变化的性质,可制成压力计式温度计。由于一般称充以气体、液体或饱和蒸气的容器为温包,所以这种温度计又称温包式温度计。

3）应用热阻效应测温

利用导体或半导体的电阻随温度变化而变化的性质,可制成热电阻式温度计。根据所使用的热电阻材料的不同,有铂热电阻、铜热电阻和半导体热敏电阻温度计等。

4）应用热电效应测温

利用金属的热电效应可以制成热电偶温度计。

5）应用热辐射原理测温

利用物体辐射能随温度变化而变化的性质可以制成辐射温度计。由于这时测温元件不再与被测介质接触，故属于非接触式温度计。

3. 测温仪表的分类和特点

温度测量仪表按测温方式可分为接触式和非接触式两大类。一般来说，接触式测温仪表比较简单、可靠，测量准确度较高，但因测温元件与被测介质需要进行充分的热交换，需要一定的时间才能达到热平衡，所以存在测温的延迟现象，同时受耐高温材料的限制，其不能应用于很高的温度测量。非接触式测温仪表是通过热辐射原理来测量温度的，测温元件不需与被测介质接触，测温范围广，不受测温上限的限制，也不会破坏被测物体的温度场，测温速度一般也比较快，但受到物体的发射率、测量距离、烟尘和水汽等外界因素的影响，其测量误差较大。

工业上常用测温仪表的种类及优缺点见表 5-1。

表 5-1　常用测温仪表的种类及优缺点

测温方式	温度计的种类		常用测温范围/℃	测温原理	优点	缺点
非接触式测温仪表	辐射式	辐射式	400~2 000	利用物体全辐射能随温度变化的性质	测温时，不破坏被测温度场	低温段测量不准，环境条件会影响测温准确度
		光学式	700~3 200			
		比色式	900~1 700			
	红外式	热敏探测	-50~3 200		测温时，不破坏被测温度场，响应快，测温范围大，适于测温	易受外界干扰，标定困难
		光电探测	0~3 500			
		热电探测	200~2 000			
接触式测温仪表	膨胀式	玻璃液体	-50~600	利用液体体积随温度变化的性质	结构简单，使用方便，测量准确，价格低廉	测量上限和准确度受玻璃质量的限制，易碎，不能记录和远传
		双金属	-80~600	利用固体热膨胀的变形量随温度变化的性质	结构紧凑，牢固可靠	准确度低，量程和使用范围有限
	压力式	液体	-30~600	利用定容气体或液体压力随温度变化的性质	耐震，坚固，防爆，价格低廉	准确度低，测温距离短，滞后大
		气体	-20~350			
		蒸汽	0~250			
	电热偶	铂铑-铂	0~1 600	利用金属导体的热电效应	测温范围广，准确度高，便于远距离、多点、集中测量和自动控制	需冷端温度补偿，在低温段测温准确度较低
		镍铬-镍铝（硅）	0~900			
		镍铬-考铜	0~600			
	电热阻	铂	-200~500	利用金属导体或半导体的热电效应	测温准确度高，便于远距离、多点、集中测量和自动控制	不能测高温，须注意环境温度的影响
		铜	-50~150			
		热敏	-50~300			

二、热电偶测温

热电偶温度表是目前应用最广泛的一种温度表，以热电偶作为温度传感器。热电偶温度表是一种温度电测仪表，它通常由热电偶、热电偶冷端温度补偿装置（或元件）和显示仪表三部分组成，三者之间用导线连接。

1. 热电偶测温的原理

热电偶是通过把两根不同的导体或半导体线状材料 A 和 B 的一端焊接起来而形成的，A、B 就称为热电极（或热电偶丝）。焊接起来的一端置于被测温度 t 处，称为热电偶的热端（或称测量端、工作端），非焊接端称为冷端（或参考端、自由端），冷端置于被测对象之外温度为 t_0 的环境中。

如把热电偶的两个冷端也连接起来则形成一个闭合回路，如图 5-4 所示，则当热端温度和冷端温度不相等，即 $t \neq t_0$ 时，回路中有电流流过，这说明在回路中产生了电动势。由于热电偶两个接点处的温度不同而产生的电动势称为热电（动）势，上述现象称为热电效应，或称塞贝克效应。热电偶就是利用热电效应来测量温度的。进一步的研究表明，热电势是由接触电势和温差电势组成的。

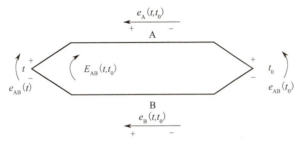

图 5-4 热电偶回路

2. 热电偶的基本定律

在实际测温时，热电偶回路中必然要引入测量热电势的显示仪表和连接导线。因此，理解了热电偶的测温原理之后，还要进一步掌握热电偶的一些基本定律，并在实际测温中灵活而熟练地应用。

1）均质导体定律

由同一种均质导体或半导体组成的闭合回路，不论其几何尺寸和温度分布如何，都不会产生热电势。

这条定律说明：

（1）热电偶必须由两种材料不同的均质热电极组成；

（2）热电势与热电极的长度、截面积无关；

（3）由一种导体组成的闭合回路中存在温差时，如果回路中产生了热电势，那么该导体一定是不均匀的，由此可检查热电极材料的均匀性；

（4）两种均质导体组成的热电偶，其热电势只取决于两个接点的温度，与中间温度的分布无关。

2）中间导体定律

在由不同材料组成的闭合回路中，若各种材料接触点的温度都相同，则回路中热电势的总和等于零。

由此定律可以得出如下结论：

在热电偶回路中，接入第三、第四种，或者更多种均质导体，只要接入的导体两端温度相等，则它们对回路中的热电势没有影响。利用热电偶测温时，只要热电偶连接显示仪表的两个接点温度相同，那么仪表的接入对热电偶的热电势没有影响。而且对于任何热电偶接点，只要它接触良好，温度均匀，不论用何种方法构成接点，都不影响热电偶回路的热电势。

根据这条定律，只要仪表处于稳定的环境温度中，就可以在热电偶回路中接入显示仪表、冷端温度补偿装置、连接导线等，组成热电偶温度测量系统，这也表明两个电极间可以用焊接方式构成测量端而不必担心它们会影响回路的热电势。在测量一些等温导体的温度时，甚至可以借助该导体本身的连接作为测量端。

3）中间温度定律

两种不同材料组成的热电偶回路，温度为 t、t_0 的接点的热电势，等于该热电偶在接点温度分别为 t、t_n

和 t_n、t_0 时的热电势的代数和（t_n 为中间温度），如图 5-5 所示，即

$$E_{AB}(t, t_0) = E_{AB}(t, t_n) + E_{AB}(t_n, t_0) \qquad (5-1)$$

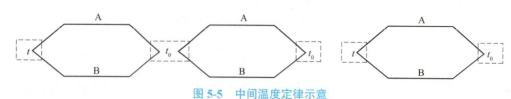

图 5-5　中间温度定律示意

由此定律可以得到如下结论：

（1）已知热电偶在某一给定冷端温度下进行的分度，只要引入适当的修正，就可在另外的冷端温度下使用。这就为制定和使用热电偶分度表奠定了理论基础。

（2）为使用补偿导线提供了理论依据。一般把在 0~100 ℃ 范围内和所配套使用的热电偶具有同样热电特性的两根廉价金属导线称为补偿导线。

3. 热电偶的材料

从应用的角度看，并不是任何两种导体都可以构成热电偶的。为了保证测温具有一定的准确度和可靠性，一般要求热电极材料满足下列基本要求：

（1）物理性质稳定，在测温范围内，热电特性不随时间变化；

（2）化学性质稳定，不易被氧化和腐蚀；

（3）组成的热电偶产生的热电势大，热电势与被测温度呈线性或近似线性关系；

（4）电阻的温度系数小，这样热电偶的内阻随温度的变化就小；

（5）复制性好，即同样材料制成的热电偶的热电特性基本相同；

（6）材料来源丰富，价格便宜。

目前还没有满足上述全部要求的材料，因此在选择热电极材料时，只能根据具体情况，按照不同测温条件和要求选择不同的材料。

4. 热电偶的种类

1）按热电偶的特性分类

根据热电偶的特性，常用热电偶可分为标准热电偶和非标准热电偶两大类。所谓标准热电偶是指国家标准规定了其热电势与温度的关系、允许误差，并有统一的标准分度表的热电偶，且有与其配套的显示仪表可供选用。我国从 1988 年 1 月 1 日起，热电偶和热电阻全部按国际标准生产，并指定 S、B、E、K、R、J、T 7 种标准化热电偶为我国统一设计型热电偶。

2）按热电偶的用途分类

（1）普通型热电偶。普通型热电偶通常由热电极、绝缘材料、保护套管和接线盒等主要部分构成，主要用于工业中测量液体、气体、蒸汽等的温度。

（2）铠装型热电偶。铠装型热电偶的热电极、绝缘材料和金属保护套管 3 部分组合后，用整体拉伸工艺将其加工成一根很细的电缆式线材，可自由弯曲。其长度可根据使用需要自由截取，并对热端与冷端分别加工处理，即形成一支完整的铠装型热电偶。铠装型热电偶具有体积小、准确度高、动态响应快、耐振动、耐冲击、机械强度高、可挠性好、便于安装等优点，已广泛应用在航空、原子能、电力、冶金和石油化工等部门。

（3）热套式热电偶。为了保证热电偶的感温元件能在高温、高压及大流量条件下安全测量，并保证其测量准确、反应迅速，人们制成了热套式热电偶，它专用于主蒸汽管道上，测量主蒸汽温度。

（4）薄膜式热电偶。薄膜式热电偶是用真空蒸镀的方法，将热电极材料蒸镀到绝缘基板上而成的热电

偶。因采用蒸镀工艺，所以热电偶可以被做得很薄，而且尺寸可做得很小。它的特点是热容量小，响应速度快，适合于测量微小面积上的瞬变温度。

（5）快速消耗型热电偶。这是一种专为测量钢水及熔融金属的温度而设计的特殊热电偶，它的特点是：当其插入钢水后，保护帽瞬间熔化，热电偶的工作端即刻暴露于钢水中，由于石英管和热电偶的热容量都很小，因此能很快测出钢水的温度，测量时间一般为 4~6 s。在测出温度后，热电偶和石英保护管都被烧坏，因此它只能一次性使用。这种热电偶可直接用补偿导线接到专用的快速电子电位差计上，直接读取钢水的温度。

三、热电阻测温

热电阻温度表也是应用很广泛的一种温度电测仪表，传感器是热电阻，它在中、低温下具有较高的准确度，通常用来测量-200~500 ℃范围内的温度。例如，火电厂的锅炉给水、排烟、轴瓦回油、循环水等的温度就是用热电阻温度表测量的。热电阻温度表由热电阻温度传感器和显示仪表组成。

1. 热电阻测温的原理

物质的电阻值随物质本身的温度变化而变化，这种物理现象称为热电阻效应。在测量技术中，利用热电阻效应可以制成对温度敏感的热电阻元件。当热电阻元件与被测对象通过热交换达到热平衡时，就可以根据热电阻元件的电阻值确定被测对象的温度。

常用的热电阻元件有金属导体热电阻和半导体热敏电阻，它们是热电阻温度计的敏感元件。

2. 标准热电阻的种类与结构

与热电偶一样，工业热电阻有普通型和铠装型两种，它们都由感温元件、引出线、保护套管、接线盒、绝缘材料等组成。

比较适宜做热电阻丝的材料有铂、铜、铁、镍等，而目前应用最广泛的热电阻材料是铂和铜，并且已制成标准化热电阻。

铂热电阻和铜热电阻的技术性能见表5-2。

表 5-2　常用热电阻的技术性能

名称		分度号	温度范围/℃	温度为 0 ℃时的阻值 R_0/Ω	电阻比 (R_{100}/R_0)	主要特点
标准热电阻	铂热电阻（WZP）	Pt10	-200~850	10 ± 0.01	1.385 ± 0.001	测量准确度高，稳定性好，可作为基准仪器
		Pt50		50 ± 0.05	1.385 ± 0.001	
		Pt100		100 ± 0.1	1.385 ± 0.001	
	铜热电阻（WZC）	Cu50	-50~150	50 ± 0.05	1.428 ± 0.002	稳定性好，便宜，但体积大，机械强度较低
		Cu100		100 ± 0.1	1.428 ± 0.002	
	镍热电阻（WZN）	Ni100	-60~180	100 ± 0.1	1.617 ± 0.003	灵敏度高，体积小，但稳定性和复制性较差
		Ni300		300 ± 0.3	1.617 ± 0.003	
		Ni500		500 ± 0.5	1.617 ± 0.003	

续表

名称		分度号	温度范围/℃	温度为 0 ℃时的阻值 R_0/Ω	电阻比 (R_{100}/R_0)	主要特点
低温热电阻	铜热电阻	无	−269.75~183.15	100		复现性较好,在−268.65~−258.15 ℃温度范围内,灵敏度比铂热电阻高 10 倍,但复制性较差,材质软,易变形
	铑铁热电阻	无	−271.15~26.85	20、50 或 100	$R_{1.2\,K\,(-271.95\,℃)}/$ $R_{273\,K\,(-0.15\,℃)}$ 约为 0.07	有较高的灵敏度,复现性好,在−272.65~253.15 ℃温度范围内可准确测量,但长期稳定性和复制性较差
	铂钴热电阻	无	−271.15~−171.15	100		热响应好,机械性能好,温度低于 26.85 ℃时,灵敏度大大高于铂,但不能作为标准温度计

铂是贵重金属,在测温准确度要求不很高、温度较低的场合,普遍采用铜热电阻。铜热电阻通常用于测量−50~150 ℃范围的温度,它的主要优点是电阻-温度关系几乎是线性的,电阻的温度系数比较大,材料容易加工和提纯,价格也比较便宜。其缺点是电阻率较小。另外,铜在高温下容易氧化,只能在低温和无腐蚀性介质中使用。

3. 热电阻的选用原则与误差分析

1) 热电阻的选用原则

选用热电阻测温时,需要考虑以下几点。

(1)测温范围。了解经常测定的温度值和温度变化范围,以正确选用热电阻的测量范围。

(2)测温准确度。应明确要求测量准确度,不要盲目追求高准确度,因为准确度越高,热电阻的价格越高,应选择既能满足测量要求,准确度又适宜的热电阻。

(3)测温环境。应明确实验场所的化学因素、机械因素以及电磁场的干扰等,这对正确合理选用保护管的材料、形状及尺寸十分有用。在 500 ℃以下一般采用金属保护管。

(4)成本。在满足测量准确度和使用寿命的情况下,成本越低越好。

2) 热电阻测温系统的误差分析

热电阻温度计的测量准确度比热电偶高,但在使用中应注意产生误差的原因,防止因使用条件不当而降低测量准确度。

使用热电阻测温时要特别注意线路电阻的影响,因为线路电阻的变化使温度产生误差,所以必须测准导线电阻,再绕制线路调整电阻,使线路总电阻等于仪表的线路总电阻。为克服环境温度变化对导线电阻的影响,应尽可能采用三线制或四线制接线方式。

四、非接触式测温仪表测温

接触式测温方法虽然被广泛采用,但不适于测量运动物体的温度和极高的温度,为此人们发展了非接触式测温方法。

非接触式温度测量仪表分为两类:一类是光学辐射式高温计,包括单色光学高温计、光电高温计、全辐射高温计、比色高温计等;另一类是红外辐射仪,包括全红外辐射仪、单红外辐射仪、比色仪等。

这种测量方法的主要特点是,感温元件不与被测介质接触,因而不破坏被测对象的温度场,也不受被测介质的腐蚀等影响。由于感温元件不用与被测介质达到热平衡，其温度可以大大低于被测介质的温度，所以从理论上说，这种测温方法的测温上限不受限制。另外，它的动态特性好，可测量处于运动状态的对象的温度和变化的温度。

任务三　压力测量

压力是热工过程的重要参数之一，就供热、供燃气、通风与空调系统来说，为确保安全和经济运行，要求对压力进行测量和控制。

在发电厂中饱和蒸汽可以由压力直接确定其状态。在热力设备运行时，为了保证工质状态符合设计要求，取得最佳经济效益，压力和温度一样，都是不可缺少的测量参数。通过压力测量，还可以监视各重要压力容器，如除氧器、加热器等以及管道的承压情况，防止设备超压爆破。

一、压力的基础知识和测压仪表的分类

1. 压力的概念及单位

压力是指物体单位表面积所承受的垂直作用力，在物理学上称为压强，本任务所讨论的压力均指流体对器壁的压力。在国际单位制（SI）和我国法定计量单位中，压力的单位是"帕斯卡"，简称"帕"，符号为"Pa"。

$1\,Pa=1\,N/m^2$，即 1 N 的力垂直均匀作用在 $1\,m^2$ 的面积上所形成的压力是 1 Pa。过去采用的压力单位"工程大气压"（$1\,kgf/cm^2$）、"毫米汞柱"（mmHg）、"毫米水柱"（mmH_2O）等，均应换算为法定计量单位"帕"，其换算关系见表 5-3。

表 5-3　各压力单位的换算

单位名称	符号	与 Pa 的换算关系
工程大气压	kgf/cm^2	$1\,kgf/cm^2 = 9.81 \times 10^4\,Pa$
毫米汞柱	mmHg	$1\,mmHg = 1.33 \times 10^2\,Pa$
毫米汞柱	mmH_2O	$1\,mmH_2O = 9.81\,Pa$

由于地球表面存在着大气压力，物体受压的情况也各不相同，为便于在不同场合表示压力数值，人们引用了绝对压力、表压、负压（真空）和压力差（差压）等概念。表压为正时简称压力，表压为负时称为负压或真空。差压测量时，习惯上把较高一侧的压力称为正压，较低一侧的压力称为负压，而这个负压并不一定低于大气压，同样，这个正压也并不一定高于大气压力，与前述的正压、负压概念不能混淆。这些概念的关系如图 5-6 所示。

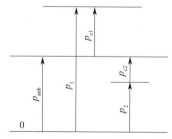

图 5-6　绝对压力与表压的关系

p_{amb}—大气压力；p_1—绝对压力；p_{e1}—与 p_1 对应的表压力；p_{e2}—与 p_2 对应的真空表压力

2. 常用测压仪表的分类

测量压力和真空的仪表,按照信号转换原理的不同,大致可分为以下几种。

1)液柱式压力计

根据液体静力学原理,被测压力与一定高度的工作液体产生的重力相平衡,可将被测压力转换成液柱高度差进行测量,例如 U 形管压力计、单管压力计、斜管压力计等。这类压力计的特点是结构简单、读数直观、价格低廉,但一般只能就地测量,信号不能远传;其可以测量压力、负压和压差;其适合于低压测量,测量上限为 0.1~0.2 MPa,准确度通常为 0.02%~0.15%。高精度的液柱式压力计可用作基准器。

2)以机械力平衡为原理的压力计

这种仪表是将被测压力经变换元件转换成一个集中力,用外力与之平衡,通过测量平衡时的外力可以测得被测压力。力平衡式仪表可以达到较高的准确度,但是结构复杂。这种类型的压力、差压变送器在电动组合仪表和气动组合仪表系列中有较多应用。

3)以弹性力平衡为原理的压力计

此种仪表利用弹性元件的弹性变形特性进行测量。被测压力使测压弹性元件产生变形,因弹性变形而产生的弹性力与被测压力相平衡,测量弹性元件的变形大小即可知被测压力。此类压力计有多种类型,可以测量压力、负压、绝对压力和压差,其应用最为广泛,例如弹簧管压力计、波纹管压力计及膜盒式压力计等。

4)利用物性测压的压力计

其基于在压力的作用下,测压元件的某些物理特性发生变化的原理。

(1)电测式压力计。利用测压元件的压阻、压电等特性或其他物理特性,可将被测压力直接转换成各种电量来测量,例如电容式变送器、扩散硅式变送器等。

(2)其他新型压力计,如集成式压力计、光纤压力计等。

二、液柱式压力计

液柱式压力计是以液体静力学原理为基础的。一般用水银或水作为工作液,用于测量低压、负压和压差。其被广泛用于实验室压力测量或现场锅炉烟、风道各段压力,通风空调系统各段压力的测量。液柱式压力计结构简单,使用、维修方便,但信号不能远传。常用的液柱式压力计有 U 形管压力计、单管压力计、斜管压力计等。

液柱式测压原理也有其难以克服的缺点,主要如下。

(1)量程受到液体密度的限制。除水银外,目前尚无密度大而化学稳定性好的液体,而水银又是人们不愿意使用的有害物质。

(2)不适合测量剧烈变动的压力。由于 U 形管两端必须和被测压力及大气相通,压力突变时会使液体冲出管外。况且管内液体的阻尼系数太小,虽然测微小变化的压力相当灵敏,但在动态性质上却是欠阻尼的,所以遇到压力的扰动就反复振荡,许久方能使液柱静止。

(3)对安装位置和姿势有要求。除占用空间较大,不够紧凑之外,姿势必须垂直,这使安装条件受到限制。

由于上述这些固有缺陷,近年来液柱式测压仪表在工业上的应用已日益减少,特别是用水银的仪表已趋于淘汰,但在科学实验中仍较常见,这是因为它简单、灵敏、准确,尚有可取之处。

三、弹性式压力计

用弹性传感器（又称弹性敏感元件）来测压的仪表称为弹性式压力计。它是基于弹性元件的变形输出（力或位移）来实现压力测量的，然后通过传动机构直接造成压力（或差压）的指示，也可以通过某种变送方法，实现压力（或差压）的远距离指示。根据弹性敏感元件的类型不同，弹性压力计通常可分为弹簧管压力计、膜盒式压力计、电接点压力计等几种类型。

弹性压力计的组成一般包括几个主要部分，如图 5-7 所示。弹性元件是仪表的核心部分，其作用是感受压力并产生弹性变形，弹性元件采用何种形式要根据测量要求选择和设计。在弹性元件与指示机构之间的变换放大机构的作用是将弹性元件的变形进行变换和放大。指示机构主要是指针与刻度标尺，用于给出压力指示值。调整机构用于调整仪表的零点和量程。

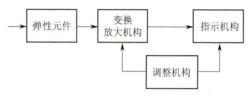

图 5-7 弹性压力计的组成

1. 弹性元件的特性

1）输出特性

输出特性是指平衡时作用在弹性元件上的被测压力 p_x 与元件相应的变形 r 或作用力 F 之间的关系，可表示为

$$F = f(p_x) ， r = f(p_x) \tag{5-2}$$

弹性元件在被测压力（外部作用力）的作用下，产生弹性变形，同时为恢复原状，就会产生反抗外力作用的弹性力，而当弹性力与外部作用力平衡时，变形停止。弹性变形与外部作用力具有一定的关系，这样弹性变形就反映了外部作用力的大小，而外部作用力则反映被测压力的大小。

弹性元件的输出特性决定着测压仪表的质量。它与弹性元件的结构有关，与材料、加工和热处理有关。因此，目前还无法推导出输出特性的完整理论公式，而是用实验、统计方法得到经验公式。

2）刚度和灵敏度

弹性元件产生单位变形所需要的力（或压力）称为弹性元件的刚度；反之，单位作用力引起的变形（位移），即刚度的倒数，称为弹性元件的灵敏度。刚度大的弹性元件，其灵敏度较小，适用于大量程测压仪表。对于线性输出特性的弹性元件，其刚度和灵敏度均为常数，有利于制作高准确度的仪表。

3）弹性迟滞和弹性后效

在弹性变形范围内对弹性元件加压力和减压力时，其输出特性曲线不重合的现象，称为弹性迟滞。对弹性元件所加的压力虽在弹性极限之内，但很快去掉压力后，弹性元件不能马上恢复原状，而是要经过一段时间（有时长达十几分钟）以后才能恢复原状的现象，称为弹性后效。弹性元件的弹性迟滞和弹性后效在实际工作中是同时产生的，它们造成了测压仪表的静态变差和动态误差。减小弹性元件迟滞和后效的一个措施就是使弹性元件的工作负荷远小于比例极限（即取用线性输出特性范围）。

4）温度特性

弹性元件的输出特性与其工作温度有关，温度变化造成测压仪表的温漂，增大了附加误差。为了减小温度变化的影响可采用恒弹性合金材料制作弹性元件，也可在使用中进行温漂的实验修正。

2. 三种常见的弹性压力计

1)弹簧管压力计

弹簧管压力计是最常用的直读式测压仪表,它可用于测量真空或 $0.1 \sim 10^3$ MPa 的压力。弹簧管压力计分多圈及单圈弹簧管压力计两种。多圈弹簧管压力计灵敏度高,常用于压力式温度计。单圈弹簧管压力表可用于真空测量,也可用于高达 10^3 MPa 的高压测量,品种型号繁多,使用最为广泛。根据测压范围一般又分为压力表、真空表及压力真空表。用于测量正压的弹簧管压力计称为压力表,用于测量负压的称为真空表。

2)膜盒式压力计

膜盒式压力计常用于火电厂锅炉风烟系统的风、烟压力测量及锅炉炉膛负压测量。其测量范围为 150~4 000 Pa,准确度等级一般为 2.5 级,较高的可达到 1.5 级。

3)电接点压力计

在热力生产过程中,不仅需要进行压力显示,而且需要将压力控制在某一范围内。例如,锅炉汽包压力、过热蒸汽压力等,当压力低于或高于给定值时就会影响机组的安全和经济运行。电接点压力计可用作电气发讯设备联锁装置和自动操纵装置,以提醒运行人员注意,及时进行操作,保证将压力尽快地恢复为给定值。其测量工作原理和一般弹簧管压力计完全相同,但它有一套发讯机构。在指针的下部有两个指针,一个为高压给定指针,一个为低压给定指针,利用专用钥匙在表盘的中间旋动给定指针的销子,可将给定指针拨到所要控制的压力上限值和下限值上。

四、压力表的选择与安装

1)压力表的选择

为了准确测量压力,必须根据被测对象的特点,适当地选用测压仪表。选择压力表应根据被测压力的种类(压力、负压和压差),被测介质的物理、化学性质和用途(标准表、指示表、记录表和远传表等)以及生产过程所涉及的技术要求,同时应本着既满足测量准确度又经济的原则,合理地选择压力表的型号、量程和准确度等级。

目前根据我国规定的精度等级,标准仪表有 0.05、0.1、0.16、0.2、0.25、0.35 等;工业仪表有 0.5、1.0、1.5、2.5、4.0 等。选用时应按被测参数的测量误差要求和量程范围来确定。

为了保护压力表,一般在被测压力较稳定的情况下,其最高压力值不应超过仪表量程的 2/3;若被测压力波动较大,其最高压力值应低于仪表量程的 1/2。为了保证实际测量的精度,被测压力的最小值不应低于仪表量程的 1/3。

对某些特殊的介质,如氧气、氨气等则有专用的压力表。在测量一般介质时,压力在-40~40 kPa 时,宜选用膜盒式压力计;压力在 40 kPa 以上时,宜选用弹簧管压力表或波纹管压力表;压力在-101.33 kPa~2.4 MPa 时,宜选用压力真空表;压力在 -101.33~0 kPa 时,选用弹簧管真空表。

2)压力表的安装

压力表的安装方式如图 5-8 所示,在安装时必须满足以下要求。

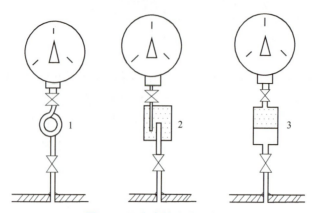

图 5-8　压力表的安装示意图

1—环形圈；2—凝汽管；3—隔离器

（1）取压管口应与工质流速方向垂直，与设备内壁平齐，不应有凸出物和毛刺。测点要选择在其前后有足够长的直管段的地方，以保证仪表所测的是介质的静压力。

（2）防止仪表传感器与高温或有害的被测介质直接接触，测量高温蒸汽压力时，应加装冷凝盘管；测量含尘气体压力时，应装设灰尘捕集器；对于有腐蚀性的介质，应加装充有中性介质的隔离容器；测量高于60 ℃的介质时，一般加环形圈（又称冷凝圈）。

（3）取压口的位置，对于测量气体介质的，一般位于工艺管道上部；对于测量蒸汽的，应位于工艺管道的两侧偏上，这样可以保持测量管路内有稳定的冷凝液，同时防止工艺管道底部的固体介质进入测量管路和仪表；对于测量液体的，应位于工艺管道的下部，这样可以让液体内析出的少量气体顺利地返回工艺管道，而不进入测量管和仪表。

（4）取压口与压力表之间应加装隔离阀，以备检修压力表用。

（5）对水平敷设的压力信号导管应有3%的坡度，以便排除导管内的积水（当被测介质为气体时）或积汽（当被测介质为水时）。信号导管的长度一般不超过50 m，一般内径为6~10 mm，可以减少测量滞后。

在火电厂机组运行过程中，压力监测及调节系统能否正常运行关系到整个机组的安全，因此对压力测量系统的故障及时做出判断并排除显得非常重要。压力测量系统包括被测对象、压力变送器、显示仪表以及引压管路。在实际应用时，必须详细了解整个测量系统的辅助设施及连接形式，如取压装置、导压管、根部阀、表前阀、放空阀、穿线管、供电装置以及电源开关等。对被测对象的特性也要熟练掌握，如被测介质的物理、化学特性，被测介质的压力源及压力控制方式等。

只有对压力测量系统的各个环节都了解清楚后，才能正确分析系统故障。在生产过程中，一般通过显示仪表的现象判断整个测量系统是否故障，再通过这些现象分析故障原因并判断故障部位。

任务四　流量测量

⭐ 一、流量测量的基础知识

1. 流量的概念及单位

在火力发电厂的热力生产过程中,流量是反映生产过程中物料、工质或能量的产生和传输的量。由于流体(水、蒸汽、煤、油等)的流量直接反映设备效率、负荷高低等运行情况,因此要连续监视水、汽、煤、油等的流量或总量。监视的目的是多方面的,例如:为了进行经济核算,需测量锅炉原煤消耗量及汽轮机蒸汽消耗量;锅炉汽包水位的调节,应以给水流量和蒸汽流量的平衡为依据;监测锅炉每小时的蒸发量及给水泵在额定压力下的给水流量,能判断该设备是否在最经济和安全的状况下运行;等等。可见连续监视、测量流体的流量对热力设备的安全、经济运行有着重要意义。

单位时间内通过管道横截面的流体量,称为瞬时流量 q,简称流量,即

$$q = \frac{dQ}{dt} \tag{5-3}$$

式中:dQ 为 dt 时间内流过的流体量,单位取质量或体积的相应单位;dt 为时间间隔,s、min 或 h。

按物质量的单位不同,流量有质量流量 q_m 和体积流量 q_V 之分,它们的单位分别为 kg/s 和 m³/s。上述两种流量之间的关系为

$$q_m = \rho q_V \tag{5-4}$$

式中:ρ 为被测流体的密度。

瞬时流量是判断设备工作能力的依据,它反映了设备当时是在什么负荷下运行的,所以流量监测主要在于监督瞬时流量。一般所说的流量就是指瞬时流量。

从 t_1 至 t_2 这段时间间隔内通过管道横截面的流体量称为流过的流体总量,例如在 24 h 内汽轮机消耗的主蒸汽量、热力网 24 h 内对外供应的热汽(水)量等。检测流体总量可为热效率计算和成本核算提供必要的数据。显然流体流过的总量可以通过在该段时间内瞬时流量对时间的积分得到,所以流体总量又称为积分流量或累计流量。

$$Q = \int_{t_1}^{t_2} q d_t \tag{5-5}$$

总量的单位是 kg 或 m³。流体总量除以得到总量的时间间隔就是该段时间内的平均流量。测量瞬时流量的仪表称为流量表(或流量计);测量总量的仪表称为计量表,它通常由流量计再加积分装置组合而成。

2. 流量测量的方法及流量计的分类

测量流量的方法有很多,各种方法的选用应考虑流体的种类(相态、参数、流动状态、物理化学性能)、测量范围、显示形式(指示、报警、记录、积算、控制等)、测量准确度、现场安装条件、使用条件、经济性等。目前工业上常用的流量测量方法大致可分为速度式、差压式、容积式和质量式四类。

1)速度式流量计

以测量流体在管道内的流速 v 作为测量依据,在已知管道截面积 A 的条件下,流体的体积流量 $q_V = vA$,而质量流量由体积流量乘以流体密度 ρ 得到,即质量流量 $q_m = q_V \rho = \rho v A$。属于这一类的流量仪表有很多,例如涡轮式流量计、涡街流量计、超声波流量计以及电磁流量计等。

2)差压式流量计

其以测量流体通过安装在管道中的节流元件时所产生的差压来反映流量的大小,例如节流变压降(差压)式流量计、均速管式流量计以及转子流量计等。

3)容积式流量计

其以单位时间内所排出流体的固定容积 V 作为测量依据。属于这一类的流量计有椭圆齿轮流量计、腰轮流量计等。如果单位时间内的排出次数为 n,则体积流量 $q_V = nV$,而质量流量则是 $q_m = nV\rho$。

4)质量式流量计

其测量所流过的流体的质量 m。目前这类仪表有直接式和补偿式两种。这种质量流量计具有被测流量不受流体的温度、压力、密度、黏度等变化的影响的特点,是一种处在发展中的流量测量仪表。

流量测量仪表的结构和原理是多种多样的,产品型号也很多,对其严格地给予分类比较困难。其大致分类见表 5-4。

表 5-4 流量测量仪表的分类

类型	典型产品	工作原理	主要特点
差压式流量计	标准孔板;标准喷管;差压变送器;智能流量计	流体通过节流装置时,其流量与节流装置前后的差压有一定的关系;差压变送器将差压信号转换为电信号送到智能流量计进行显示	技术比较成熟,应用广泛,仪表出厂时不用标定
容积式流量计	椭圆齿轮流量计;腰轮流量计;刮板流量计	椭圆形的齿轮或转子被流体冲转,每转一周便有定量的流体通过	准确度高、灵敏,但结构复杂
超声波流量计	超声波流量计	超声波在流动介质中传播时的速度与在静止介质中传播的速度不同,其变化量与介质的流速有关	非接触式测量,对流场无干扰、无阻力,不产生压损,安装方便,可测量有腐蚀性和黏度大的流体,输出线性信号
电磁流量计	电磁流量计	导电性液体在磁场中运动,产生感应电势,其值和流量成正比	适于测量导电性液体
质量式流量计	直接式质量流量计	利用流体在振动管内流动时所产生的与质量流量成正比的科氏力的原理制成的	测量范围大、准确度高;测址管内无零部件,可测量其他流量计难以测量的含气流体、含固体颗粒液体等;可同时测量流体的质量、密度、温度等

在火电厂中,以速度式测量方法中的差压式流量计的使用最为广泛。本任务介绍差压式流量计和其他一些流量测量仪表。

二、差压式流量计

差压流量计主要由三部分组成,如图 5-9 所示。

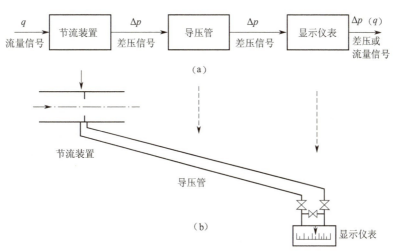

图 5-9　差压式流量计示意图
(a)信号变换框图　(b)仪表组成示意图

1)节流装置

节流装置包括节流件和取压装置。其功能是将流量信号变换成差压信号。

2)导压管

其功能是将节流装置前后的压力信号送至显示仪表。

3)显示仪表

显示压差信号或直接显示被测流量,也可以将导压管输出的差压信号经差压变送器变换成标准电信号或气压信号,再由显示仪表指示差压值或直接指示被测流量,或将变送器输出信号送到控制仪表。

三、其他流量计

1. 超声波流量计

声波是一种机械波,20 kHz 以上频率的机械波称为超声波。超声波换能器的作用是使其他形式的能量转换成超声波的能量(发射换能器)和使超声波的能量转换成其他形式易于检测的能量(接收换能器)。

对于大管道流量测量,采用差压式流量计时,标准节流装置的制作很困难,测量也很难做到准确。而采用超声波流量计则不然,具体地说,超声波流量计具有以下特点。

(1)由于超声波流量计采用非接触测量的方法,因此可以在特殊条件(如高温、高压、防爆、强腐蚀等)下进行测量。即使在一般条件下,接触式流量计(如差压式流量计等)会对流体的流动产生一定的阻力,而且在黏性比较大的流体中使用时,准确度会显著降低。而超声波流量计不会产生附加阻力,也很少受流体黏性的影响。可见超声波流量计属于非接触式测量,对流体场无干扰,无阻力,不产生压力损失。

(2)安装方便。只要将管外壁打磨光,抹上硅油,使其接触良好即可。

(3)超声波流量计受介质的物理性质的限制比较少,适应性较强。例如电磁流量计和激光流量计对不导电和不透明的流体就难以应用,而超声波流量计则不受影响,可测量各种介质,适合于腐蚀性、黏性、混浊度大的流体,而且测量准确度高。

（4）输出信号为线性。超声波流量计的测量原理是：超声波在流动介质中传播时，其传播速度与在静止介质中的传播速度不同，其变化量与介质流速有关，测得这一变化量就能求得介质的流速，进而求出流量。

2. 电磁式流量计

电磁式流量计的原理是法拉第电磁感应定律，由电磁流量变送器、电磁流量转换器两部分组成，电磁流量变送器将被测介质的流量转换为感应电动势，经电磁流量转换器放大为电流信号输出，然后由二次仪表进行流量显示、记录、计算和调节。电磁式流量计无可动部件和插入管道的阻流件，所以压力损失小，但被测流体必须是导电的。其尤其适合非电解性液体。

3. 容积式流量计

通过计量流体的体积来测量流量是一种古老的方法，如翻斗式流量测量设备就是用一个容器接受液体，等该容器内液体达到一定量时，容器自动翻转而排空容器内的液体，然后重新接受液体而开始一个新循环，通过计量单位时间内容器的翻转次数来测量流量的。容积式流量计常用于流体性质变化大而测量准确度要求高的石油、食品和化工行业。

任务五　液位测量

在生产过程中,液位测量和控制是十分必要的,也是非常重要的。液位测量仪表种类很多,下面介绍几种常用的液位测量仪表。

一、浮力式液位计

浮力式液位计是应用较早的一种液位计,其结构简单、使用方便、价格低廉,至今仍在工业生产中广泛使用。

浮力式液位计分两种,一种是浮子位于液面上部,液体对浮子的浮力基本上不变,浮子的位置随液位高度而变化,只要测出浮子的位移量,即可知道液位的高低,这种液位计称为浮子式液位计;另一种是浮筒浸在液体里,根据浮筒被浸入程度的不同,浮筒所受的浮力也不同,只要检测出浮筒所受的浮力的变化,即可知道液位的高度,这种液位计称为浮筒式液位计。

常用的电动浮筒液位变送器,它主要由液位传感器,霍尔变送器和毫伏-毫安转换器组成。

二、差压式液位计

利用静压差测量液位的仪表称为差压式液位计,差压式液位计在液位测量中广泛应用。下面首先介绍利用静压差测量液位的原理,然后介绍开口容器的液位测量。

1. 利用静压差测量液位的原理

在一个密闭容器(图 5-10)中,A 点的静压(气相压力)为 p_A,B 点的静压为 p_B,液位高度为 H,液体的密度为 ρ,则 A、B 两点间的压差为

$$\Delta p = p_B - p_A = \rho g H$$

或

$$H = (p_B - p_A) / \rho g \tag{5-6}$$

式中:p_A、p_B 分别为容器中 A、B 两点的静压,Pa;ρ 为被测液体的密度,kg/m³;H 为液位高度,m;g 为重力加速度,m/s²。

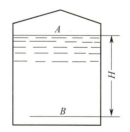

图 5-10　静压法液位测量原理

如果容器是开口的,则有

$$H = (p_B - p_a)/\rho g = p/\rho g \tag{5-7}$$

式中：p_a 为大气压，Pa；p 为表压（压力表的指示值），Pa。

2. 开口容器的液位测量

1）用压力表测量液位

用压力表测量开口容器的液位如图 5-11 所示。压力表通过导压管与容器底部相连，读出压力表的指示值，根据式（5-7），便可知道被测液位的高低。若选用远传压力表还可将被测信号远传。

2）用压力变送器测量液位

对于黏度大、有沉淀、易结晶、易凝固或具有腐蚀性的液体，为防止导压管堵塞或腐蚀，可采用法兰式压力变送器测量液位（见图 5-12）。使用时将变送器上的法兰与容器上的法兰直接连接。变送器的敏感元件金属膜盒经导压管与测量室相通，其内封入沸点高、膨胀系数小、凝固点低的液体硅油，使被测介质与测量系统隔离。压力变送器可把液位信号变成标准的电或气信号，与二次仪表配套指示、记录、调节液位。

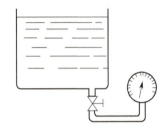

图 5-11　用压力表测量液位示意图

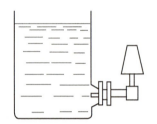

图 5-12　用法兰式压力变送器测量液位示意图

3. 锅炉汽包水位的测量

钢炉汽包水位是锅炉运行过程中的一个主要参数。汽包水位过高，会使蒸汽带水，蒸汽品质恶化，加重管道及设备结垢，甚至发生事故；水位过低对水循环不利，可能使水冷壁管局部过热甚至爆管。因此，对锅炉汽包水位的精确测量十分必要，用差压变送器测量汽包水位是常用的方法之一。

1）汽包水位信号的压力校正

锅炉运行过程中，汽包压力随负荷变化，这样，汽包中饱和水和蒸汽的密度随之变化，影响水位测量的精确度。因此，在用差压变送器测量汽包水位时，必须消除汽包压力变化时对水位测量的影响，也就是要对汽包水位信号进行压力校正。

2）用差压变送器测量汽包水位

图 5-14 所示为差压变送器测量锅炉水位的示意图，平衡容器前安装两个一次门，平衡容器输出的正、负压头由导压管分别引入差压变送器的正、负压室。为了保护差压变送器，防止正、负压室单向受压，在差压变送器入口处的导管上安装由两个二次门和一个平衡门组成的三阀组件。安装差压变送器时，先把平衡阀打开，二次门关死，装好后，打开二次门，关闭平衡阀使变送器开始工作。拆卸时，先打开平衡阀，再关闭二次门，然后拆卸。另外，在导压管的最低点应装设排污阀，以便定期排出导压管中的污物。

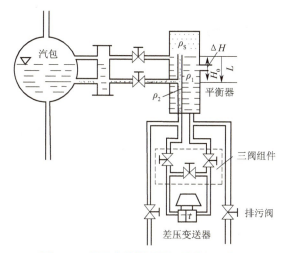

图 5-14 差压变送器测量锅炉水位示意图

三、电接触式液位计

电接触式液位计只适用于导电液体的液位测量。这种液位计是根据液相与气相导电性能差别很大的特点设计的,可作为锅炉汽包水位或水箱水位测量和控制用,下面介绍电接点水位计,如图 5-14 所示,其主要由水位传感器和显示部分组成。水位传感器主要包括测量筒体和若干个电接点,其原理与电极水位计完全相同,只是电极水位计只能指示水位的上限值和下限值,而电接点水位计可以实现多点阶跃式的指示。它具有多个电接点,分别位于测量筒上不同的位置,电接点与测量筒绝缘。当被测水位发生变化时,测量筒中的水位也相应地变化,跟水位对应的电接点与测量筒接通,产生开关信号。水位传感器相当于并联在一起的多个开关,每只开关的动作与水位变化相对应,即水位传感器可以把水位信号变成一系列开关信号,或采用氖灯直接指示水位,或采用色带指示水位,也可将开关信号远传,数字显示并控制水位,还可以与微机联网,实现对水位的控制和管理。

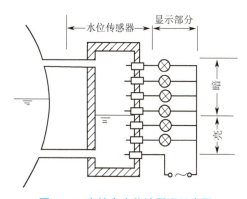

图 5-15 电接点水位计原理示意图

电接触式液位计的缺点是电极(或电接点)易氧化、结垢,需要定期清洗和维护,确保其良好的导电性能。

任务六　自动控制技术

自动控制技术广泛地应用于供热、通风、空调及燃气供应领域,随着生产和科学技术的发展,自动控制技术所起的作用愈来愈重要,自动化水平也愈来愈高。

自动控制的广泛应用,不仅使生产过程实现自动化,提高产品质量,还能最大限度地节约能源和改善劳动条件。

一、概述

1. 自动控制系统及其组成

自动控制是在人工控制的基础上产生、发展起来的,所以,在介绍自动控制时,首先分析人工控制,并与自动控制加以比较,这对初学者了解和分析自动控制是有益的。

1）人工控制与自动控制

图 5-16 为室温人工控制示意图。

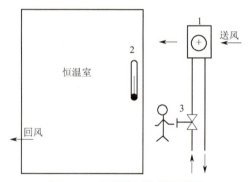

图 5-16　室温人工控制示意图
1—热水加热器；2—温度计；3—调节阀

送风经过热水加热器 1 加热后送入恒温室,用以控制室内温度(简称"室温"),为了使室温保持在要求的数值上或在一定的范围内变化,必须在室内设置一个温度计,操作人员根据温度计的指示,不断地改变调节阀 3 的开度,控制进入加热器的热水量,从而使室温维持在某个要求的范围内。例如,当操作人员从温度计上观察到的数值低于要求值时,则开大热水阀门,增大加热量,使室温上升到要求的数值;当发现室温高于要求值时,则关小阀门,减少加热量,使室温下降到要求数值。归纳起来,操作人员所进行的工作是:

（1）观察温度计的指示值。

（2）将室温指示值与室温要求值加以比较,并算出两者的差值,规定要求值减去指示值为偏差。

（3）当偏差为正时,开大热水阀门,从而使偏差减小;当偏差为负时,则关小热水阀门,也使偏差减小。阀门开大、关小的程度与偏差大小有关。

将上述三步工作不断重复下去,直至温度指示值回到要求的数值上。这种由人工来直接进行的控制称人工控制。

从上述可知,要进行人工控制,必须有测量仪表和一个由人工操作的器件(如上例中的热水阀门)。由人来判断偏差的大小与符号,然后根据这个偏差进行控制,使偏差得以纠正。人在控制过程中就起到了观测、比较、判断和控制的作用。简单说就是"检测偏差、纠正偏差"的过程。

众所周知,人工控制往往是比较紧张和烦琐的工作,而且容易出现差错;另外,由于人眼的观察和手的操作动作,受到人生理机能的限制,所以无法达到高精度和节能控制的要求。假如由一个自动控制装置来完成上述人工操作,就可实现室温的自动控制。

图 5-17 为室温自动控制系统示意图,控制器 3 将传感器 2 反映的室温测量值与要求值进行比较和运算,用以控制执行器 4,使流入室内的热量与流出到室外的热量相平衡,以实现室温的自动控制。上述执行器由执行机构和调节机构阀门组成,称为电动调节阀。

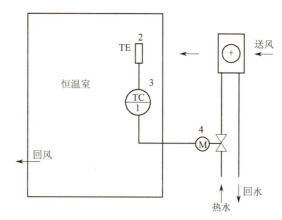

图 5-17 室温自动控制示意图

1—热水加热器;2—传感器;3—控制器;4—执行器(电动执行机构+调节机构)

所谓自动控制就是在没有人直接参与的情况下,利用控制装置使被控对象(如设备或生产过程等)自动地按照预定的规律运行或变化的手段(或操作)。

从上述人工控制与自动控制过程的分析来看,传感器相当于人工控制中的温度计;控制器代替人的眼睛和大脑,对室温实际值与要求值进行比较和运算;执行器中的电动机相当于人的双手。在人工控制中,人是凭经验支配双手操作的,其效果在很大程度上取决于其经验的正确与否。而在自动控制中,控制器是根据偏差信号,按一定规律去控制调节阀的,其效果在很大程度上取决于控制器的控制规律的选用是否恰当。

2)自动控制系统的组成

为了达到自动控制的目的,由相互制约的各个部分,按一定规律组成的具有一定功能的整体称为自动控制系统。它是由被控对象、传感器(或变送器)、控制器和执行器等组成的。例如,图 5-17 室温自动控制系统是由恒温室、温度传感器、温度控制器和电动调节阀组成的。

为了能更清楚地表示一个自动控制系统各组成部分(或称环节)之间的相互影响和信号联系,一般都用框图来表示控制系统的组成。例如,上例室温自动控制系统可用图 5-18 所示的框图表示。每一个方框表示系统的一个环节,用带箭头的线条表示各环节之间的联系和信号的传递方向,在线上用字母表示作用信号。

图 5-17 中的恒温室和热水加热器这个广义对象可用一个方框表示,室温就是工艺上要求恒定(或按要求变化)的参数,在自动控制系统中称为被控变量,室温用 θ_a 表示。被控变量就是系统的输出信号,对被控变量规定的数值称为给定值(或称设定值),室温给定值用 θ_G 表示。

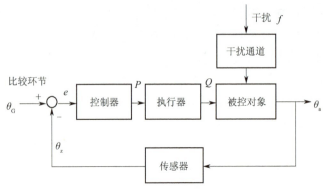

图 5-18　自动控制系统框图

在上例中，室外温度的变化、室内热源的变化、加热器前送风温度的变化及热水温度的变化等，都会使室温发生变化，使室温的实际值与给定值之间产生偏差。这些引起室温变化的外界因素，在自动控制系统中称为干扰（或称扰动），用 f 表示。上例中导致室温变化的另一个因素是加热器热水流量的变化，它往往是调节阀动作的结果，是自动控制系统赖以补偿干扰作用，而进行操作的量，故称操作量或控制量。操作量与干扰对被控对象的作用是相反的。

控制系统一般受到两种作用，即给定作用（给定值）和干扰作用，它们都称为系统的输入信号。系统的给定值决定系统被控变量的变化规律。干扰作用在实际系统中是难于避免的，而且它可以作用于系统中的任意部位。通常所说的系统的输入信号是指给定值信号，而系统的输出信号是指被控变量。设定给定值这一端称为系统的输入端；输出被控变量这一端称为输出端。

图 5-18 中符号 是比较元件，它往往是控制器的一个组成部分，在图中把它单独画出来是为了说明其比较作用。在这种元件上常常作用着几个输入量和一个输出量，输出量等于输入量的代数和。被控变量实测值可以由传感器直接输出，但当传感器输出信号与控制器要求的信号不相符合时，则需通过变送器输出信号与给定值进行比较。在控制系统中，规定给定值 θ_G 减去实测值 θ_Z 为偏差，用 e 表示，则有 $e=\theta_G - \theta_Z$，即给定值取正值，用"+"表示，反馈信号进入比较元件时取负值，用"-"表示。偏差信号 e 作用在控制器输入端，使控制器输出一个控制信号 P，而 P 作用在执行器上，改变调节阀的开度，从而控制操作量 Q，使室温恢复到给定值。

由图 5-18 可以看出，从信号传送的角度来说，自动控制系统是一个闭合的回路，所以又称闭环系统。应强调说明，这种闭环系统的输出信号被控变量经过传感器（或变送器）又返回作用到系统的输入端。这种把系统的输出信号又引到系统的输入端的措施称为反馈。自动控制系统中采用的反馈是负反馈。所谓负反馈就是输入量与反馈量是相减的，采用负反馈控制，才能使被控量与给定值之差消除或减小，即使被控量变化减小。

2. 自动控制系统的分类

1）闭环控制系统

闭环控制系统也称反馈控制系统，如图 5-18 所示的系统，它的特点是系统中采用了负反馈，即存在着一条从系统输出端经过传感器到系统输入端的联络通道——反馈通道。反馈控制系统具有自动修正被控量偏离给定值的能力，控制精度高，适应面广，是基本的控制系统。但由于存在着反馈，系统有产生振荡（被控量产生周期性的波动）的可能，故调试比较繁杂。

2）开环控制系统

开环控制是一种简单的控制形式，其特点是调节器与被控对象之间只有正向控制作用，而没有反馈控制作用,即系统输出对输入信号没有影响。开环控制系统的框图如图 5-19(a)所示,在开环控制系统中,不需要对被控变量进行测量,只根据输入信号进行控制。

例如,寒冷地区空调系统中的空气预热器可采用开环控制,如图 5-19(b)所示,利用室外空气温度 θ_{OA} 来控制预热器上阀门 TV-1 的开度,维持预热器后风温 θ_{SA} 在某一范围内波动。由于这种系统是按照室外温度这个干扰信号进行控制的,所以当其他干扰(例如热水温度、压力)变化时,则无控制作用,因此不能保证预热器后的风温恒定。

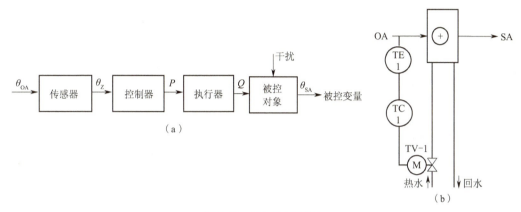

图 5-19 开环控制系统
(a)开环控制系统框图　(b)预热器开环控制

开环系统虽然不一定能消除所有干扰给系统带来的影响,但如采用较频繁的主要干扰作为控制信号,则对其能起到补偿作用,而且控制及时。开环控制精度低,抗干扰能力差,结构简单,成本低,而且不产生振荡。开环控制又称前馈控制。

3)复合控制系统

将开环控制与闭环控制适当结合构成前馈控制系统。实质上,它是在闭环控制的基础上,用开环通道提供一个附加的输入量,以提高系统的控制精度和动态性能。

实践操作训练

列举能源领域常见的传感器及分类。

常用传感器的名称	分类	应用

项目小结

本项目介绍了传感器与智能检测技术。在火电厂的热力生产过程中,为了保证机组安全经济地运行,必须对温度、压力、流量、液位进行准确、可靠和快速测量。本项目感温元件主要介绍了热电偶和热电阻,压力测量主要介绍了弹性式压力计以及压力表的安装,流量计主要介绍了差压式流量计以及其他常用流量计的使用,液位测量主要介绍了浮力式液位计、差压式液位计等几种常用的液位测量仪表。最后详细介绍了自动控制系统的原理及应用,为后面内容的学习打下基础。

复习思考题

(1)简述传感器的定义与作用。
(2)温度测量在电厂的热力生产过程中的作用是什么?
(3)热电厂常用的测温仪表有哪些?
(4)热电偶和热电阻的测温原理是什么?
(5)简述锅炉运行中的温度异常现象及其故障排除方法。
(6)什么是压力、绝对压力、指示压力(表压)和负压?
(7)常用压力测量仪表的分类有哪些?
(8)弹性压力计的组成包括哪几个部分?
(9)流量测量仪表有哪些种类?
(10)火电厂常用的流量测量仪表是什么?它由哪几部分组成?
(11)简述超声波流量计的工作原理。
(12)在火电厂中,常用的液位测量仪表有哪些?
(13)人工控制与自动控制的区别是什么?
(14)自动控制系统的组成是什么?
(15)自动控制系统按照系统结构可分为?

项目六

能源装备制造领域的焊接技术

项目描述

能源工业是国民经济发展与人民生活水平提高的基础工业。在大重型能源装备的制造中,焊接成为关键制造工艺,许多高效优质的焊接技术得到广泛应用,促进了 A 焊接制造业的快速发展。本项目重点讲解能源装备制造领域的焊接技术,及典型结构的手工焊接、机器人焊接技术。

党的二十大报告明确指出:"坚持尊重劳动、尊重知识、尊重人才、尊重创造,实施更加积极、更加开放、更加有效的人才政策,引导广大人才爱党报国、敬业奉献、服务人民。"

知识目标

→ 1. 能够描述能源装备制造领域的智能焊接技术。

→ 2. 能够阐明典型结构的手工焊接技术、机器人焊接技术。

任务一　焊接技术概述

一、智能焊接技术的发展与应用

焊接是制造业的重要加工技术,广泛应用于能源、航空航天、核电、船舶、建筑、高铁、压力容器、工程机械等领域。现代意义的焊接技术出现在19世纪初,是从1885年出现碳弧焊开始的,直到20世纪40年代才形成较完整的焊接工艺体系,特别是20世纪40年代初期出现了优质电焊条后,焊接技术得到了一次飞跃发展。焊接技术的重要发展阶段见表6-1。

表6-1　焊接技术的重要发展阶段

时间	发明国家	焊接方法	时间	发明国家	焊接方法
1802年	俄罗斯	电弧焊	1936年	美国	熔化极惰性气体保护焊（MIG）
1867年	美国	电阻焊	1939年	美国	等离子喷涂
1885年	俄罗斯	碳弧焊	1948年	苏联	摩擦焊
1888年	俄罗斯	金属电极电弧焊	1948年	德国	电子束焊
1890年	法国	氧乙炔焊	1951年	苏联	电渣焊
1895年	德国	热剂焊	1953年	苏联、日本等国的企业	CO_2气体保护焊
1908年	瑞典	药皮电弧焊	1957年	苏联	扩散焊
1930年	苏联	埋弧焊	约1962年	美国	激光焊

随着工业和科学技术的发展,焊接技术也在不断进步,焊接已从单一的加工工艺发展成为综合性的先进工艺技术。焊接技术的新发展主要体现在以下几个方面。

1.计算机在焊接中的应用

弧焊设备微计算机控制系统,可对焊接电流、焊接速度、弧长等多项参数进行分析和控制,对焊接操作程序和参数变化等进行显示和数据保留,从而给出焊接质量的确切信息。目前,以计算机为核心建立的各种控制系统包括焊接顺序控制系统、PID调节系统、最佳控制及自适应控制系统等。这些系统均在电弧焊、压焊和钎焊等不同的焊接方法中得到应用。计算机软件技术在焊接中的应用也越来越得到人们的重视。目前,计算机模拟技术已用于焊接热过程、焊接冶金过程、焊接应力和变形等的模拟;数据库技术被用于建立焊工档案管理数据库、焊接符号检索数据库、焊接工艺评定数据库、焊接材料检索数据库等;在焊接领域,CAD/CAM(计算机辅助设计/计算机辅助制造)的应用正处于不断开发阶段,焊接的柔性制造系统也已出现。

2.热源的研究与开发

当今,焊接热源已非常丰富,如火焰、电弧、电阻、超声波、摩擦、等离子弧、电子束、激光束、微波等。但人们对焊接热源的研究与开发并未终止,其新的发展可概括为三个方面:首先是对现有热源的改善,使它更为有效、方便、经济、适用,在这方面,电子束和激光束焊接的发展较显著;其次是开发更好、更有效的热源,采用两种热源叠加以求获得更大的能量密度,例如,在电子束焊中加入激光束等;第三是节能技术,由于焊接所消耗的能源很多,所以出现了不少以节能为目标的新技术,如太阳能焊、电阻点焊中利用电子技术的发展来提高焊机的功率因数等。

3. 焊接生产率提高

提高焊接生产率是推动焊接技术发展的重要驱动力。提高生产率的途径有两个方面。其一,提高焊接熔敷率。焊条电弧焊中的铁粉焊、重力焊等工艺,埋弧焊中的多丝焊、热丝焊均属此类,其效果显著。其二,减小坡口截面及减少熔敷金属量,近年来最突出的成就是窄间隙焊接。窄间隙焊接采用气体保护焊作为基础,利用单丝、双丝或三丝进行焊接。无论接头厚度如何,均可采用对接形式。窄间隙焊接的技术关键是保证两侧熔透和电弧中心自动跟踪并处于坡口中心线上。为解决这两个问题,世界各国开发出多种不同方案,因而出现了种类多样的窄间隙焊接法。电子束焊、激光束焊及等离子弧焊可采用对接接头,且不用开坡口,是理想的窄间隙焊接法,这是它们受到人们广泛重视的重要原因之一。

4. 焊接机器人和智能化焊接

焊接机器人是焊接自动化的革命性进步,它突破了焊接刚性自动化的传统方式,开拓了一种柔性自动化的新方式。焊接机器人的主要优点:稳定和提高焊接质量,保证焊接产品的均一性;提高生产率,一天可24 h连续生产;可在有害环境下长期工作,改善了工人的劳动条件;降低了对工人操作技术的要求;可实现小批量产品焊接自动化;为焊接柔性生产线提供了技术基础。为提高焊接过程的自动化程度,除了控制电弧对焊缝的自动跟踪外,还应实时控制焊接质量,为此,需要在焊接过程中检测焊接坡口的状况,如熔宽、熔深和背面焊道成形等,以便能及时地调整焊接参数,保证良好的焊接质量,这就是智能化焊接。智能化焊接的第一个发展重点在于视觉系统,它的关键技术是传感技术。虽然目前智能化焊接还处在初级阶段,但它有着广阔前景,是一个重要的发展方向。第二个发展重点是焊接专家系统。近年来,国内外对焊接工程的专家系统已有较深入的研究,并已推出或准备推出某些商品化焊接专家系统。焊接专家系统是具有相当于专家的知识和经验水平,以及具有解决焊接专门问题能力的计算机软件系统。第三个发展重点是在此基础上发展起来的焊接质量计算机综合管理系统。其内容包括对产品的初始试验资料和数据的分析、产品质量检验、销售监督等。

据世界钢铁协会公布的统计数据,我国2021年钢产量为10.32亿t,占世界总产量的52.95%,为世界产量第一的国家,钢材消费量也非常大。制造业的整体能力和水平,直接关系到国家的经济实力、国防实力、综合国力和在全球经济中的竞争与合作能力,也决定着国家的现代化进程。经过几代人的前仆后继,数亿人的奋发努力,我国已拥有相当规模和较高水平的制造体系,能够为国民经济和社会发展提供先进的产品和装备。这些成绩的取得均离不开焊接技术的发展和应用,如图6-1至图6-4所示。

图6-1 西气东输工程

图6-2 航空母舰

图 6-3　鸟巢建筑

图 6-4　神舟飞船

目前,焊接方法的分类方法很多,通常情况下,按照焊接过程的特点将焊接分为熔焊、压焊和钎焊三大类,每大类又按不同的方法细分为若干小类,如图 6-5 所示。

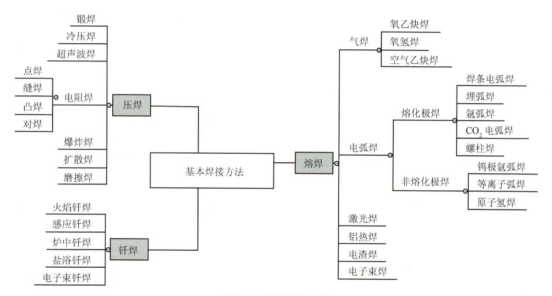

图 6-5　焊接方法分类

二、能源装备制造领域的焊接技术的分析

能源装备制造业成为带动我国产业升级的新增长点,石油石化、海洋能源、电站及钢结构等诸多能源相关行业的大型工程建设进入了快速发展的新阶段(如图 6-6 至图 6-9 所示),对焊接质量、焊接效率和焊接技术水平都提出了更高的要求,也推动了焊接技术向前发展。

1. 能源装备制造领域常用焊接方法

焊接在能源装备制造领域得到广泛应用,常用的焊接方法有:焊条电弧焊、熔化极气体(含惰性与非惰性气体)保护焊、钨极氩弧焊、钎焊、埋弧焊等。

2. 能源装备制造领域常用焊接设备

能源装备制造领域常用的焊接设备主要有焊条电弧焊机、CO_2 气体保护焊机、氩弧焊(含熔化极和非熔化极)机、埋弧焊机、钎焊设备、焊接机器人设备、等离子切割机等焊接及辅助设备。

图 6-6 风力发电设备

图 6-7 风力发电设备立柱焊装车间

图 6-8 机械蒸汽再压缩(MVR)蒸发浓缩结晶系统

图 6-9 压力容器生产车间

3. 能源装备制造领域焊接岗位分析

能源装备制造业的快速发展,催生了对焊接技术技能型人才的大量需求,主要岗位有焊接与切割操作、焊接设备操作与维护、焊接检验等。随着机器代工不断深入,对焊接机器人操作与维修岗位的需求会日益增加。

主要焊接岗位应具备的知识、素质、技能要求为:

(1)具备基本图样的识读能力及焊接基础和焊接材料知识;

(2)掌握相应焊接岗位的低碳钢、合金钢、高强钢、有色金属材料及其焊接性知识;

(3)具有熔化极气体(含惰性与非惰性气体)保护焊、埋弧焊等带有机动设备的焊接操作能力;

(4)具备继续学习,追求进取,团队协作的基本素养;

(5)具备国家应急管理部颁发的《特种作业操作证》及国家市场监督管理总局颁发的《特种设备作业人员证》。

能源综合技术应用

任务二　典型结构的手工焊接

一、常用焊接方法

1. 焊条电弧焊

焊条电弧焊是用手工操纵焊条进行焊接的电弧焊方法,它是利用焊条和焊件之间产生的焊接电弧来加热并熔化焊条与局部焊件以形成焊缝的,是熔焊中最基本的一种焊接方法,也是目前焊接生产中使用最广泛的焊接方法之一。焊条电弧焊的操作如图 6-10 所示。

图 6-10　焊条电弧焊的操作

焊条电弧焊的焊接电路如图 6-11 所示,它由弧焊电源、电弧、焊钳、焊条、电缆和焊件组成。电弧是负载,弧焊电源是为其提供电能的装置,电缆则用来连接弧焊电源与焊钳和焊件。

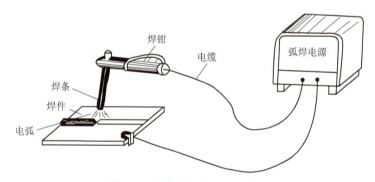

图 6-11　焊条电弧焊的焊接电路

1)焊条电弧焊的原理

焊接时,将焊条与焊件接触短路后立即提起焊条,引燃电弧。电弧的高温将焊条与焊件局部熔化,熔化了的焊芯以熔滴的形式过渡到局部熔化的焊件表面,熔合在一起形成熔池。焊条药皮在熔化过程中会产生一定量的气体和液态熔渣。产生的气体充满在电弧和熔池周围,起着隔绝大气、保护液态金属的作用。液态熔渣密度小,在熔池中不断上浮,覆盖在液态金属上面,也起着保护液态金属的作用。同时,药皮熔化产生的气体、熔渣与熔化了的焊芯、焊件发生一系列冶金反应,保证了所形成的焊缝的性能。随着电弧沿焊接方向不断移动,熔池液态金属逐步冷却结晶形成焊缝。焊条电弧焊的原理如图6-12所示。

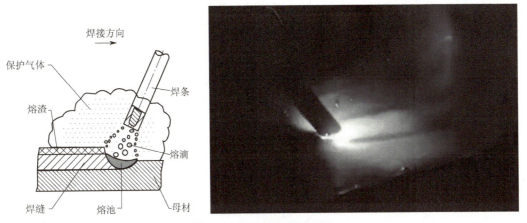

图6-12 焊条电弧焊的原理

2)焊条电弧焊的特点及应用

I. 焊条电弧焊的优点

①工艺灵活、适应性强。对于不同的焊接位置、接头形式、焊件厚度及焊缝,只要是焊条所能到达的位置,均能进行方便的焊接。对于一些单件、小件、短的、不规则的、空间任意位置的和不易实现机械化焊接的焊缝,焊条电弧焊更显机动灵活、操作方便。

②应用范围广。焊条电弧焊的焊条能够与大多数焊件金属的性能相匹配,因而,接头的性能可以达到被焊金属的性能。焊条电弧焊不但能焊接碳钢、低合金钢、不锈钢及耐热钢,而且能焊接铸铁、高合金钢及有色金属等。此外,还可以进行异种钢焊接和各种金属材料的堆焊等。

③易于分散焊接应力和控制焊接变形。由于焊接是局部的不均匀加热,因此焊件在焊接过程中都存在着焊接应力和变形。对于结构复杂而焊缝又比较集中的焊件、长焊缝和大厚度焊件,其应力和变形问题更为突出。采用焊条电弧焊,可以通过改变焊接工艺,如采用跳焊、分段退焊、对称焊等方法,来减少变形和改善焊接应力的分布。

④设备简单、成本较低。焊条电弧焊使用的交流焊机和直流焊机的结构都比较简单,维护保养也较方便,设备轻便易于移动,而且焊接过程中不需要辅助气体保护,并具有较强的抗风能力,故投资少,成本相对较低。

II. 焊条电弧焊的缺点

①焊接生产率低、劳动强度大。由于焊条的长度是一定的,因此每焊完一根焊条后必须停止焊接,更换新的焊条,而且每焊完一个焊道后需要清渣,焊接过程不能连续进行,所以生产率低、劳动强度大。

②焊缝质量依赖性强。由于采用手工操作,焊缝质量主要靠焊工的操作技术和经验来保证,因此,焊缝质量在很大程度上依赖于焊工的操作技术及现场发挥,甚至焊工的精神状态也会影响焊缝质量。而且焊条电弧焊不适用于活泼金属、难熔金属及薄板的焊接。

尽管半自动、自动焊在一些领域得到了广泛应用,有逐步取代焊条电弧焊的趋势,但由于焊条电弧焊具有的优点,因此,仍然是目前焊接生产中使用最广泛的焊接方法之一。

2. 熔化极气体保护电弧焊

气体保护电弧焊是用外加气体作为电弧介质并保护电弧和焊接区的电弧焊方法,是目前应用最广泛的电弧焊方法之一,根据电极材料不同,可分为熔化极气体保护电弧焊和非熔化极气体保护电弧焊,其中熔化极气体保护电弧焊的应用最广泛,下面对其进行介绍。

1)熔化极气体保护电弧焊的原理

熔化极气体保护电弧焊是采用连续送进的可熔化的焊丝与焊件之间的电弧作为热源来熔化焊丝和焊件,形成熔池和焊缝的焊接方法,如图6-13所示。为了得到良好的焊缝并保证焊接过程的稳定性,应利用外加气体作为电弧介质并保护熔滴、熔池和焊接区金属免受周围空气的有害作用。

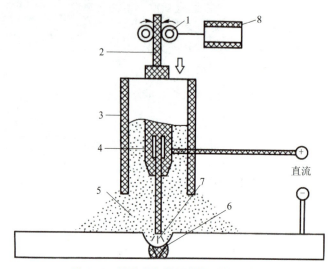

图6-13 熔化极气体保护电弧焊示意图

1—送丝滚轮;2—焊丝;3—喷嘴;4—导电嘴;5—保护气体;6—焊缝金属;7—电弧;8—送丝机

2)熔化极气体保护电弧焊的特点

熔化极气体保护电弧焊与其他电弧焊方法相比具有以下特点。

①采用明弧焊,一般不必使用焊剂,故没有熔渣,熔池可见度好,便于操作。而且保护气体是喷射的,适宜进行全位置焊接,不受空间位置的限制,有利于实现焊接过程的机械化和自动化。

②由于电弧在保护气流的压缩下热量集中,焊接熔池和热影响区很小,因此焊接变形小、焊接裂纹倾向不大,尤其适用于薄板的焊接。

③采用氩气、氦气等惰性气体进行保护,焊接化学性质较活泼的金属或合金时,可获得高质量的焊接接头。

④气体保护电弧焊不宜在有风的地方施焊,在室外作业时须有专门的防风措施。此外,电弧光的辐射较强,焊接设备相对较复杂。

3)熔化极气体保护电弧焊的分类

熔化极气体保护电弧焊有多种分类方法,主要方法有以下几种。

①按所用焊丝类型不同,分为实芯焊丝气体保护焊和药芯焊丝气体保护焊。

②按操作方式不同,分为半自动气体保护焊和自动气体保护焊。

③按保护气体的性质和成分不同,分为熔化极惰性气体保护焊(MIG)、熔化极活性气体保护焊(MAG)、二氧化碳气体保护焊(CO_2焊)三种,如图6-14所示。三种熔化极气体保护电弧焊方法的特点及应用见表6-2。

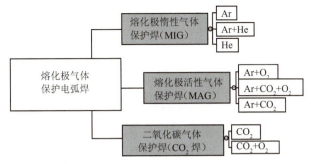

图 6-14 熔化极气体保护电弧焊的分类

表 6-2 三种熔化极气体保护焊方法的特点及应用

焊接方法	保护气体	特点	应用范围
二氧化碳气体保护焊	CO_2、CO_2+O_2	优点是生产率高，对油、锈不敏感，冷裂倾向小，焊接变形和焊接应力小，操作简便，成本低，可全位置焊 缺点是飞溅较多，弧光较强，很难用交流电源焊接及在有风的地方施焊等 熔滴过渡形式主要有短路过渡和滴状过渡	广泛应用于低碳钢、低合金钢的焊接，与药芯焊丝配合可以焊接耐热钢、不锈钢及进行堆焊等，特别适用于薄板的焊接
熔化极惰性气体保护焊	Ar、Ar+He、He	优点是生产率比钨极氩弧焊高，飞溅小，焊缝质量好，可全位置焊 缺点是成本较高，对油、锈很敏感，易产生气孔，抗风能力弱等 熔滴过渡形式有喷射过渡、短路过渡	几乎可以焊接所有金属材料，主要用于焊接有色金属、不锈钢和合金钢或用于碳钢及低合金钢管道及接头打底焊道的焊接；能焊接薄板、中板和厚板焊件
熔化极活性气体保护焊	$Ar+O_2+CO_2$、$Ar+CO_2$、$Ar+O_2$	熔化极活性气体保护焊克服了二氧化碳气体保护焊和熔化极惰性气体保护焊的主要缺点，飞溅减小，熔敷系数提高，合金元素烧损较二氧化碳气体保护焊小，焊缝成形、力学性能好，成本比熔化极惰性气体保护焊低、比二氧化碳气体保护焊高 熔滴过渡形式主要有喷射过渡、短路过渡	可以焊接碳钢、低合金钢、不锈钢等，能焊薄板、中板和厚板焊件。应用最广的是用 80%Ar+20%CO_2 的混合气体来焊接低碳钢、低合金钢

3. 钨极氩弧焊（TIG 焊）

钨极惰性气体保护焊是使用纯钨或活化钨（钍钨、铈钨等）做电极的惰性气体保护焊，简称 TIG 焊。TIG 焊一般采用氩气作为保护气体，故称钨极氩弧焊。由于钨极本身不熔化，只起发射电子、产生电弧的作用，故也称非熔化极氩弧焊。

1）TIG 焊的工作原理

TIG 焊是利用钨极与焊件之间产生的电弧热来熔化附加的填充焊丝或自动送给的焊丝（也可不加填充焊丝）及基体金属形成熔池而形成焊缝的。焊接时，氩气流从焊枪喷嘴中连续喷出，在电弧区形成严密的保护气层，将电极和金属熔池与空气隔离，以形成优质的焊接接头。TIG 焊的工作原理如图 6-15 所示。

2）TIG 焊的分类

TIG 焊按所采用的电流种类可分为直流 TIG 焊、交流 TIG 焊和脉冲 TIG 焊等。

TIG 焊按其操作方式可分为手工 TIG 焊和自动 TIG 焊。进行手工 TIG 焊时，焊工一手握焊枪，另一手持焊丝，随焊枪的摆动和前进逐渐将焊丝填入熔池之中。有时也不加填充焊丝，仅将接口边缘熔化后形成焊缝。自动 TIG 焊是以传动机构带动焊枪行走,送丝机构尾随焊枪进行连续送丝的焊接方式。在实际生产中,手工 TIG 焊应用最广。

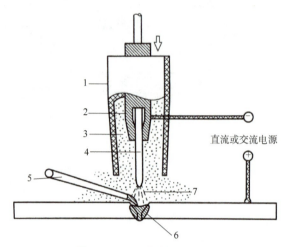

图 6-15 TIG 焊的工作原理

1—喷嘴;2—钨极夹头;3—保护气体;4—钨极;5—填充金属;6—焊缝金属;7—电弧

3) TIG 焊的特点

TIG 焊除具有气体保护电弧焊共有的特点外,还有以下特点。

（1）焊接质量好。氩气等是惰性气体,不与金属起化学反应,合金元素不会氧化烧损,而且不溶解于金属。焊接过程基本上是金属熔化和结晶的简单过程,因此保护效果好,能获得高质量的焊缝。

（2）适应能力强。采用氩气等进行保护时无熔渣,填充焊丝不通过电流,故不产生飞溅,焊缝成形美观;电弧稳定性好,即使在很小的电流(<10 A)下仍能稳定燃烧,且热源和填充焊丝可分别控制,热输入容易调节,所以特别适合薄件、超薄件(0.1 mm)及全位置焊接(如管道对接)。

（3）焊接范围广。TIG 几乎可焊接除熔点非常低的铅、锡以外的所有金属和合金,特别适宜焊接化学性质活泼的金属和合金,常用于铝、镁、钛、铜及其合金和不锈钢、耐热钢及难熔活泼金属(如锆、钽、钼等)等材料的焊接。由于容易实现单面焊双面成形,有时还可用于焊接结构的打底焊。

（4）焊接效率低。由于用钨做电极,承载电流的能力较差,焊缝易受钨的污染。因而 TIG 焊所使用的电流较小,电弧功率较低,焊缝熔深浅,熔敷速度慢,仅适用于厚度小于 6 mm 的焊件的焊接,且大多采用焊条电弧焊,焊接效率低。

（5）焊接成本较高。由于使用氩气等惰性气体,故焊接成本高,常用于质量要求较高的焊缝及难焊熔金属的焊接。

二、典型结构焊条电弧焊技能训练

1. 必备知识

1) 焊接接头

用焊接的方法把两个工件连接在一起所形成的接头称为焊接接头。焊接接头由焊缝、熔合区和热影响区组成,如图 6-16 所示。焊缝是指焊件经焊接后所形成的结合部分;热影响区是指焊件受热的影响(但未熔化)而发生金相组织和力学性能变化的区域;熔合区则是由焊缝向热影响区过渡的区域。

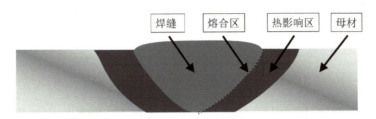

图 6-16 焊接接头示意图

由于结构形状、工件厚度及对接头质量的要求不同,接头形式也就不同,主要有以下几种。

Ⅰ.卷边接头

卷边接头一般只用于厚 1~2 mm 的薄板金属。焊前将接头边缘用弯板机或手工进行卷边,如图 6-17a 所示。焊接时可不加填充金属,靠电弧熔化卷边,待金属凝固后即形成焊缝。

卷边接头的特点是卷边的制备和装配方便、生产率高,但承载能力低,只能用于载荷较小的薄壳结构。

Ⅱ.对接接头

两焊件端面相对平行的接头称为对接接头,如图 6-17(b)所示。

Ⅲ.T 形接头

两焊件成 T 字形结合的接头称为 T 形接头,如图 6-17(c)所示。

Ⅳ.角接接头

在两焊件的端部形成 30°~150° 夹角的连接接头称为角接接头,如图 6-17(d)所示。

Ⅴ.搭接接头

两焊件部分搭叠,沿着一焊件或两焊件的边缘进行焊接,或在上面一焊件上钻孔,采用塞焊把两焊件焊在一起的接头均称搭接接头,如图 6-17(e)和(f)所示。

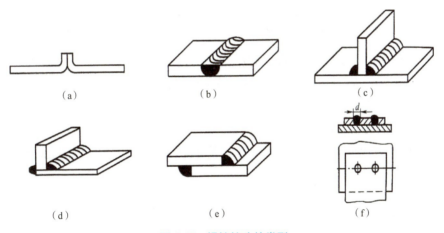

图 6-17 焊接接头的类型
(a)卷边接头 (b)对接接头 (c)T 形接头 (d)角接接头 (e)、(f)搭接接头

对接接头从受力的角度看是比较理想的接头形式,受力状况好、应力集中较小。T 形接头能承受各种方向的力和力矩。角接接头多用于箱形构件上,承载能力随接头形式不同而不同。搭接接头的应力分布不均匀、疲劳强度较低,不是理想的接头类型,虽然这种接头焊前准备及装配工作较简单,在焊接结构中也有一定应用,但对于承受动载荷的结构件不宜采用。

2)焊缝

焊缝是焊件经焊接后所形成的结合部分。焊缝有以下几种分类方式。

Ⅰ.按焊缝在空间位置的不同分类

按焊缝在空间位置的不同可将其分为平焊缝(图 6-18(a))、立焊缝(图 6-18(b))、横焊缝(图 6-18(c))

和仰焊缝(图6-18 d)。

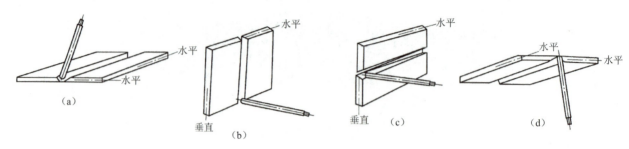

图6-18 不同焊接位置的焊缝
(a)平焊缝 (b)立焊缝 (c)横焊缝 (d)仰焊缝

Ⅱ.按焊缝连接形式的不同分类

焊缝按连接形式一般可分为对接焊缝(图6-19(a))、角焊缝(图6-19(b))、塞焊缝(图6-19(c))等,最常见的是前两种。在焊缝的坡口面间或坡口面与另一焊件表面间焊接的焊缝是对接焊缝。角焊缝则是沿两直交或近直交焊件的交线所焊接的焊缝。

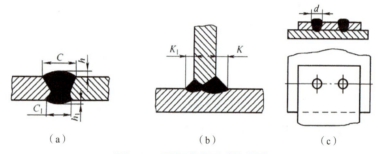

图6-19 不同连接形式的焊缝
(a)对接焊缝 (b)角焊缝 (c)塞焊缝

需要注意的是,焊缝与接头是两个不同的概念,同一类接头可以采用不同的焊缝结合形式。对接接头形成的焊缝可能是对接焊缝,也可能是角焊缝;同样,角接接头形成的焊缝可能是角焊缝,也可能是对接焊缝或者对接焊缝与角焊缝的组合焊缝。

3)焊接材料

焊条是焊条电弧焊用的焊接材料。实施焊条电弧焊时,焊条既做电极,又做填充金属,其熔化后与母材熔合形成焊缝。

Ⅰ.焊条的组成及作用

焊条由焊芯和药皮组成。焊条前端药皮有45°左右的倒角,以便于引弧;在尾部有一段裸焊芯,长10~35 mm,以便于焊钳夹持和导电,焊条的长度一般为250~450 mm。焊条直径是以焊芯直径来表示的,常用的有 $\phi 2$ mm、$\phi 2.5$ mm、$\phi 3.2$ mm、$\phi 4$ mm、$\phi 5$ mm、$\phi 6$ mm 等规格。

Ⅰ)焊芯

焊条中被药皮包覆的金属芯称为焊芯。焊接时,焊芯有两个作用:一是传导焊接电流,产生电弧把电能转换成热能;二是焊芯本身熔化,作为填充金属与液体母材金属熔合形成焊缝。

焊芯一般是一根具有一定长度及直径的钢丝。这种焊接专用钢丝用于制造焊条,就是焊芯;在埋弧焊、气体保护电弧焊、电渣焊、气焊等中用作填充金属时,则称为焊丝。不同种类焊条所用的焊芯见表6-3。

表 6-3 不同种类焊条所用的焊芯

焊条种类	所用的焊芯
碳钢焊条	低碳钢焊芯（H08A、H08E 等）
低合金钢焊条	低碳钢或低合金钢焊芯
不锈钢焊条	不锈钢或低碳钢焊芯
堆焊焊条	低碳钢或合金钢焊芯
铸铁焊条	低碳钢、铸铁、非铁合金焊芯
有色金属焊条	有色金属焊芯

Ⅱ）药皮

压涂在焊芯表面上的涂料层称为药皮。生产实践证明，焊芯和药皮之间要有一个适当的比例，这个比例就是焊条药皮与焊芯（不包括夹持端）的质量比，称为药皮的质量系数，用 K_b 表示。K_b 一般为 40%~60%。

（1）焊条药皮的作用主要有以下几点。

①机械保护作用。利用焊条药皮熔化后所产生的大量气体和形成的熔渣，起隔离空气的作用，防止空气中氧、氮的侵入，保护熔滴和熔池金属。

②冶金处理。通过熔渣与熔化金属的冶金反应，除去有害杂质（如氧、氢、硫、磷）和添加有益元素，使焊缝获得符合要求的力学性能。

③改善焊接工艺性能。焊接工艺性能是指焊条使用和操作时的性能，包括稳弧性、脱渣性、全位置焊接性、焊缝成形性等。好的焊接工艺性能可使电弧稳定燃烧、飞溅少、焊缝成形好、易脱渣、熔敷效率高、适用于全位置焊接等。

（2）焊条药皮的组成。焊条药皮是由各种矿物类、铁合金和金属类、有机物类及化工产品等原料组成的。焊条药皮组成物按其在焊接过程中的作用可分为稳弧剂、造渣剂、造气剂、脱氧剂、黏结剂及合金化元素（如需要）六大类，其组成成分及主要作用见表 6-4。

表 6-4 焊条药皮组成物的名称、组成成分及主要作用

名称	组成成分	主要作用
稳弧剂	碳酸钾、碳酸钠、钾硝石、水玻璃及大理石或石灰石、花岗石、钛白粉等	改善焊条的引弧性能和提高焊接电弧稳定性
造渣剂	钛铁矿、赤铁矿、金红石、长石、大理石、石英、花岗石、萤石、菱苦土、锰矿、钛白粉等	形成具有一定物理、化学性能的熔渣，起良好的机械保护作用和冶金处理作用
造气剂	分有机物和无机物两类；无机物常用碳酸盐类矿物，如大理石、菱镁矿、白云石等；有机物常用木粉、纤维素、淀粉等	形成保护气氛，有效地保护焊缝金属，同时也有利于熔滴过渡
脱氧剂	锰铁、硅铁、钛铁等	对熔渣和焊缝金属进行脱氧
黏结剂	水玻璃或树胶类物质	将药皮牢固地黏结在焊芯上
合金化元素	铬、钼、锰、硅、钛、钨、钒的铁合金和铬、锰等纯金属	向焊缝金属中掺入必要的合金成分，以补偿已经烧损或蒸发的合金元素和补加特殊性能要求的合金元素

焊条药皮中的许多物质往往同时起几种作用。例如，大理石既有稳弧作用，又是造气剂和造渣剂。某些铁合金（如锰铁、硅铁）既可做脱氧剂，又可做合金化元素。水玻璃虽然主要用作黏结剂，但实际上也是稳弧剂和造渣剂。

Ⅱ. 焊条的分类

Ⅰ)焊条的分类方法

焊条的分类方法很多,从不同角度的分类见表6-5。

表6-5 焊条的分类

分类方法	类别名称	分类方法	类别名称
按药皮类型分类	钛型	按焊条的用途分类	低温钢焊条
	纤维素型		铸铁焊条
	金红石型		铜及铜合金焊条
	钛铁矿型		铝及铝合金焊条
	氧化铁型		镍及镍合金焊条
	金红石+铁粉型		特殊用途焊条
	氧化铁+铁粉型	按焊条性能分类	超低氢焊条
	碱性		低尘、低毒焊条
	碱性+铁粉型		立向下焊条
	钛酸型		底层焊条
按熔渣特性分类	酸性焊条		铁粉高效焊条
	碱性焊条		抗潮焊条
按焊条的用途分类	非合金钢及细晶粒钢焊条		水下焊条
	热强钢焊条		重力焊条
	不锈钢焊条		躺焊条
	堆焊焊条		

Ⅱ)酸性焊条和碱性焊条

按药皮熔化后的熔渣特性,焊条可分为酸性焊条和碱性焊条两大类。药皮熔化后的熔渣主要由酸性氧化物组成的焊条,称为酸性焊条,钛型、钛铁矿型、纤维素型、金红石型及氧化铁型等药皮类型的焊条为酸性焊条;药皮熔化后的熔渣主要由碱性氧化物组成的焊条,称为碱性焊条。碱性焊条的力学性能、抗裂纹性能优于酸性焊条,而酸性焊条的工艺性能则优于碱性焊条,酸性焊条和碱性焊条的性能对比见表6-6。

表6-6 酸性焊条和碱性焊条的性能对比

序号	酸性焊条	碱性焊条
1	对水、锈的敏感性不大,使用前须经 75~150 ℃烘干,保温1~2 h	对水、锈的敏感性较大,使用前须经 350~400 ℃烘干,保温 1~2 h
2	电弧稳定,可用交流或直流施焊	须用直流反接施焊,在药皮中加稳弧剂后,可交、直流两用
3	焊接电流较大	焊接电流比同规格酸性焊条小 10%~15%
4	可长弧操作	须短弧操作,否则易产生气孔
5	合金元素过渡效果差	合金元素过渡效果好
6	熔深较浅,焊缝成形较好	熔深较深,焊缝成形一般
7	熔渣呈玻璃状,脱渣较方便	熔渣呈结晶状,脱渣不及酸性焊条方便

续表

序号	酸性焊条	碱性焊条
8	焊缝的常、低温冲击韧度一般	焊缝的常、低温冲击韧度高
9	焊缝的抗裂性较差	焊缝的抗裂性好
10	焊缝的含氢量较高,影响塑性	焊缝的含氢量低
11	焊接时烟尘较少	焊接时烟尘稍多,且烟尘中含有有害物质

4)焊接缺陷及检测

Ⅰ.焊接常见的外观缺陷

Ⅰ)缺陷的定义

焊接过程中在焊接接头中产生的金属不连续、不致密或连接不良的现象,称为焊接缺陷。焊接缺陷可以分为内部缺陷和外观缺陷。外观缺陷(表面缺陷)是指不用借助于仪器,从工件表面可以发现的缺陷。本部分仅针对焊缝的外观缺陷进行介绍。

Ⅱ)外观缺陷的种类

常见的外观缺陷有咬边、焊瘤、凹陷、未焊透、未熔合以及焊缝外形尺寸不符合要求等,有时还有气孔和裂纹。

(1)咬边是指沿焊趾的母材部位产生的凹陷或沟槽,它是由于电弧将焊缝边缘的母材熔化后没有得到熔敷金属的充分补充所留下的缺口,如图6-20所示。产生咬边的主要原因是电流太大、运条速度太快。焊条与工件间角度不正确、摆动不合理、电弧过长、焊接顺序不合理等也会造成咬边。直流电焊接时电弧偏吹也是产生咬边的一个原因。咬边多出现在立焊、横焊、仰焊等焊缝中。

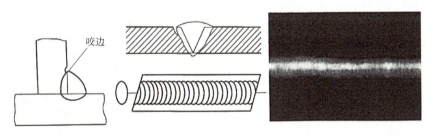

图6-20 咬边

(2)焊瘤。焊缝中的液态金属流淌到因加热不足而未熔化的母材上或从焊缝根部溢出,冷却后形成的未与母材熔合的金属瘤即为焊瘤,如图6-21所示。焊接热输入过大、焊条熔化过快、焊条质量欠佳(如偏心)、焊接电源特性不稳定及操作姿势不当等都容易产生焊瘤。焊瘤经常发生在立焊、横焊和仰焊的焊缝中;平焊时,背面偶尔也会出现焊瘤。

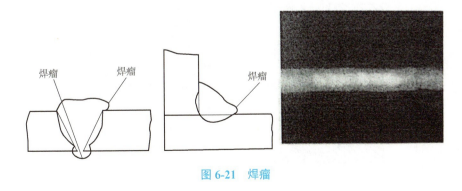

图6-21 焊瘤

（3）凹陷。凹坑和未焊满都属于凹陷。

凹坑是指焊后在焊缝表面或焊缝背面形成的低于母材表面的局部低洼部分。凹坑多是收弧时焊条未进行短时间停留造成的，如图6-22所示。仰、立、横焊时，在焊缝背面根部有时还可能产生内凹。

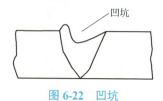

图 6-22　凹坑

未焊满是指焊缝表面上连续的或断续的沟槽。填充金属不足是产生未焊满的根本原因。焊接热输入偏小、焊条过细、运条不当等会导致未焊满。

（4）未焊透是指焊接时母材金属根部未完全熔透，焊缝金属没有进入接头根部的现象，如图6-23所示。未焊透会减少焊缝的有效面积，严重降低焊缝的疲劳强度，产生应力集中，易导致根部产生裂纹。

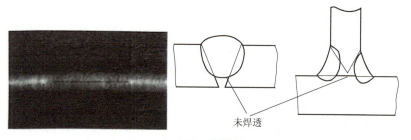

图 6-23　未焊透

（5）未熔合是指焊缝金属与母材金属，或焊缝金属之间未完全熔透结合在一起的缺陷。常出现在坡口侧壁、多层焊的层间及焊缝的根部，如图6-24所示。

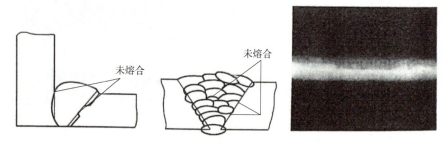

图 6-24　未熔合

（6）焊缝外形尺寸不符合要求。余高过大、焊缝宽窄不均、焊缝的平直度超差和焊缝表面高低不平及焊脚尺寸不符合图样要求等缺陷均视为焊缝外形尺寸不符合要求，如图6-25所示。

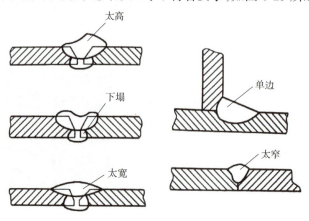

图 6-25　焊缝外形尺寸不符合要求

（7）裂纹是焊件中危害性很大的一种缺陷，它是指在焊接应力及其他致脆因素共同作用下，焊接接头中局部地区的金属原子结合力遭到破坏而使形成的新界面所产生的缝隙，如图6-26所示。通常裂纹可能出现在焊道和热影响区的表面，也可能出现在内部。常见的裂纹根据生成的温度，可分为热裂纹、冷裂纹等几类。焊条电弧焊操作时，常出现弧坑裂纹。弧坑裂纹是指在焊缝收尾处、凹陷的弧坑内形成的裂纹，属于热裂纹。焊条过快地离开熔融金属，收弧过于突然，尤其在采用大的焊接电流时，液态金属凝固时的收缩易导致弧坑裂纹的产生。

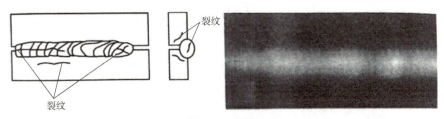

图 6-26　裂纹

（8）气孔。焊接时，熔池中的气泡在凝固时未能逸出而残留下来所形成的空穴称为气孔，如图6-27所示。焊条电弧焊出现气孔的原因除了操作技能问题外，主要是因为焊条未经过烘干，焊条及母材表面水分、氧化物未清理干净或焊接速度过快、电流过大等。

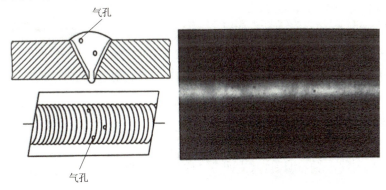

图 6-27　气孔

Ⅱ. 外观缺陷的检测

Ⅰ）检测工具

检验外观尺寸的工具有钢直尺、游标卡尺、焊接检验尺等。

（1）钢直尺用于测量零件或焊接缺陷的长度尺寸，是最简单的长度量具，分度值为1 mm，也可以用于测量板对接件的角变形量。

（2）游标卡尺是一种测量长度、内外径、深度的量具，如图6-28所示。

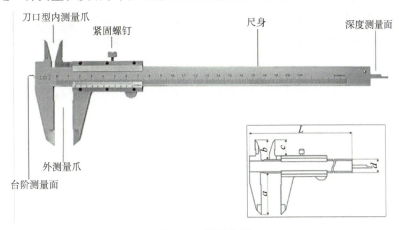

图 6-28　游标卡尺

（3）焊接检验尺是焊工用来测量焊件坡口角度、焊缝宽度、余高、装配间隙的一种专用量具，适用于焊接质量要求较高的产品和部件，如锅炉、压力容器等。焊接检验尺如图6-29所示。

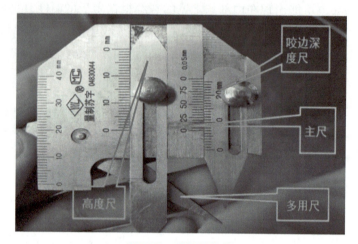

图6-29　焊接检验尺

Ⅱ）检测步骤

对试件进行检测时，按以下步骤进行。

（1）将焊后清理干净的试件放置在焊接检验平台上，借助放大镜或者利用肉眼观察焊缝表面有无气孔、裂纹、未焊满、未熔合、焊瘤、咬边等表面缺陷，并用记号笔做出标记。

（2）借助工具（游标卡尺、焊接检验尺、钢直尺）测量焊缝外形及所发现缺陷的尺寸，根据相关标准判断是否合格。

Ⅲ）焊接检验尺的应用

下面介绍焊接检验尺在焊缝公称尺寸及缺陷尺寸测量中的具体应用。

（1）测量焊缝余高。首先将咬边深度尺对准零，拧紧固定螺钉，然后滑动高度尺与焊点接触，高度尺指示值即为余高，如图6-30所示。

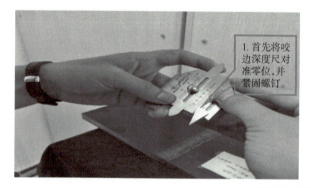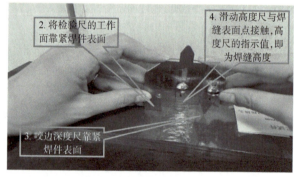

图6-30　测量焊缝余高

（2）测量焊缝宽度。将主尺的测量角紧贴焊缝一边，然后旋转多用尺的测量角紧靠焊缝的另一边，读数即为焊缝宽度，如图6-31所示。

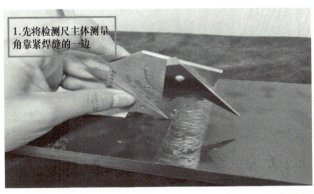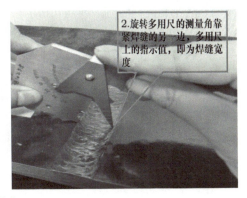

图 6-31　测量焊缝宽度

（3）测量错边量。将主尺与母材平行,然后滑动高度尺,使其自由下垂,与另一边母材接触,拧紧固定螺钉,高度尺指示值即为错边量,如图 6-32 所示。

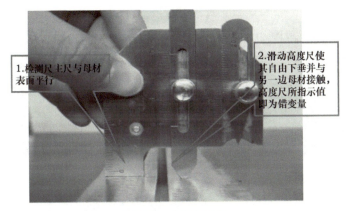

图 6-32　测量错边量

（4）测量咬边深度。首先将高度尺对准零位,紧固螺钉,然后使检测尺两个主体工作面与焊件表面靠紧,用咬边深度尺测量咬边深度,咬边深度尺指示值即为咬边深度,如图 6-33 所示。

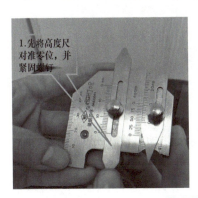

图 6-33　测量咬边深度

（5）测量焊缝厚度。在 45° 时的焊点高度为角焊缝厚度,首先将焊接检验尺主尺工作面与焊件靠紧,并滑动高度尺与焊点接触,高度尺指示值即为焊缝厚度,如图 6-34 所示。

图 6-34 测量焊缝厚度

（6）测量焊脚高度。将焊接检验尺主尺的工作面紧靠焊件和焊缝，并滑动高度尺与焊件的另一边接触，高度尺指示值即为焊脚高度，如图 6-35 所示。

图 6-35 测量焊脚高度

5) 焊条电弧焊安全操作规程

（1）做好个人防护。焊工操作时必须按劳动保护规定穿戴防护工作服、绝缘鞋和防护手套，并保持干燥和清洁。

（2）焊接工作前，应先检查设备和工具是否安全可靠。不允许未进行安全检查就开始操作。

（3）焊工在更换焊条时一定要戴电焊手套，不得赤手操作。在带电情况下，不要将焊钳夹在腋下而去搬动焊件或将电缆线绕挂在脖颈上。

（4）在特殊情况下（如夏天身上大量出汗，衣服潮湿时），切勿倚靠在带电的工作台、焊件上或接触焊钳等，以防发生事故。在潮湿地点进行焊接作业时，地面上应铺上橡胶板或其他绝缘材料。

（5）焊工推拉闸刀时，要侧身向着电闸，防止电弧火花烧伤面部。

（6）下列操作应在切断电源开关后才能进行：改变焊机接头；改接二次线路；移动工作地点；检修焊机故障；更换熔断丝；等等。

（7）焊机安装、修理和检查应由电工进行，焊工不得擅自拆修。

（8）焊接前,应将作业现场 10 m 以内的易燃易爆物品清除或妥善处理,以防止发生火灾或爆炸事故。

（9）工作完毕离开作业现场时须切断电源,清理好现场,防止留下事故隐患。

（10）使用行灯照明时,其电压不应超过 36 V。

2. 任务实施

技能训练的主要内容是焊条电弧焊引弧、运条、收尾和接头。

1）技能训练布置

Ⅰ. 技能训练描述

①掌握电弧的基本知识。

②掌握酸性焊条和碱性焊条引弧与运条等基本技能。

③学会正确使用焊接设备,会调节焊接电流。

④能区分熔池和熔渣,掌握控制熔池温度、尺寸和形状的技能。

Ⅱ. 技能训练解析

①引弧、运条、收尾、接头基本技能是所有焊接技能操作的基础,通过使用不同型号的电焊机及不同直径的焊条进行引弧、运条等操作训练,来培养操作者对熔池、熔渣的认识及控制能力。

②引弧、运条、收尾和接头操作技能,是初学者必须首先掌握的基本技能。

2）技能训练准备

Ⅰ. 材料、设备及辅具准备

①准备 Q235 钢板一块,厚度为 10~25 mm,大小为 300 mm × 130 mm；J507（或 J422）焊条（直径为 3.2 mm 或 4.0 mm）数根。

②选用交流或直流焊机。检查电焊机状态,检查电缆线接头是否接触良好,检查焊钳电缆是否松动破损,确认焊接回路地线连接可靠,避免因地线虚接、线路降压变化而影响电弧电压稳定；避免因接触不良造成电阻增大而发热,烧毁焊接设备。检查焊接设备,检查安全接地线是否连接好,避免因设备漏电造成人身安全隐患。在焊工操作作业区应准备敲渣锤、钢丝刷。

Ⅱ. 工艺参数制定

根据焊接所选焊条直径,选择焊接电流。引弧与运条训练使用的焊接参数见表 6-7。

表 6-7 引弧与运条训练使用的焊接参数

焊条直径/mm	焊接电流/A
3.2	90~120
4.0	140~160

3）技能训练实施

Ⅰ. 引弧

（1）作业姿势。采用正确的焊接作业姿势,既能使焊缝成形良好,又能使操作者双臂在较长的时间内不致产生疲劳的感觉。根据不同的焊接位置,焊接操作姿势一般有蹲式、站立式、半蹲式等,初学者最常用的姿势一般是蹲式操作姿势,如图 6-36（a）所示。在采用蹲式操作时,蹲姿要自然,两脚夹角为 70°~85°,两脚与肩同宽,距离 240~260 mm,如图 6-36（b）所示。焊前应调整好合适位置,以免妨碍焊条角度调整和摆动,使手腕、手臂能够自由、均匀运动。

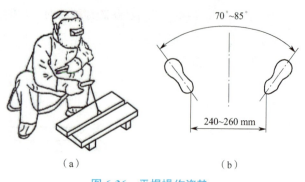

图 6-36 平焊操作姿势
(a)蹲式操作姿势　(b)两脚的位置

(2)引弧的操作技术。在引弧前,找准事先设定的引弧位置,身心放松、精力集中,操作时的动作主要是手腕运动,动作幅度不能过大,以免影响引弧位置的准确性。引弧时,先使电极与焊件短路,再迅速拉开电极、引燃电弧,手腕动作必须灵活和准确。引弧要求准确率和成功率高,所以练习时最好设定引弧的位置,而不能随意在钢板上乱划。

根据操作手法的不同,引弧可分为直击法引弧和划擦法引弧两种。

①直击法引弧:使焊条与焊件表面垂直接触,将焊条的末端与焊件表面轻轻一碰,便迅速提起焊条,并保持定距离(3~4 mm),即可引燃电弧,如图 6-37 所示。操作时必须掌握好手腕上下动作的时间和距离。直击法引弧不能用力过大,否则容易将焊条引弧端药皮碰裂,甚至脱落粘条,影响引弧和焊接。

②划擦法引弧:先将焊条末端对准引弧处,然后像划火柴一样在焊件表面利用腕力轻轻划擦下焊条,划擦距离为 10~20 mm,并将焊条提起 3~4 mm,如图 6-38 所示,电弧即可引燃。引燃电弧后,应保持电弧长度不超过所用焊条直径。

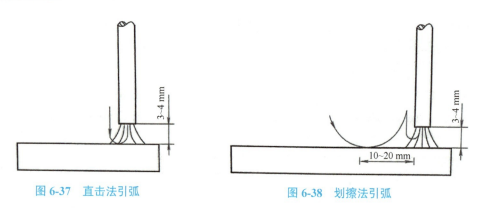

图 6-37　直击法引弧　　　　　图 6-38　划擦法引弧

(3)引弧注意事项如下。

①粘条。引弧时,发生焊条与工件粘在一起的现象称为粘条。粘条时,只要将焊条左右摇动几下,焊条就可脱离焊件,如果这时还不能脱离焊件,就应立即将焊钳放松,使焊接回路断开,待焊条稍冷后再拆下(不能立即用手去拔下焊条)。如果焊条粘住焊件的时间过长,则会因过大的短路电流烧坏电焊机。

②引弧的位置。不得随意在焊件(母材)表面上引弧(俗称"打火"),尤其是高强度钢、低温钢、不锈钢。对于这些材料,电弧擦伤部位容易引起淬硬或微裂(若是不锈钢,则会降低耐蚀性),所以引弧应在待焊部位或坡口内,在操作练习时,可事先设定好引弧的位置进行引弧。

Ⅱ.运条

焊接过程中,焊条相对焊缝所做的各种动作的总称为运条。运条一般分三个基本运动:沿焊条中心线向熔池送进、沿焊接方向均匀移动、横向摆动,如图 6-39 所示。上述三个动作不能机械地分开,而应相互协调,才能焊出满意的焊缝。

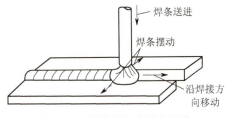

图 6-39 运条的三个基本运动

运条的方法有很多,选用时应根据接头的形式、根部间隙、焊缝的空间位置、焊条的直径与性能、焊接电流及焊工技术水平等方面而定。常用的运条方法及使用范围见表 6-8。

表 6-8 常用的运条方法及使用范围

运条方法		运条示意图	应用范围
直线运条法			3~5 mm 厚度不开坡口对接平焊 多层焊第一层焊道 多层多道焊
直线往复运条法			薄板焊 对接平焊(间隙较大)
锯齿形运条法			对接接头(平、立、仰焊) 角接接头(立焊)
月牙形运条法			
三角形运条法	斜三角形		角接接头(仰焊) 开V形坡口对接接头横焊
	正三角形		角接接头(立焊) 对接接头
圆圈形运条法	斜圆圈形		角接接头(平焊、仰焊) 对接接头(横焊)
	正圆圈形		对接接头(厚板件平焊)
8字形运条法			对接接头(厚焊件平焊)

焊接运条的方法俗称焊接手法,以上焊接手法只是机械动作,而操作者要通过机械动作的练习,找到焊接时的手感。通过各种运条方式的结合与变换,达到随心所欲地控制熔池及焊接的整个过程,这需要在实践中长期训练与总结经验。

Ⅲ. 焊缝的起头与收尾

(1)焊缝的起头是焊缝的开始部分,由于焊件的温度很低,引弧后又不能迅速地使焊件温度升高,一般情况下这部分余高略高、熔深较浅,甚至会出现熔合不良和夹渣。因此引弧后应稍快到位,然后压低电弧进行正常焊接。

平焊和碱性焊条多采用回焊法,从图 6-40 中位置①处引弧,回焊到位置②,逐渐压低电弧,同时焊条做微微摆动,从而达到所需要的焊缝宽度,然后进行正常的焊接。

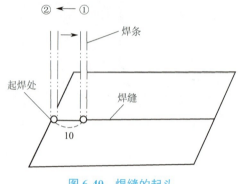

图 6-40 焊缝的起头

（2）焊缝的收尾。焊接结束时不能立即拉断电弧,否则会形成弧坑。弧坑不仅减小焊缝局部截面积而削弱强度,还会引起应力集中,而且弧坑处含氢量较高,易产生延迟裂纹,有些材料焊后在弧坑处还容易产生弧坑裂纹。所以焊缝应进行收尾处理,以保证连续的焊缝外形,维持正常的熔池温度,逐渐填满弧坑后熄弧。常见的焊缝收尾法如图 6-41 所示。

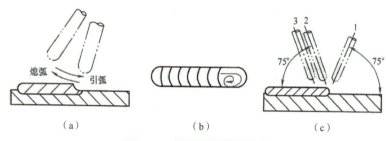

图 6-41 常见的焊缝收尾法
（a）反复断弧收尾法 （b）划圈收尾法 （c）回焊收尾法

①反复断弧收尾法:在大电流焊接和薄板焊接时,当焊条焊至焊缝终点,在弧坑上做数次反复熄弧、引弧,直到填满弧坑为止,如图 6-41（a）所示。

②划圈收尾法:在焊接厚板时,当焊条焊至焊缝终点,使焊条末端做圆圈运动,直到熔滴填满弧坑再拉断电弧,如图 6-41（b）所示。

③回焊收尾法:在使用碱性焊条焊接时,当焊条焊至焊缝终点时,即停止运条,但不熄弧,此时适当改变焊条角度,焊条由图 6-41（c）位置 1 转到位置 2,待填满弧坑后回焊 20~30 mm 转到位置 3,然后再拉断电弧,如图 6-41c 所示。

（3）焊缝的接头。由于焊条长度有限,不可能一次连续焊完长焊缝,因此会出现接头问题,后焊焊缝与先焊焊缝的连接处称为焊缝的接头。焊缝的接头不仅是外观成形问题,还涉及焊缝的内部质量,所以要重视焊缝的接头问题。焊缝的接头如果操作不当,极易造成气孔、夹渣及外形不良等缺陷。接头处的焊缝应当力求均匀,防止产生过高、脱节、宽窄不一致等缺陷。

4）技能训练评价和总结

操作者应多加练习引弧、运条、收弧尾接头等技能项目。

Ⅰ. 自检

焊接完成后,用敲渣锤等辅具清理焊渣、飞溅,用钢丝刷清理焊缝,然后分别检查以下几个项目。

①引弧位置、引弧准确率、焊件表面情况。

②焊缝直线度、焊缝波纹是否均匀。

③焊缝宽度是否均匀、宽度差。

④焊缝高低是否均匀、高度差。

⑤焊缝收尾、弧坑是否填满、是否有裂纹及气孔等缺陷。
⑥焊缝的连接处过渡是否平滑。

Ⅱ.互检

按照自检中的六个项目逐项进行检查,并按评分标准打分,进而与自检得分对照,找出不同之处,在老师指导下进行修改。

Ⅲ.专检

任课教师按照自检中的六个项目逐项进行检查,并按评分标准打分,最后得出操作者的得分。

任务三　典型结构的机器人焊接

一、工业机器人概述

1. 工业机器人的概念

工业机器人是一种在计算机控制下的可编程的自动化机器,该机器具有高度灵活性,如感知能力、规划能力、动作能力和协同能力等。其具有四个特征:①具有特定的机械机构,具有类似于人或其他生物的某些能力;②具有通用性,可从事多种工作,可灵活改变动作程序;③具有不同程度的智能;④具有独立性,完整的机器人系统在工作中可以不依赖人的干预。

2. 工业机器人的发展

1959年,美国发明家英格伯格与德沃尔造出了世界上第一台工业机器人,取名为"尤尼梅特(Unimate)"。工业机器人的发展经历了三个阶段,发展出三代机器人。

①第一代机器人(Teaching and Playback Robot),示教再现型机器人。

②第二代机器人(Robot with Sensors),感觉型机器人。其具有类似人的某种感知功能,例如力觉、触觉、视觉、听觉等。

③第三代机器人(Intelligent Robot),智能机器人。其具有判断、决策能力。

焊接机器人发展

3. 工业机器人的构成

工业机器人由机械手总成、控制器、传感器三大部分组成。

(1)机械手总成:机器人的执行机构,它由驱动器、传动机构、机器人臂、关节、末端操作器等组成。作用是保证末端操作器所要求的位置、姿态和实现其运动。

(2)控制器:控制器是整个机器人系统的神经中枢,它由计算机硬件、软件和一些专用电路构成,其软件包括控制器系统软件、机器人专用语言、机器人运动学及动力学软件、机器人控制软件、机器人自诊断及自保护软件等。控制器负责处理焊接机器人工作过程中的全部信息和控制器全部动作。

(3)传感器:分为内、外部传感器。内部传感器用来检测机器人的状态(如手臂间角度),多为检测位置和角度的传感器;外部传感器用来检测机器人所处的环境及状况,如接近觉传感器(防碰撞)、力觉传感器、听觉传感器等。作用是检测机器人内部状态或者机器人外部环境信息。

4. 工业机器人的分类及应用

工业机器人可以按控制方式分类,按自动度分类,按结构分类,也可按应用领域分类。通常按应用领域分为搬运、装配、喷涂及焊接机器人四大类型。

搬运机器人被广泛应用于机床上下料、冲压机自动化生产线、自动装配流水线、码垛搬运、集装箱等的自动搬运。装配机器人主要用于各种电器制造,小型电机、汽车及其部件、计算机、玩具、机电产品及其组件的装配等方面。喷涂机器人广泛用于汽车、仪表、电器、陶瓷等工艺生产部门。焊接机器人最早应用于装配生产线上,主要用于汽车生产焊接、造船、机车车辆、锅炉、重型机械等领域。

二、焊接机器人基础

1. 焊接自动化的概念

焊接自动化主要是指焊接生产过程的自动化。主要任务是在采用先进的焊接、检验和装配工艺的基础上,建立不需要人直接参与焊接过程的焊接加工方法和工艺方案,以及焊接机械装备和焊接系统的结构与配置。其核心是实现没有人直接参与的自动焊接过程。

2. 焊接机器人系统

焊接机器人是一种高度自动化的焊接设备。采用工业机器人代替手工焊接作业是焊接制造业的发展趋势,是提高焊接质量、降低成本、改善工作环境的重要手段。机器人焊接作为现代智能制造技术发展的重要标志已被国内许多工厂所接受,并且越来越多的企业首选焊接机器人作为技术改造的方案。工业机器人焊接系统是一个典型的焊接自动化系统。主要由机器人本体、变位机、传感器、控制器、自动焊机(包括焊接电源、焊枪等)等部分构成,其基本构成单元有机械装置、执行装置、能源、传感器、控制器和自动焊机。

机械装置是能够实现某种运动的机构,配合自动焊机进行焊接加工,如机器人本体、变位机、悬臂操作机等。

执行装置是驱动机械装置运动的电动机或液压、气动装置等。

能源是驱动电动机的电源等。

传感器是检测机械运动、焊接参数、焊接质量的传感器。

控制器主要是用于机械运动控制的计算机、单片机、可编程控制器以及电子控制系统。

自动焊机包括焊接电源、送丝机、焊枪等,它是一个独立的焊接系统。

3. 焊接机器人的分类

世界各国生产的焊接机器人基本上都属关节型机器人,绝大部分有 6 个轴,目前焊接机器人中应用比较普遍的主要有 3 种:点焊机器人、弧焊机器人和激光焊机器人。

典型的焊接机器人系统按受控运动方式分为点位控制方式和连续轨迹控制方式两种。点位控制(Point to Point,PTP)型主要有点焊机器人等,连续轨迹(Continuous Path,CP)控制型主要有弧焊机器人、激光焊机器人等。

点焊机器人是用于点焊自动作业的工业机器人,其末端持握的作业工具是焊钳。点焊通常分为双面点焊和单面点焊两大类。双面点焊时,电极由工件的两侧向焊接处馈电。典型的双面点焊方式是最常用的方式,这时工件的两侧均有电极压痕。大焊接面积的导电板做下电极,这样可以消除或减轻下面工件的压痕。双面点焊常用于装饰性面板的点焊。同时焊接两个或多个点焊的双面点焊,使用一个变压器而将各电极并联,这时,所有电流通路的阻抗必须基本相等,而且每一焊接部位的表面状态、材料厚度、电极压力都需相同,才能保证通过各个焊点的电流基本一致。采用多个变压器的双面多点点焊可以避免不足。工业机器人在焊接领域的应用最早是从汽车装配生产线上的电阻点焊开始的。点焊机器人具有与外部设备通信的接口,可以通过接口接收上一级主控与管理计算机的控制命令进行工作,故可多台点焊机器人构成一个柔性点焊焊接生产系统。

弧焊机器人是用于弧焊自动作业的工业机器人,其末端持握的工具是焊枪。电弧焊是工业生产中应用最广泛的焊接方法,它的原理是利用电弧放电所产生的热量将焊条与工件互相熔化并在冷凝后形成焊缝,从而获得牢固接头的焊接过程。弧焊过程比点焊过程要复杂得多,被焊工件由于局部加热熔化和冷却产生变形,焊缝轨迹会发生变化。弧焊工艺早已在能源行业中得到普及,其在汽车及其零部件制造、摩托车、工程机械、铁路机车、航空航天、化工等行业被广泛应用。

激光焊接机器人是用于激光焊自动作业的工业机器人,通过高精度工业机器人实现更加柔性的激光加工作业,其末端持握的工具是激光加工头。其具有最小的热输入量,产生极小的热影响区,在显著提高焊接产品品质的同时,降低了后续工作量的时间。

4. 典型焊接机器人系统的组成

采用机器人进行焊接,光有一台工业机器人本体是不够的,还必须配备外围设备。常规的焊接机器人系统由四部分组成。

①机器人本体:一般是伺服电机驱动的六轴关节式操作机,它由驱动器、传动机构、机械手臂、关节以及内部传感器等组成。它的任务是精确地保证机械手末端(焊枪、焊钳)所要求的位置、姿态和运动轨迹。

②机器人控制柜:它是机器人系统的神经中枢,包括计算机硬件、软件和一些专用电路,负责处理机器人工作过程中的全部信息和控制其全部动作。

③焊接电源系统:系统由焊接电源及相关装置控制,与机器人控制柜建立焊接参数通讯。

④其他设备:焊接传感器、系统安全保护设施和焊接工装夹具。

按常见的焊接工艺,典型焊接机器人主要分为点焊机器人和弧焊机器人。

点焊机器人系统主要由操作机、控制系统、示教器和点焊焊接系统等组成。点焊机器人本体多为关节型六轴机器人本体,其驱动方式主要为液压驱动和电气驱动。控制系统由本体控制和焊接控制两部分组成。点焊机器人的焊接系统主要由点焊控制器,焊钳,水、电、气等辅助部分组成,如图6-42所示。

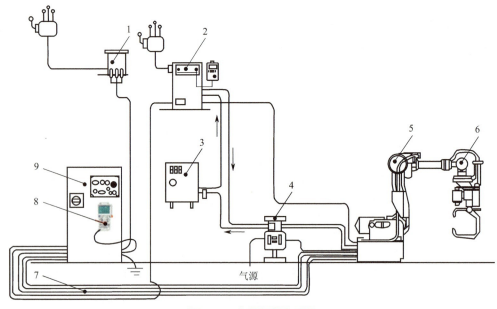

图6-42 点焊机器人系统

1—机器人变压器;2—焊接控制器;3—水冷机;4—气/水管路组合体;5—操作机;6—焊钳;7—供电及控制电缆;8—示教器;9—控制柜

弧焊机器人系统主要由操作机、控制系统、示教器、弧焊系统、变位机及安全设备等辅助装置组成。焊接机器人本体一般采用六轴关节机器人,运动连续轨迹控制,工具中心点(TCP)也就是焊枪或焊丝端头的运动轨迹、姿态、焊接参数都要求精确控制,可以实施复杂形状焊缝的机器人电弧焊。弧焊机器人控制系统在控制原理、功能及组成上和通用工业机器人基本相同。弧焊机器人系统如图6-43和图6-44所示。其中弧焊系统是机器人完成弧焊作业的核心装备,主要由弧焊电源、送丝机、焊枪和气瓶等组成。

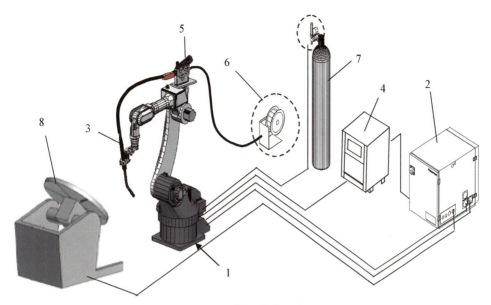

图 6-43 弧焊机器人系统

1—机器人本体；2—机器人控制柜及示教器；3—焊枪；4—全数字焊接电源；5—送丝机构；6—焊丝盘架；7—气瓶及气体流量计；8—变位机

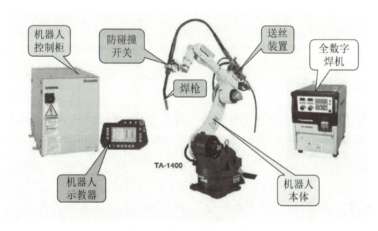

图 6-44 弧焊机器人设备

5. 焊接机器人的特点

使用机器人完成一项焊接任务只需要操作者对它进行一次示教，随后机器人即可精确地再现示教的每一步操作。如让机器人去做另一项工作，无须改变任何硬件，只要对它再做一次示教即可。

焊接机器人易于实现焊接产品质量的稳定和提高，保证焊接质量的均一性，能够连续生产，应用高速高效焊接技术，可提高焊接生产率，降低焊接操作者的劳动强度，降低操作者的焊接技术水平要求。在严酷作业环境下，提高了操作人员的安全性，使焊工工作环境得到改善。焊接机器人不仅实现了焊接生产的自动化，并且具有一定的柔性。机器人焊接缩短了焊接产品改型换代的准备周期，减少了硬件设备投资，能完成人不能完成的焊接，如狭小管道机器人焊接，可以方便地完成空间曲线焊缝的焊接。

对于小批量、多品种、体积或质量较大的产品，可根据其工件的焊缝空间分布情况，采用简易焊接机器人工作站或焊接变位机和机器人组合的机器人工作站，以适用于"多品种、小批量"的柔性化生产。对于工件体积小、易输送且批量大、品种规格多的产品，将焊接工序细分，采用机器人与焊接专机组合的生产流水线，结合模块化的焊接夹具以及快速换模技术，以达到投资少、效率高的低成本化、自动化、智能化生产目的。

焊接工艺对机器人的基本要求如下。

①弧焊机器人具有高度灵活的运动系统,具有较高的定位精度和重复精度。

②弧焊机器人具有焊接点的示教功能,示教系统中具有较强的插补功能。

③弧焊机器人可设置和再现与运动相联系的焊接工艺参数,并能和焊接辅助设备(如夹具、转台、变位机等)交换到位信息。

④弧焊机器人具有足够的工作空间。

⑤弧焊机器人具有引弧和收弧功能,末端具有摆动功能。

⑥弧焊机器人具有较强的抗干扰能力、焊接工艺故障自检和自处理功能。

焊接机器人能高精度地移动焊枪沿着焊缝运动并保证焊枪的姿态,在运动中不断协调焊接工艺参数(如焊接电流、电压、速度、气体流量、电极高度和送丝速度等)。焊接机器人是一个能实现焊接最佳工艺运动和参数控制的综合系统。操作焊接机器人,要求操作人员既要懂机器人操作,又要懂机器人焊接工艺,懂得如何匹配好机器人的轨迹、姿态、速度、焊接参数以获得合格焊缝。需要从业者不仅要掌握正确的操作方法,而且要有精益求精的工作责任感,培养"精准、快速、协同、规范"的职业素养。

三、弧焊机器人示教编程

1. 示教编程概述

1)示教编程的定义

用机器人代替人进行作业时,必须预先对机器人发出指令,规定机器人应该完成的动作和作业的具体内容,操作者通过示教器对机器人进行手动示教,利用机器人语言进行在线或离线编程,实现程序回放,让机器人执行程序要求的轨迹运动,这个指示过程称为示教编程。

2)示教盒

示教盒集成图形化界面,所有指令都在操作盒上,可以完成各种设置与操作。

示教盒上的按键主要有示教功能键、运动功能键、参数设定键3类,如图6-45所示。其中,示教功能键,如示教/再现、存入/删除/修改、检查、回零、直线插补、圆弧插补等,为示教编程用;运动功能键,如空间三维方向 x 向动、y 向动、z 向动,正/反向动,1~6关节转动等,为操纵机器人示教用;参数设定键,如各轴速度设定、焊接参数设定、摆动参数设定等,用于设定参数。

目前全球四大主流品牌工业机器人为ABB、库卡(KUKA)、发那科(FANUC)、安川电机(YASKAWA),其在线示教的示教盒如图6-46所示。

3)示教编程

示教编程内容主要由两部分组成,一是机器人运动轨迹的示教,二是机器人作业条件的示教。对机器人运动轨迹的示教编程主要是为了完成某一作业,焊丝端部所要运动的轨迹,包括运动类型和运动速度的示教。机器人作业条件的示教主要是为了获得好的焊接质量,对焊接条件进行示教,包括被焊金属的材质、板厚、对应焊缝形状的焊枪姿势、焊接参数、焊接电源的控制方法等。编程操作人员通过编程示教盒输入机器人程序指令并完成程序的编辑、修改和调试。

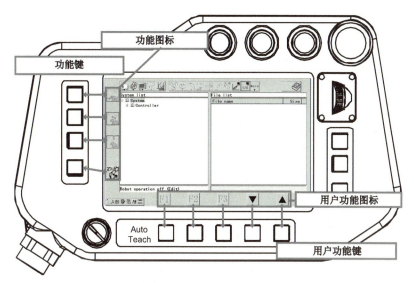

图 6-45 示教盒示意图

图 6-46 四大品牌示教盒

2. 示教盒的使用

1)示教盒的按键功能

示教编程是通过示教盒/示教器控制机器人的操作,在使用它之前必须详细了解示教盒的按键功能。以实训设备 Panasonic 弧焊机器人为例进行说明,如图 6-47 所示。

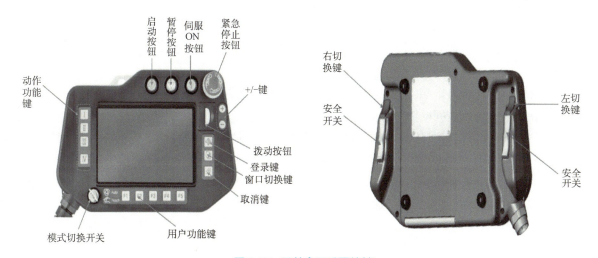

图 6-47 示教盒正反面按键

2）新建作业程序

开始示教机器人的工作,需要用示教盒新建作业程序,示教器启动后,将示教器"模式切换开关"对准"TEACH"示教状态。使用"拨动按钮"选择菜单或子菜单选项,新建一个"Test"作业程序。移动光标至菜单图标"文件",侧击"拨动按钮",在弹出的子菜单项目上点击"新建",弹出"新建"窗口,文件类型选"程序",修改程序名为"Test",确认窗口内容后,单击"OK"或按登录键,程序将被登录到系统控制器中,显示程序编辑窗口,保存刚新建的"Test"程序。程序编辑窗口如图6-48所示。

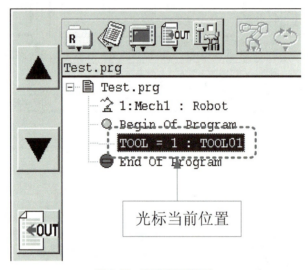

图6-48　程序编辑窗口

3）打开程序

打开已关闭的"Test"程序。按 移动光标至菜单图标 。选择 菜单上的 "打开",侧击"拨动按钮",在弹出的子菜单项目上点击 "程序文件"或 "近期文件",弹出"程序保存"确认窗口。

使用"拨动按钮"选择程序文件。确认无误后,单击"OK"或按 ,在程序编辑窗口显示程序内容。

3. 弧焊机器人典型轨迹示教

1）机器人运动模式与示教插补

PTP模式（点位控制型）:点到点的控制,两点之间的路径不控制。

CP模式（连续轨迹运动方式）:连续路径控制,两点之间按照预先规划的路径行进。

机器人运动轨迹规划:确定机器人末端（焊枪）或关节在起点和终点之间走过的路径、在各个路径点的速度和加速度。

轨迹规划的作用:机器人末端（焊枪）从起始位姿到终点位姿平稳过渡。

路径点:在起点和终点之间的中间点。

示教插补:连续焊缝焊接时,不仅要求机器人起点和终点的准确定位,而且要求对焊枪进行精确的连续轨迹控制。采用示教时,示教点越多,控制精度越高,但效率越低。因此,一般只示教机器人运动路径上的某些关键点,然后根据轨迹特征通过插补计算,算出这些示教点之间必须到达的路径点,从而实现机器人运动路径示教。典型的插补方式运动命令如表6-9所示。

表 6-9 插补方式运行命令

移动形态	方式说明	移动命令	示意图
PTP	机器人在未规定采取何种轨迹移动时,使用关节插补	MOVEP	
直线插补	机器人从当前示教点到下一示教点运行一段直线	MOVEL	
圆弧插补	机器人沿着用圆弧插补示教的3个示教点执行圆弧轨迹移动	MOVEC	
直线摆动	机器人在用直线摆动示教的2个振幅点之间一边摆动一边向前沿直线轨迹移动	MOVELW	
圆弧摆动	机器人在用圆弧摆动示教的2个振幅点之间一边摆动一边向前沿圆弧轨迹移动	MOVECW	

2) 弧焊机器人典型轨迹

(1) 直线轨迹示教:弧焊机器人完成直线轨迹焊缝的焊接需 2 个属性点,编程指令选 MOVEL,两点之间的插补类型为直线插补,如图 6-49 所示。

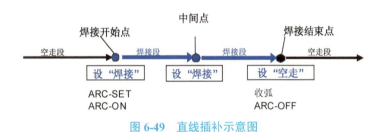

图 6-49 直线插补示意图

(2) 圆弧轨迹示教:弧焊机器人实现圆弧轨迹焊缝的焊接通常需要 3 个及以上属性点,编程指令选 MOVEC,两点之间的插补类型为圆弧插补,如图 6-50 所示。

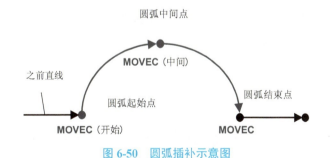

图 6-50 圆弧插补示意图

(3) 附加摆动轨迹示教:为了能够有效地控制电弧热源熔敷金属的作用和焊接熔池的温度场分布,需要焊枪进行摆动焊接。这就需要根据焊缝轨迹使用直线摆动和圆弧摆动功能,如图 6-51 和图 6-52 所示。

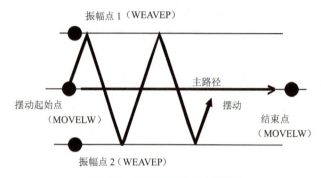

图 6-51 直线摆动插补示意图

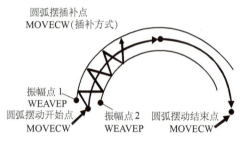

图 6-52 圆弧摆动插补示意图

4. 典型轨迹示教案例

1）板-板对接接头的机器人焊接示教

任务内容：用 CO_2 作为保护气体，用直径为 1.2 mm 的 H08Mn2SiA 焊丝，手动操作机器人完成两块 Q235 钢板（200 mm×50 mm×4 mm）的对焊，如图 6-53 所示。要求焊缝宽度为 5~6 mm，余高为 0~3 mm，焊缝均匀整齐，成形良好。

图 6-53 焊件结构

任务分析：该产品属于板对接机器人平焊薄板作业，其接头形式为Ⅱ形坡口对接，焊接位置为平焊，直接采用机器人直线焊缝行走即可，操作简单。

设备：焊接机器人 Panasonic TA-1400，控制系统 Panasonic GⅡ，电源 Panasonic YD-350GR。

示教运动轨迹主要由 6 个示教点组成，轨迹如图 6-54 所示。

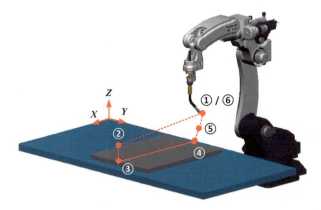

示教点	焊枪姿态			用途
	$U/°$	$V/°$	$W/°$	
①	180	45	180	机器人原点
②	0	15	-0	作业临近点
③	0	15	-0	焊接开始点
④	0	15	-0	焊接结束点
⑤	0	15	-0	焊枪规避点
⑥	180	45	180	机器人原点

图 6-54　示教轨迹

根据 4 mm Q235 钢板 CO_2 对接工艺参数（表 6-10），完成机器人作业条件的输入。示教程序如图 6-55 所示。

表 6-10　焊接工艺参数

焊接电流/A	焊接电压/V	焊接速度/（m/min）	保护气流量/（L/min）
140~160	19.6~20.6	0.45~0.50	10~15

```
Line_Teaching.prg
  Line_Teaching.prg
    1:Mech1 : Robot
    Begin Of Program
    TOOL = 1 : TOOL01
    MOVEP  P1 ,20.00m/min
    MOVEP  P2 ,20.00m/min
    MOVEL  P3 ,20.00m/min
    ARC-SET AMP = 120   VOLT= 19.2    S =    0.50
    ARC-ON ArcStart1.prg RETRY = 2
    MOVEL  P4 ,20.00m/min
    CRATER AMP = 100   VOLT= 18.2    T =    0.00
    ARC-OFF ArcEnd1.prg RELEASE = 2
    MOVEL  P5 ,20.00m/min
    MOVEP  P6 ,20.00m/min
    End Of Program
```

图 6-55　示教程序

焊缝完成效果如图 6-56 所示。

图 6-56　焊缝效果

2）管-板角接接头的机器人焊接示教

任务内容：用 CO_2 作为保护气体，用直径为 1.2 mm 的 H08Mn2SiA 焊丝，手动操作机器人完成骑坐式管-板角接接头产品，材质为 Q235 的垂直俯位焊作业。焊件结构如图 6-57 所示。要求焊缝焊脚高度为 5~6 mm，焊缝表面波纹均匀整齐，焊缝成形良好。

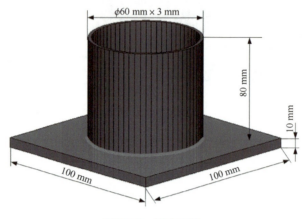

图 6-57　焊件结构

任务分析：该骑坐式管-板角接接头产品的焊接，是 T 形接头的特例，示教时焊枪的角度、电弧对中的位置需随着管-板角接接头的弧度变化而变化。管子与地板在焊接时的散热状况和熔化情况不同，易产生咬边、焊偏等现象。用机器人进行该产品的焊接，可以直接采用圆弧轨迹示教，共需焊接 9 个示教点。

设备：焊接机器人 Panasonic TA-1400，控制系统 Panasonic GⅡ，电源 Panasonic YD-350GR。

示教运动轨迹，主要由 9 个示教点组成，轨迹如图 6-58 所示。

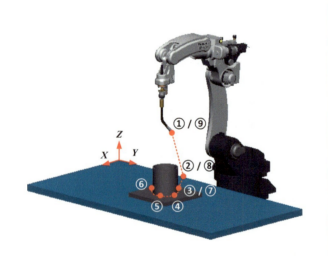

示教点	焊枪姿态			用途
	$U/(°)$	$V/(°)$	$W/(°)$	
①	180	45	180	机器人原点
②	0	45	-180	作业临近点
③	0	45	-180	圆弧/焊接开始点
④	-90	45	-180	圆弧/焊接中间点
⑤	180	45	180	圆弧/焊接中间点
⑥	90	45	180	圆弧/焊接中间点
⑦	0	45	-180	圆弧/焊接结束点
⑧	0	45	-180	焊枪规避点
⑨	180	45	180	机器人原点

图 6-58　示教轨迹

根据焊接工艺参数（表 6-11），完成机器人骑坐式管-板垂直俯位焊环形焊缝作业条件的输入。示教程序如图 6-59 所示。

表 6-11　焊接工艺参数

焊接电流/A	焊接电压/V	焊接速度/（m/min）	保护气流量/（L/min）
150~170	20.1~21.3	0.45~0.50	15~20

○ Begin Of Program	程序开始
TOOL = 1 : TOOL01	末端工具选择
● MOVEP P1/P001 , 10.00m/min	机器人原点位置　（示教点①）
● MOVEP P2/P002 , 10.00m/min	移到作业开始位置附近　（示教点②）
● MOVEC P3/P003 , 5.00m/min	移到圆弧/焊接开始位置　（示教点③）
ARC-SET AMP = 120 VOLT = 19.2 S = 0.50	设定焊接开始规范
ARC-ON ArcStart1……	开始焊接
● MOVEC P4/P004 , 5.00m/min	移到圆弧/焊接中间位置　（示教点④）
● MOVEC P5/P005 , 5.00m/min	移到圆弧/焊接中间位置　（示教点⑤）
● MOVEC P6/P006 , 5.00m/min	移到圆弧/焊接中间位置　（示教点⑥）
● MOVEC P7/P007 , 5.00m/min	移到圆弧/焊接结束位置　（示教点⑦）
CRATER AMP = 100 VOLT = 18.2 T = 0.00	设定焊接结束规范
ARC-OFF ArcEnd1……	结束焊接
● MOVEL P8/P008 , 5.00m/min	移到焊枪规避位置　（示教点⑧）
● MOVEP P9/P009 , 10.00m/min	移到机器人原点位置　（示教点⑨）
● End Of Program	程序结束

图 6-59　示教程序

焊缝完成效果如图 6-60 所示。

图 6-60　焊缝效果

3）板-板对接接头的机器人单面焊双面成形示教

任务内容：用 CO_2 作为保护气体，用直径为 1.2 mm 的 H08Mn2SiA 焊丝，手动操作机器人完成两块 Q235 钢板（200 mm × 50 mm × 10 mm）的平对接单面焊双面成形作业。产品结构如图 6-61 所示。要求采用多层焊，第一层必须单面焊双面成形。正、背面焊缝余高为 0~3 mm，焊缝两侧无咬边，焊缝表面无气孔、焊瘤、夹渣和裂纹等缺陷，波纹均匀整齐，焊缝成形良好。

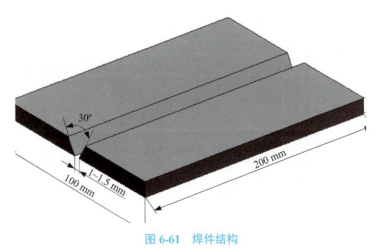

图 6-61　焊件结构

任务分析：单面焊双面成形工艺一般用于无法进行双面施焊但又要求焊透的焊接接头情况。此种技术适用于 V 形或 U 形坡口多层焊（打底、填充和盖面）的焊件上，广泛应用于锅炉、压力容器、管道以及其他一些重要的焊接结构中。该产品的焊接难点主要是第一层单面焊双面成形焊缝和各层之间易产生未熔合。焊缝轨迹可以采用焊接机器人直线摆动方式进行。

设备：焊接机器人 Panasonic TA-1400，控制系统 Panasonic GⅡ，电源 Panasonic YD-350GR。

示教运动轨迹主要由 13 个示教点组成，轨迹如图 6-62 所示。

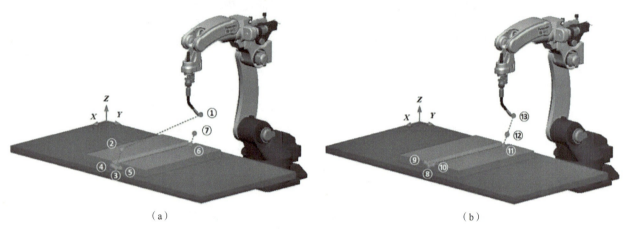

图 6-62 示教轨迹
（a）打底层 （b）盖面层

根据 10 mm Q235 钢板 CO_2 对接工艺参数（表 6-12），完成机器人板-板对接接头单面焊直线摆动作业条件的输入。示教程序如图 6-63 所示。

表 6-12 焊接工艺参数

项目	焊接电流/A	焊接电压/V	焊接速度/(m/min)	保护气流量/(L/min)	摆动振幅/mm	摆动频率/Hz	摆动类型
打底层	160~180	20.6~21.8	0.20~0.30	12~15	2.25	2.5	类型 1
盖面层	220~240	23.8~25.2	0.20~0.30	15~20	3.43	3.0	低速摆动

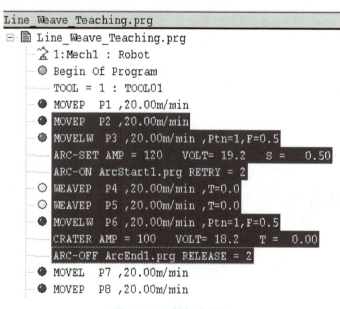

图 6-63 示教部分程序

焊缝完成效果如图 6-64 所示。

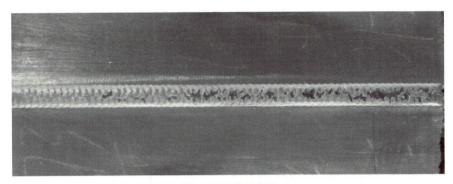

图 6-64　焊缝效果

5. 焊接机器人工作站

1）工作站组成

前面讲过焊接机器人主要由机械手、控制系统、示教系统、焊机、送丝机构、焊枪等组成。而焊接机器人工作站除了焊接机器人外,还包含了很多辅助设备如地轨、变位机、翻转台、焊缝跟踪系统、安全围栏、清枪器、安全系统、外围设备等配合焊接机器人工作。前者只是单纯的一套焊接机器人,价格也相对便宜,而焊接机器人工作站价格则相对较高。

车间生产过程中,多个零部件被送入工作台设定的位置,然后焊接装备自动焊接,变位机、夹紧机构等装备配合机器人的节奏进行协同工作,当焊接停止,这些零部件就成为一个完整的产品。焊接机器人工作站结合了电气一体化、物流、生产管理等内容,致力于研制智能制造领域的整体解决方案,如图 6-65 所示。

图 6-65　智能制造焊接机器人工作站

2）协调变位焊接机器人工作站应用

通常按生产线上该工位完成的产品的工序数量和焊接自动化程度,将工作站分为自动化焊接工作站和自动化焊接生产线两个类型,表现形式为单一零部件自动化焊接工作站工位和产品自动化焊接生产流水线。

为了完成复杂工件的机器人焊接生产,常采用协调外部轴的机器人焊接工作站系统。例如水平回转台式双工位机器人工作站,如图 6-66 所示,机器人在第一工位完成焊接后,180°变位机实现自动变位,机器人对第二工位进行焊接,对比两工位固定工作台,装取工件在同一地点,两工位交替焊接不仅节省了人力,并且避免装卸工件不在一处的麻烦,实现了焊接作业连续,提高了焊接生产效率。

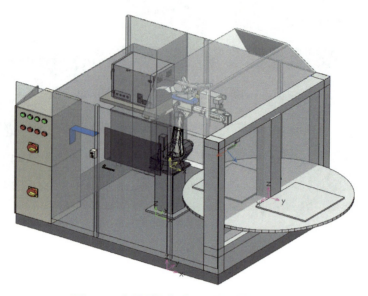

图 6-66 水平回转台式双工位机器人工作站

四、焊接机器人离线编程

1. 离线编程基础

1) 离线编程的定义

离线编程是指编程操作人员利用相对于机器人独立的计算机（PC 机或工作站）完成机器人程序的编辑、修改乃至仿真调试过程，而无需机器人本身以及相关辅助设备的参与。

2) 离线编程的优点

离线编程的优点包括编程者可远离危险作业环境，减少机器人非工作时间，当对下一个任务进行编程时，机器人仍可在生产线上工作。一套编程系统可以提供多台机器人运动程序。离线编程能完成示教难以完成的复杂、精确的编程任务。便于和 CAD/CAM 系统集成，实现 CAD/CAM/ROBOTICS 一体化。离线编程通过图形编程系统动画仿真可以验证和优化程序，从而实现中小批量的生产要求。

3) 离线软件分类

国外机器人离线编程系统主要分为三大类：企业专用系统、机器人配套系统、商品化通用系统。

①企业专用系统：例如 NIS 公司的 Aeroplane 系统、NKK 公司的 FORESTLAND 系统。

②机器人配套系统：例如 ABB 公司的 Robotics 系统、Motorman 机器人公司的 Motorist EG-VRC 系统和 Panasonic 机器人公司的 DTPS 系统。

③商品化通用系统：例如 Tecnomatix 公司的 RoboCAD 系统、Deneb 公司的 IG-RIP 系统、Robot Simulations 公司的 Workspace 系统、加拿大的 Robotmaster 系统。

4) 国内离线编程系统

RobotArt（PQArt）工业机器人离线编程软件是国内一款商业化离线编程仿真软件，以高性能 3D 平台、在线数据通迅与互动技术、事件仿真与节拍分析技术等核心技术成为机器人高端应用的领跑者。

2. 构建机器人虚拟工作站

本任务案例以 Panasonic 机器人为例，采用 DTPS 离线编程系统，实现简易焊接机器人工作站的离线编程，如图 6-67 所示。

项目六　能源装备制造领域的焊接技术

图 6-67　焊接机器人工作站

3. 设计直线轨迹离线程序

任务分析：用 DTPS 离线编程软件，设计平面钢板（300 mm×300 mm×10 mm）的直线轨迹程序，轨迹设计如图 6-68 所示。

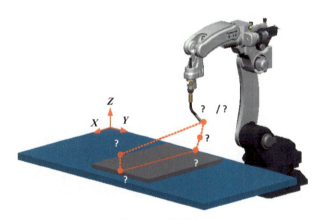

图 6-68　轨迹图

添加平面钢板工件，如图 6-69 所示。

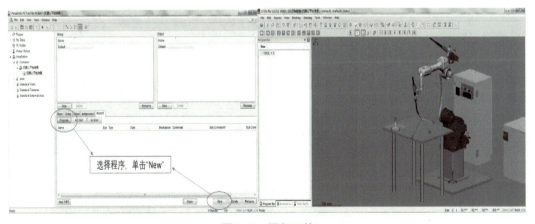

图 6-69　添加工件

示教点①——机器人原点：添加位置窗口，单击"Add"，添加示教点①，如图 6-70 所示。

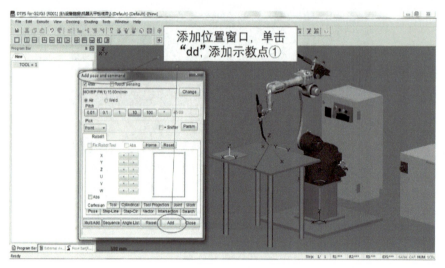

图 6-70　添加示教点①

示教点②——作业临近点，如图 6-71 所示。

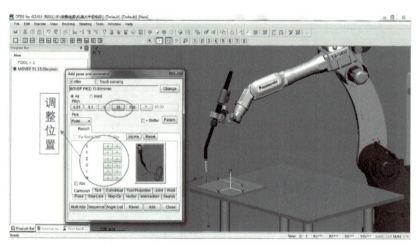

图 6-71　添加示教点②

示教点③——焊接开始点，如图 6-72 所示，焊接开始点选焊接点 Weld，插补方式选直线 MOVEL。

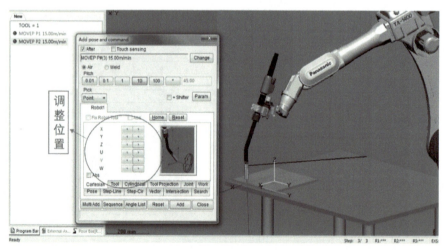

图 6-72　添加示教点③

示教点④——焊接结束点，如图 6-73 所示，焊接结束点插补方式为直线 MOVEL、空走 Air。

项目六 能源装备制造领域的焊接技术

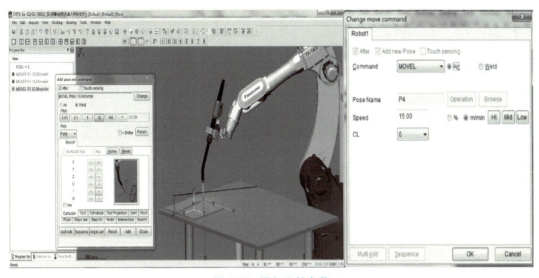

图 6-73 添加示教点④

示教点⑤——焊枪规避点,如图 6-74 所示,焊枪规避点选择空走 Air。

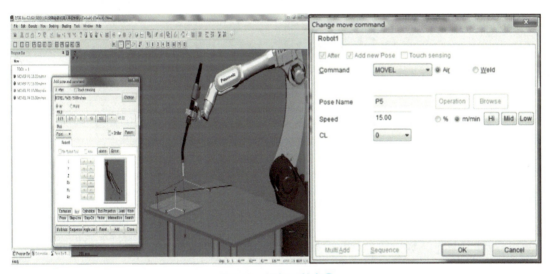

图 6-74 添加示教点⑤

示教点⑥——机器人原点,如图 6-75 所示,复制机器人原点①,在⑤点之后粘贴①点,机器人原点位置被复制添加为⑥点,保存。

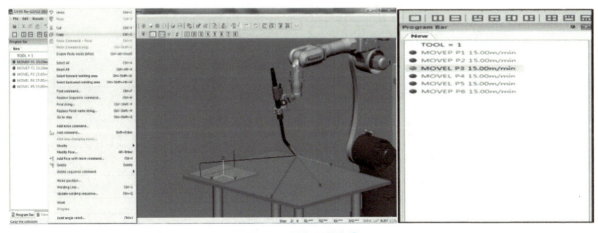

图 6-75 添加示教点⑥

203

4. 施焊离线程序

对于已经编制好的离线程序,可使用移动存储介质(SD 卡、U 盘等)将离线编程图形设计作业程序下载到焊接机器人控制柜,下载后的程序经跟踪测试无误后进行实际的焊接机器人再现作业,并和示教器现场编程做对比,分析各自的优缺点。

5. 典型结构的离线编程应用

1)汽车激光焊生产线

在汽车制造中,采用高功率激光焊接技术可以提高产品设计的灵活性,提高生产效率,增强车身的刚度,提高产品质量和市场竞争力,如图 6-76 所示。高功率激光焊接技术应用于汽车制造中的工艺主要有:高功率激光自熔焊接技术、高功率激光复合焊接技术、激光焊接焊缝跟踪技术、高功率激光远程焊接技术。

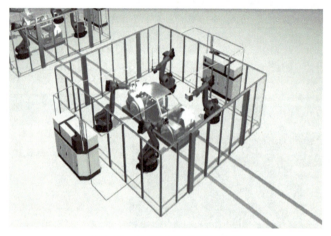

图 6-76　汽车激光焊离线编程

2)输油管离线编程仿真

管道焊接机器人是一种特种机器人,可以沿着管道内部或者外部自动行走进行焊接作业或者维护保养工作的自动机械设备,管道焊接机器人拥有多种传感器和智能控制系统,可以通过人员控制,灵活进出管道进行焊接以及检修作业。

管道焊接机器人通过智能控制系统完成焊接工作,针对焊缝进行精确焊接,在保护焊件不易变形的情况下,保证焊缝的美观度,管道焊接机器人可以根据环境的复杂性进行自动调整,选用合适的焊接参数对管道进行焊接,用离线编程进行智能控制,如图 6-77 所示。

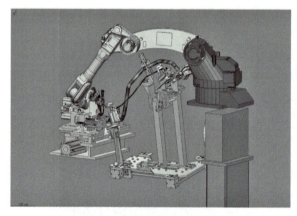

图 6-77　输油管离线编程

五、我国能源领域中的焊接机器人应用

1. 高铁铝合金车体自动焊

在动车和高铁车架制造过程中，我国已经完全实现利用焊接机器人自主编程自动化生产，如图 6-78 所示。

2. 新能源汽车智能制造自动焊

在新能源汽车领域，我国已经实现自主研发车身柔性智能焊装生产线，如图 6-79 所示，为汽车制造企业提供机器人与智能制造生产线及工艺技术解决方案。

图 6-78　高铁铝合金车体自动焊接

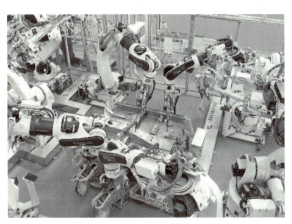

图 6-79　车身柔性智能焊装生产线

随着航天、新能源汽车、5G 等智能领域的发展，新材料、新工艺的不断应用，对自动化焊接技术提出了更高的要求。国产"智能制造"的发展大趋势会更环保、更便捷、更智能、更节能降耗。国产机器人行业在现有产品和技术基础上，将聚焦自有核心技术的研发与应用，构建以数字化、信息化、智能化、网络化技术为主的智能制造数字化工厂。

六、机器人焊接实训内容

1. 机器人焊接工艺流程

机器人焊接流程主要包括焊前准备、示教编程、焊接操作、焊后检查四步骤。

2. 技术要求

1) 焊前准备

①能进行机器人、电源、周边设备的安全检查；
②能按照机器人焊接工艺规程要求对工件状态进行确认；
③能进行机器人系统的水、电、气和焊接材料的检查，能更换焊接耗材。

2) 示教编程

①能持握机器人示教盒；
②能使用示教盒操纵机器人各轴运动；

③能选择坐标系；
④能按工作要求移动机器人末端执行机构如焊枪、焊钳到达指定位置并保持正确的姿态；
⑤能选择示教模式并使用运动指令进行平面直线、圆弧轨迹的示教编程。

3）焊接操作
①能启停机器人焊接设备、周边设备；
②能根据机器人焊接工艺文件选择正确的焊接指令；
③能进行低碳钢板单道直线、圆弧堆焊的示教编程与焊接操作；
④能在示教盒上选择已编制完成的程序文件，能切换自动模式进行焊接。

4）焊后检查
①能对机器人焊接接头表面进行清理；
②能对机器人焊接接头外观质量进行自检。

复习思考题

(1)焊接技术的新发展主要体现在哪几个方面？
(2)主要焊接岗位应具备哪些知识、素质和技能要求？
(3)请叙述焊条电弧焊的原理。
(4)熔化极气体保护焊与其他电弧焊方法相比具有哪些特点？
(5)TIG焊按其操作方式可分为哪几类？请逐一简要介绍。
(6)请叙述TIG焊的特点及应用。
(7)常见的焊接接头形式有哪几种？
(8)请列出常见的焊缝外观缺陷。
(9)请叙述焊条电弧焊的安全操作规程。
(10)什么是工业机器人？
(11)机器人的基本构成是什么？各个主要部分的作用是什么？
(12)机器人焊接的特点是什么？
(13)是否了解焊接方法的要求以及焊接参数的影响？
(14)弧焊机器人与点焊机器人在实际应用中有什么区别？
(15)什么是示教再现编程？简要描述示教再现编程的过程。
(16)什么是离线编程？离线编程系统的基本模块与功能是什么？
(17)焊接机器人应用系统的基本构成是什么？
(18)请简述运用焊接机器人的焊接工艺流程？

项目七

能源领域测量技术的基本应用

项目描述

党的二十大报告指出:"推进新型工业化,加快建设制造强国、质量强国、航天强国、交通强国、网络强国、数字中国。"2023年2月,中共中央、国务院印发《数字中国建设整体布局规划》(简称《规划》)。《规划》明确提出,数字中国建设按照"2522"的整体框架进行布局,其中强调:"建设绿色智慧的数字生态文明。推动生态环境智慧治理,加快构建智慧高效的生态环境信息化体系,运用数字技术推动山水林田湖草沙一体化保护和系统治理,完善自然资源三维立体'一张图'和国土空间基础信息平台,构建以数字孪生流域为核心的智慧水利体系。加快数字化绿色化协同转型。倡导绿色智慧生活方式。"测量技术是实现自然资源三维立体"一张图"和国土空间基础信息平台不可或缺的技术手段,是实现数字中国的基础内容之一。作为新时代的大学生,同学们要有"主动识变应变求变"的意识,在学好基础知识的同时锐意进取、不断创新,全面提升专业素质。

知识目标

- (1)掌握测量学基础知识。
- (2)掌握高程测量的方法及自动安平水准仪的使用。
- (3)掌握角度、距离、坐标的测量方法及全站仪的使用。
- (4)掌握GNSS-RTK坐标测量的原理及使用方法。
- (5)会进行大比例尺数字地形图测绘。
- (6)学会使用探测仪器进行地下管线的探测,能够对地下管线进行定位和测深,能够完成综合地下管线图的绘制。

任务一 测量学基础知识

一、测量学基本概念

测量学是研究地球的形状和大小以及确定地面点位的学科,是对地球整体及其表面和外层空间中的各种自然和人造物体上与地理空间分布有关的信息进行采集、处理、管理、更新和利用的科学和技术。

1. 地面点位的确定

地面点位即地面上点的空间位置。确定地面上点的空间位置,需要相应的基准面和基准线作为依据。

为了测量工作的需要,在一个国家或地区,需要选择一个接近于本地区大地水准面的椭球定位,这个球体称为参考椭球体,如图 7-1 所示。参考椭球体的表面是测量计算的基准面。由地表任一点向参考椭球面所作的垂线称为法线。法线是测量计算的基准线。

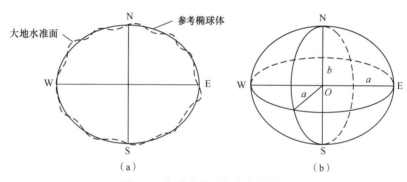

图 7-1 大地水准面与参考椭球体

(a)大地水准面 (b)参考椭球体

2. 确定地面点位的具体方法

地面上一个点的空间位置需要三个坐标量来表示。所以,确定地面点的空间位置的实质就是确定地面点在空间坐标系中的三维坐标。

1)地面点在大地水准面上投影位置的确定

地面点在大地水准面上的投影位置,可用地理坐标和高斯平面直角坐标表示。

Ⅰ.地理坐标

地理坐标是用经度 L 和纬度 B 表示地面点在大地水准面上的投影位置,如图 7-2 所示。

Ⅱ.高斯平面直角坐标

高斯投影理论的基本思想如图 7-3(a)所示,设想有一个椭圆柱面横套在地球椭球体外面,使它与椭球上某一子午线(该子午线称为中央子午线)相切,椭圆柱的中心轴通过椭球体中心,然后用一定的投影方法,将中央子午线两侧一定经差范围内的地区投影到椭圆柱面上,再将此柱面沿其母线剪开并展成平面,此平面即为高斯投影平面。

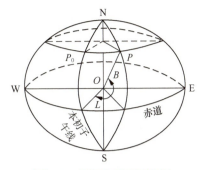

图 7-2 地面点的地理坐标

在高斯投影面上,中央子午线和赤道的投影都是直线。以中央子午线和赤道的交点 O 作为坐标原点,以中央子午线的投影为纵坐标轴 x 轴,规定 x 轴向北为正;以赤道的投影为横坐标轴 y 轴,规定 y 轴向东为正,由此,便建立形成了高斯平面直角坐标,如图 7-3(b)所示。

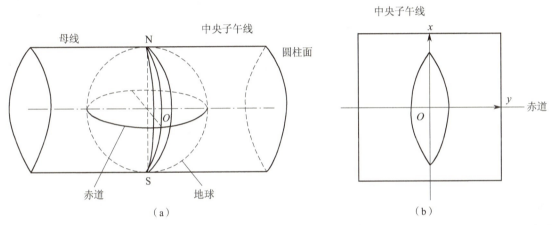

图 7-3 高斯投影及高斯平面直角坐标系
(a)高斯投影原理 (b)高斯平面直角坐标系

高斯投影中,除中央子午线外,各点均存在长度变形,且距中央子午线越远,长度变形越大。为了控制长度变形,将地球椭球面按一定的经度差分成若干范围不大的带,称为投影带。带宽一般分为经差 6° 带和 3° 带。

① 6° 带。高斯投影 6° 带从 0° 子午线起,每隔经差 6° 自西向东分带,依次编号 1、2、3、……、60,将整个地球划分成 60 个 6° 带,如图 7-4 所示。每带中间的子午线称为轴子午线或中央子午线,各带相邻子午线称为分界子午线。我国领土横跨 11 个 6° 投影带,即第 13~23 带。带号 N 与相应的中央子午线经度 L_0 的关系为

$$L_0 = 6N - 3 \tag{7-1}$$

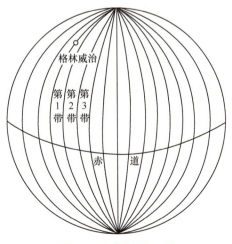

图 7-4 高斯投影 6° 带

② 3°带。自东经 1.5°子午线起,每隔经差 3°自西向东分带,依次编号 1、2、3、……、120,将整个地球划分成 120 个 3°带,每个 3°带的中央子午线为 6°带的中央子午线和分界子午线。我国领土横跨 22 个 3°投影带,即第 24~45 带。带号 n 与相应的中央子午线经度 l_0 的关系为

$$l_0 = 3n \tag{7-2}$$

我国领土位于北半球,在高斯平面直角坐标系内,各带的纵坐标 x 均为正值,而横坐标 y 有正有负。为了使各带的横坐标 y 不出现负值,规定将 x 坐标轴向西平移 500 km,即所有点的 y 坐标值均加上 500 km(见图 7-5)。此外,为便于区别某点位于哪一个投影带内,还应在横坐标前冠以投影带号。以此建立了我国的国家统一坐标系——高斯平面直角坐标系。

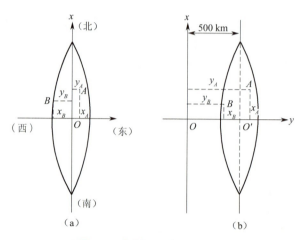

图 7-5　高斯平面直角坐标系
(a)平移前　(b)平移后

Ⅲ. 独立(假定)平面直角坐标系

在普通测量工作中,当测量区域较小且相对独立时,通常把较小区域的椭球曲面当成水平面看待,即用过测区中部的水平面代替曲面作为确定地面点位置的基准,如图 7-6 所示。在此水平面内建立一个平面直角坐标,以地面投影点的坐标来表示地面点的平面位置,即地面点在水平面上的投影位置可以用该平面直角坐标系中的坐标 x、y 来表示。

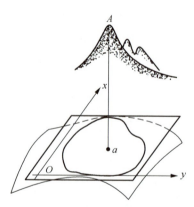

图 7-6　独立平面直角坐标系原理图

测量上通常以地面点的子午线方向为基准方向,由子午线的北端起按顺时针确定地面直线的方位,使平面直角坐标系的纵坐标 x 轴与子午线北方一致,象限排列如图 7-7(a)所示。这样选择直角坐标系可使数学中的解析公式不做任何变动即可应用到测量计算中。显然纵坐标 x 轴(南北方向)向北为正,向南为负;横坐标 y 轴(东西方向)向东为正,向西为负。平面直角坐标系的原点,可按实际情况选定。通常把原点选在测区西南角,其目的是使整个测区内各点的坐标均为正值。在此,应注意测量坐标系与数学坐标系的不

同,数学坐标系的象限关系及坐标轴名称见图 7-7(b)。

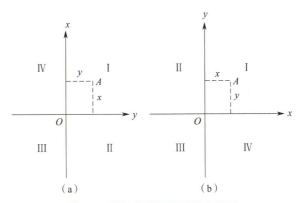

图 7-7 测量坐标系与数学坐标系
(a)测量坐标系 (b)数学坐标系

2)地面点高程位置的确定

地面点到高度起算面的垂直距离称为高程。高度起算面又称高程基准面。选用不同的面作为高程基准面,可得到不同的高程系统。

我国以在青岛观象山验潮站 1952—1979 年验潮资料确定的黄海平均海水面作为高程起算的基准面,此黄海平均海水面即为我国的大地水准面,该基准面称为"1985 国家高程基准"。由 1985 年国家高程基准起算的青岛水准原点的高程为 72.260 m。

地面点的绝对高程是以大地水准面为高程基准面起算的,即地面点沿铅垂线方向到大地水准面的距离称为该点的绝对高程(又称海拔),用 H 表示,如图 7-8 所示。地面点 A、B 的绝对高程分别表示为 H_A、H_B。

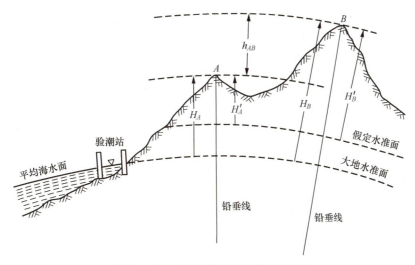

图 7-8 高程与高差的定义及其相互关系

地面上两点间的高程差称为高差,如图 7-8 所示,用 h_{AB} 表示 A、B 两点间的高差。高差有方向和正负之分,A 点至 B 点的高差为

$$h_{AB} = H_B - H_A \tag{7-3}$$

当 h_{AB} 为正时,说明 B 点高于 A 点。而 B 点至 A 点的高差为

$$h_{BA} = H_A - H_B$$

当 h_{BA} 为负时,说明 A 点低于 B 点。可见,A 至 B 的高差与 B 至 A 的高差的绝对值相等而符号相反,即

$$h_{AB} = -h_{BA}$$

在局部地区,如果引用绝对高程有困难,可采用假定高程系统,即可以任意假定一个水准面作为高程起

算面,地面点到任意选定的水准面的铅垂距离称为该点的相对高程(或假定高程),如图7-8中的H_A'、H_B'。建筑工程中所使用的标高就是相对高程,它是以建筑物室内地坪(±0.000)为高程基准面起算的。由图7-8可以看出

$$h_{AB} = H_B - H_A = H_B' - H_A' \tag{7-4}$$

可见对于相同的两点,不论采用绝对高程还是相对高程,其高差值不变,均能表达两点间的高低相对关系,故两点间的高差与高程起算面的取定无关。

3)地面点位确定的三要素及测量基本工作

测量工作的实质是确定地面点的位置。水平距离、水平角和高差是确定地面点位置的三个基本要素。

4)用水平面代替水准面的限度

Ⅰ.水准面曲率对水平距离的影响

图7-9所示为水准面曲率对水平距离的影响。当两点相距10 km时,用水平面代替大地水准面产生的长度误差为0.8 cm,相对误差为1/1 220 000,小于目前精密测绘的允许误差。所以在半径为10 km测区内进行距离测量时,可以用水平面代替大地水准面。

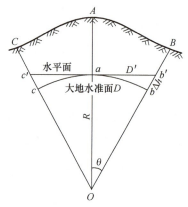

图7-9 水准面曲率对水平距离的影响

Ⅱ.水准面曲率对水平角度的影响

当测区范围在100 km²时,水平面代替水准面对水平角的影响仅为0.51″,在普通测量工作中可以忽略不计。

Ⅲ.水准面曲率对高程的影响

水准面曲率对高程的影响较大,即使在很短的距离内进行高程测量时,也必须考虑水准面曲率对高程的影响。

任务二 点的高低位置的确定

测量地面点高程的工作,称为高程测量。高程测量按使用仪器和方法的不同,分为水准测量、三角高程测量等。下面对水准测量进行详细介绍。

水准测量是一种利用水准仪建立的用水平视线来测量地面两点间的高差,进而推导地面点的高程的测量方法。

一、水准测量的原理

水准测量通过调节水准仪来建立一条水平视线以测取地面点间的高差,然后依据其中一个(或多个)已知点的高程,计算出待定点高程。如图 7-10 所示,若已知 A 点的高程求 B 点的高程,首先需测出 A、B 两点间的高差 h_{AB}。工作时,在 A、B 两点上竖立带有分划的标尺(通常用水准尺),在 A、B 两点之间的适当位置安置可建立水平视线的仪器——水准仪。采取正确的操作方法调节仪器,在视线水平时,分别在 A、B 两点的标尺上读得读数 a 和 b,则 A、B 两点的高差等于两个标尺读数之差,即

$$h_{AB} = a - b \tag{7-5}$$

由此根据已知高程点 A,可计算出待求高程点 B 的高程为

$$H_B = H_A + h_{AB} = H_A + (a - b) \tag{7-6}$$

设水准测量的方向是从 A 点往 B 点进行的,则规定:称已知点 A 为后视点,A 点所立尺为后视尺,简称为后尺,A 尺上的中丝读数 a 为后视读数;称待求点 B 为前视点,B 点所立尺为前视尺,简称为前尺,B 尺上的中丝读数 b 为前视读数;安置仪器之处称为测站;竖立水准尺的点称为测点。两点的高差必须用后视读数减去前视读数进行计算。显然,高差 h_{AB} 的值可能为正,也可能为负。其值若为正,表示待求点 B 高于已知点 A;其值若为负,表示待求点 B 低于已知点 A。此外,高差的正负号又与测量工作的前进方向有关,例如,图 7-10 所示的测量由 A 向 B 行进,高差用 h_{AB} 表示,其值为正;反之由 B 向 A 行进,则高差用 h_{BA} 表示,其值为负。所以高差值必须标明高差的正、负号,同时要规定出测量的前进方向。

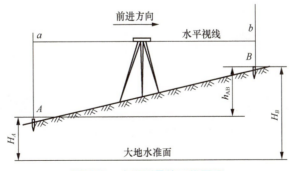

图 7-10 水准测量的工作原理

二、水准测量的工作方法

在实际工作中,已知点到待求点之间的距离往往较远或高差较大,仅安置一次仪器不可能测得两点间

的高差,此时可以进行分段测量,在两点间分段连续安置水准仪和竖立水准尺,依次连续测定各段高差,最后取各段高差的代数和,即得到已知点和待求点之间的高差。从图7-11中可得

$$h_1 = a_1 - b_1$$
$$h_2 = a_2 - b_2$$
……
$$h_n = a_n - b_n$$

则测段 AB 两点间的高差为

$$h_{AB} = \sum h = \sum a_n - \sum b_n \tag{7-7}$$

水准测量的实质就是将高程从已知点经过转点传递到待求高程点,通过计算得到待求点的高程。

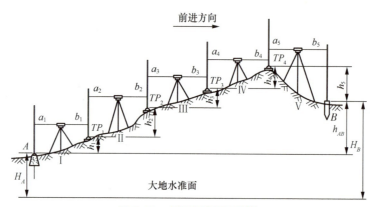

图 7-11　水准分段高差测量

三、水准测量的仪器及工具

在水准测量中,使用的仪器和工具主要有水准仪、水准尺和尺垫。

1)自动安平水准仪

图7-12所示为南方DSZ3型自动安平水准仪,该型号中的D、S、Z分别表示"大地测量""水准仪"和"自动安平",数字"3"表示该型号水准仪每千米往返测高差中误差值不超过3 mm。

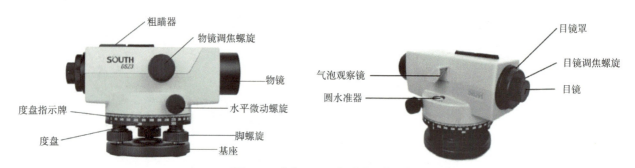

图 7-12　南方 DSZ3 自动安平水准仪

自动安平水准仪主要由基座、望远镜、圆水准器和视线水平补偿器构成。

2)水准尺

DSZ3自动安平水准仪配套使用的是双面标尺。如图7-13所示,黑白相间的一面为黑面尺,也称主尺,底端起点为零;红白相间的一面为红面尺,也称辅尺。作为一对尺的底端起始读数分别为4 687 mm 和4 787 mm。

项目七　能源领域测量技术的基本应用

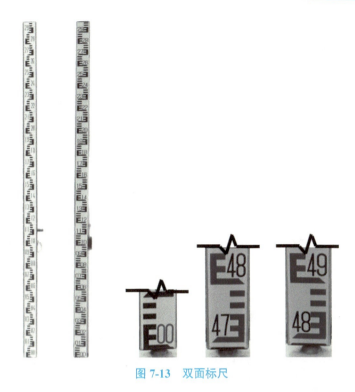

图 7-13　双面标尺

3）尺垫

尺垫（图 7-14）用于多测站连续水准测量的转点处，防止水准尺下沉和立尺点移动。使用时应将尺垫的支角牢固地踩入地下，然后将水准尺立于其半球顶端。

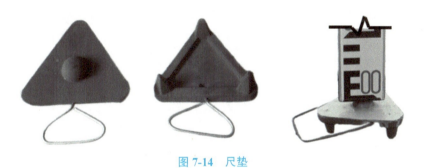

图 7-14　尺垫

四、自动安平水准仪的使用

水准仪的操作步骤为：安置仪器、整平、照准与调焦、读数。

1）安置仪器

（1）松开三脚架架腿的固定螺旋，伸缩三个架腿使高度适中，再拧紧架腿的固定螺旋，将三脚架安置在测站点上。若在比较平坦的地面上，应将三个架腿大致摆成等边三角形，调好三脚架的安放高度，且使三脚架顶面大致水平；若在斜坡上，应将两个架腿平置于坡下，另一个架腿安置在斜坡方向上，踩实架腿，安置脚架。

（2）打开仪器箱，取出仪器，记清仪器在箱中的安放状态，以便用完后按原样入箱。

（3）将水准仪放在脚架架头上，一手握住仪器，一手用连接螺旋将仪器固定连接在三脚架上。

2）整平

（1）观察气泡中心偏离零点的位置，若气泡处于如图 7-15（a）所处的位置，则用两手同时相对方向转动

215

①、②两个脚螺旋,使气泡沿①、②两螺旋连线的平行方向移至中间处。气泡的移动规律:气泡移动方向与左手大拇指旋转脚螺旋的方向相同。

(2)同理转动第三个脚螺旋,如图7-15(b)所示,使气泡居中。

图7-15 圆水准器整平

3)照准与调焦

(1)观察望远镜目镜,旋转目镜调焦螺旋,使十字丝分划板成像清晰。

(2)用仪器上的粗瞄器照准标尺,旋转调焦手轮,使标尺成像清晰,此时眼睛靠近目镜端上、下微动,如果发现十字丝和目标影像也随之变动,这种现象称为视差。视差的存在将影响读数的准确性,应予以消除。消除视差的方法是仔细反复进行目镜和物镜调焦,直到尺像和十字丝均处于清晰状态,无论眼睛在哪个位置观察,十字丝横丝所照准的读数始终不变。

(3)旋转水平微动手轮,使十字丝的竖丝置于标尺中间。

4)读数

读取十字丝中丝在水准尺上的读数,依次读出米、厘米、分米、毫米四位数,其中毫米位是估读的。图7-16所示的中丝读数为1.718 m。观测员读数后,应由记录员回读并立即在手簿上记录相应数据。

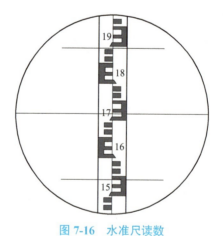

图7-16 水准尺读数

五、五等水准测量

1)水准点

通过水准测量的方法测定其高程的控制点称为水准点,常用 BM 表示水准点。例 BM_{IV2} 表明该点是四等水准路线上的第2号水准点。水准点分为永久性水准点(如图7-17所示)和临时性水准点(如图7-18所示)两种。

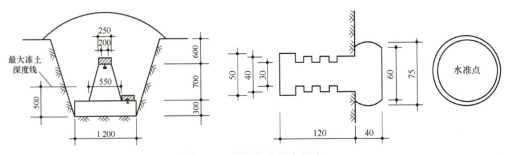

图 7-17　永久性水准点标志

图 7-18　临时性水准点标志

2）水准路线

从一个水准点到另一个水准点所经过的水准测量线路称为水准路线。水准路线的布设形式一般有闭合水准路线（如图 7-1(a)）、附合水准路线（如图 7-19(b)）、支水准路线（如图 7-19(c)）等。

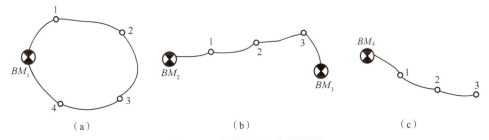

图 7-19　水准路线的布设形式

(a)闭合水准路线　(b)附合水准路线　(c)支水准路线

3）五等水准测量

Ⅰ. 五等水准测量的观测程序

某水准路线中第一水准测段观测示意图如图 7-20 所示，图中 A 点为已知高程的点，B 点为待求高程的点，TP_1、TP_2 等点为设立的转点，水准路线的其他水准测段未表示。

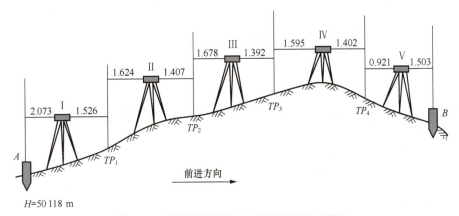

图 7-20　某水准路线第一水准测段观测示意图

①将水准尺立于已知的高等级水准点上作为后视，如图 7-20 中的 A 点，其高程是整个水准路线高程解

算的起算数据。

②在施测路线前进方向的适当位置 TP_1 点放置尺垫,并将尺垫踩实放好,在尺垫上竖立水准尺作为前视,然后将水准仪安置于水准路线上适当的位置,建立水准路线测段观测的第一站,A 点为第一站的后视点,TP_1 为第一站的前视点。选择转点和测站点时应注意:通视条件良好,土质坚硬,防止水准尺和仪器下沉;前后视距应大致相等。

③在进行第一站观测工作时,安置仪器,读取中丝读数及上、下丝读数,记入观测手簿。

④旋转水准仪,瞄准前尺,消除仪器视差,读取中丝读数及上、下丝读数,记入观测手簿。记录员根据记录的读数计算高差及前后视距,并比较计算前后视距差是否超限。

⑤将仪器按照路线前进方向搬迁至距离 TP_1、TP_2 两转点等距离的适当位置,建立水准路线测量的第二站(如图 7-20 中 TP_1 点之后的位置 Ⅱ)。第一站立在 TP_1 上的前视尺不动,此时,只把尺面转向前进方向,变成第二站的后尺,而将第一站后视尺迁移到路线前进方向上适当的位置(如图 7-20 中的 TP_2 点)作为第二站的前尺。然后按与第一站相同的观测程序进行路线第二站水准测量工作,并在外业数据手簿中记录观测数据。

⑥按照相同的方法和操作程序,依次沿水准路线前进方向建立各水准测站,并完成各测站的水准观测工作,直至观测到水准测段的终点 B 点(该点是整个水准路线第一测段的终点,且是该水准测段最后一站的前视水准点,是整个路线所设立的第一个未知高程点)。至此,整个水准路线第一测段的外业数据采集工作完毕。

然后,按照要求完成整个五等水准路线的外业数据采集工作。

各等级水准观测的主要技术要求应符合表 7-1 所示的规定。

表 7-1 各等级水准观测的主要技术要求

等级	水准仪型号	视线长度/m	(光学)前后视较差/m	(光学)前后视累积差/m	视线离地面最低高度/m	基、辅分划或黑、红面读数较差/mm	基、辅分划或黑、红面所测高差较差/mm
二等	DS_1	50	1	3	0.5	0.5	0.7
三等	DS_1	100	2	5	0.3	1.0	1.5
	DS_3	75				2.0	3.0
四等	DS_3	100	3	10	0.2	3.0	5.0
五等	DS_3	100	近似相等				

注:①二等水准视线长度小于 20 m 时,其视线高度不应低于 0.3 m。
②三等、四等水准采用变动仪器高度观测单面水准尺时,所测两次高差较差,应与黑、红面所测高差较差的要求相同。
③数字水准仪观测,技术要求参考相关测量规范。

Ⅱ. 水准外业观测数据记录与计算

按照以上观测程序测完整条水准路线后,得到表 7-2 所示的水准测量各测段的外业数据观测手簿。在填写外业数据时,应注意把各个读数正确地填写在相应的栏内。例如仪器在测站Ⅰ时,起点 A 上所得水准尺读数 2.073 应记入该点的后视读数栏内,照准转点 TP_1 所得读数 1.526 应记入 TP_1 点的前视读数栏内。后视读数减前视读数得 A、TP_1 两点的高差+0.547 记入高差栏内,而将依据各测站相应水准尺所测得的上、下丝读数计算出的前后视距记入视距栏内。

表 7-2　水准测量手簿

测站	测点	后视读数 a/m	前视读数 b/m	高差/m +	高差/m −	高程/m	备注
Ⅰ	A	2.073		0.547		50.118	
	TP_1	1.624	1.526			50.665	
Ⅱ				0.217			
	TP_2	1.678	1.407			50.882	
Ⅲ				0.286			
	TP_3	1.595	1.392			51.168	
Ⅳ				0.193			
	TP_4	0.921	1.402			51.361	
Ⅴ					0.582		
	B		1.503			50.779	
∑		7.891	7.230	1.243	0.582		

$\sum a - \sum b = 7.891 - 7.230 = +0.661$ m
$\sum h = 1.243 - 0.582 = +0.661$ m
$H_B - H_A = 50.779 - 50.118 = +0.661$ m（计算正确）

Ⅲ. 水准测量的检核方法

①计算检核。计算检核可以检查出每站高差计算中的错误，及时发现并纠正错误，保证计算结果正确。在每一测段结束后或手簿上每页末，必须进行计算校核。检查后视读数之和减去前视读数之和（$\sum a - \sum b$）是否等于各站高差之和（$\sum h$），以及是否等于终点高程减起点高程，如不相等，则计算中必有错误，应进行检查。但应注意，这种校核只能检查计算工作有无错误，而不能检查出测量过程中所产生的错误，如读错、记错等。为了保证观测数据的正确性，通常采用测站检核。

②测站检核。测站检核一般采用两次仪器高法和双面尺法。

• 两次仪器高法：在一个测站上测得高差后，改变仪器高度，即将水准仪升高或降低（变动 10 cm 以上）后重新安置仪器，再测一次高差。两次测得高差之差不超过限差时，取其平均值作为该站高差，若超过限差则需重新观测。

• 双面尺法：在一个测站上，不改变仪器高度，先用双面水准尺的黑面观测测得一个高差，再用红面观测测得一个高差，两个高差之差不超过限差，同时，每一根尺子红、黑两面读数的差与常数（4.687 m 或 4.787 m）之差不超过限差时，可取其平均值作为观测结果。如不符合要求，则需重测。

③成果检核。上述检核只能检查单个测站的观测精度和计算是否正确，还必须进一步对水准测量成果进行检核，即将测量结果与理论值比较，来判断观测精度是否符合要求。实际测量得到的该段高差与该段高差的理论值之差即为测量误差，称为高差闭合差，一般用 f_h 表示。

$$f_h = \sum h_{测} - \sum h_{理}$$

如果高差闭合差在限差允许之内，则观测精度符合要求，否则应当重测。水准测量的高差闭合差的允许值根据水准测量的等级不同而异。表 7-3 所示为各等级水准测量的主要技术要求。

表 7-3 水准测量的主要技术要求

等级	每千米高差全中误差/mm	路线长度/km	水准仪型号	水准尺	观测次数		往返较差、附合或环线闭合差	
					与已知点联测	附合或环线	平地/mm	山地/mm
二等	2		DS_1	钢瓦	往返各一次	往返各一次	$4\sqrt{L}$	
三等	6	≤50	DS_1	钢瓦	往返各一次	往一次	$12\sqrt{L}$	$15\sqrt{L}$
			DS_3	双面		往返各一次		
四等	10	≤16	DS_3	双面	往返各一次	往一次	$20\sqrt{L}$	$25\sqrt{L}$
五等	15		DS_3	单面	往返各一次	往一次	$30\sqrt{L}$	

注：①结点之间或结点与高级点之间，其路线的长度不应大于表中规定值的 0.7 倍。
②L 为往返测段附合或环线的水准路线长度（km）。
③数字水准仪测量的技术要求与同等级的光学水准仪相同。

- 附合水准路线。对于附合水准路线，理论上在两已知高程水准点间，各测站所测得高差之和应等于起讫两水准点间的高程之差，即

$$\sum h = H_{终} - H_{始}$$

所以，附合水准路线的高差闭合差为

$$f_h = \sum h - (H_{终} - H_{始})$$

高差闭合差的大小在一定程度上反映了测量成果的质量。

- 闭合水准路线。对于闭合水准路线，因为它起讫于同一个点，所以理论上全线各测站测得的高差之和应等于零，即

$$\sum h = 0$$

如果高差之和不等于零，则其差值即 $\sum h$ 就是闭合水准路线的高差闭合差，即

$$f_h = \sum h$$

- 支水准线路。支水准线路必须在起点、终点间用往返测进行校核。理论上往返测所得高差的绝对值应相等，但符号相反，或者往返测高差的代数和等于零，即

$$\sum h_{往} = -\sum h_{返} \text{ 或 } \sum h_{往} + \sum h_{返} = 0$$

如果往返测高差的代数和不等于零，其值即为支水准线路的高差闭合差，即

$$f_h = \sum h_{往} + \sum h_{返}$$

有时也可以用两组并测来代替一组往返测以加快工作进度。两组所得高差应相等，若不等，其差值即为支水准线路的高差闭合差。故

$$f_h = \sum h_1 - \sum h_2$$

六、水准测量的成果计算

1）高差闭合差的计算

当外业观测手簿检查无误后，便可进行内业计算，最后求得各待定点的高程。具体计算过程和步骤详见后面的示例。

2）高差闭合差的调整

高差测量的误差是在观测过程中产生的，随水准路线长度（或测站数）的增加而增加，所以分配的原则是把闭合差以相反的符号根据各测段路线的长度（或测站数）按正比例分配到各测段的高差上。故各测段

高差的改正数为

$$v_i = -\frac{l_i}{L} \times f_h \text{ 或 } v_i = -\frac{n_i}{n} \times f_h$$

式中：l_i 和 n_i 分别为各测段路线的长度和测站数；L 和 n 分别为水准路线总长和测站总数。作为计算检核，应计算改正数的总和，其与闭合差反号应相等。

求得各水准测段的高差改正数后，即可计算出各测段改正后的高差，它等于每测段实测高差与其高差的改正数之和。作为计算检核，应计算改正后高差的总和，闭合水准路线改正后高差的总和应为零，附合水准路线改正后高差的总和与起终点高程差值应相等。

3）计算各待测点的高程

根据已知高程点的高程和各测段改正后的高差，便可依次推算出各待测点的高程。各点的高程为其前一点的高程加上该测段改正后的高差。

4）示例

Ⅰ.附合水准路线的内业计算

表 7-4 为某一附合水准路线的闭合差校核和分配以及高程计算的实例。

表 7-4 附合水准测量高程的计算

测点	距离/km	高差/m	改正数/mm	改正后高差/m	高程/m
IV_{21}					63.475
	1.9	+1.241	-12	+1.229	
BM_1					64.704
	2.2	+2.781	-14	+2.767	
BM_2					67.471
	2.1	+3.244	-13	+3.231	
BM_3					70.702
	2.3	+1.078	-14	+1.064	
BM_4					71.766
	1.7	-0.062	-10	-0.072	
BM_5					71.694
	2.0	-0.155	-12	-0.167	
IV_{22}					71.527
$\sum$	12.2	+8.127	-75	+8.052	

$f_h = \sum h - (H_{终} - H_{始}) = +8.127 - (71.527 - 63.475) = +0.075$ m

$f_{h容} = \pm 30\sqrt{L}$ mm $= \pm 30\sqrt{12.2}$ mm $= \pm 105$ mm，$f_h < f_{h容}$（合格）

附合水准路线上共设置了 5 个水准点，各水准点间的距离和实测高差均列于表 7-4 中。起点和终点的高程为已知，实际高程闭合差为 +0.075 m，绝对值小于容许高程闭合差 ±0.105 m 的绝对值。表中高差的改正数是由水准线路长度计算的，改正数总和必须等于实际闭合差，但符号相反。实测高差加上高差改正数得到各测段改正后的高差。由起点 IV_{21} 的高程累计加上各测段改正后的高差就得出相应各点的高程。最后计算出终点 IV_{22} 的高程应与该点的已知高程完全符合。

任务三　点的平面位置的确定

一、角度测量

角度测量是确定地面点位的基本测量工作之一，包括水平角测量和竖直角测量，进行角度测量的主要仪器是经纬仪和全站仪。

1. 水平角测量原理

水平角是指相交的两地面直线在水平面上的投影之间的夹角，也就是过两条地面直线的铅垂面所夹的两面角，角值为 0°～360°。如图 7-21 所示，A、B、C 为地面三点，过直线 AB、BC 的竖直面，在水平面 P 上的交线 A_1B_1、B_1C_1 所夹的角 β，就是直线 AB 和 BC 之间的水平角。此两面角在两铅垂面交线 OB_1 上任意一点可进行量测。

2. 竖直角测量原理

竖直角是指同一竖直面内目标方向与一特定方向之间的夹角。其中，目标方向与水平线方向间的夹角称为高度角，也称竖角，一般用 α 表示。视线在水平线上方所构成的竖角为仰角，符号为正；视线在水平线下方所构成的竖角为俯角，符号为负，角值都是 0°～90°，如图 7-22 所示。另外一种是目标方向与天顶方向（即铅垂线的反方向）所构成的角，称为天顶距，一般用 Z 表示，其大小为 0°～180°，没有负值。一般情况下，竖直角多指高度角。

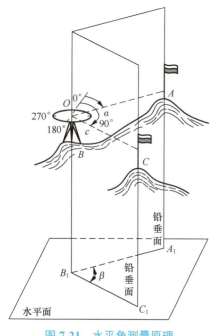

图 7-21　水平角测量原理

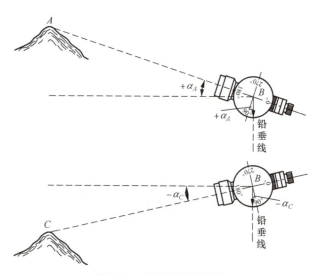

图 7-22　竖直角测量原理

二、距离测量

地面上两点间的距离是指这两点沿铅垂线方向在大地水准面上投影点间的弧长。在测区面积不大的情况下,可用水平面代替水准面。两点间连线投影在水平面上的长度称为水平距离。不在同一水平面上两点间连线的长度称为两点间的倾斜距离。

测量地面两点间的水平距离是确定地面点位的基本测量工作之一。距离测量的方法有多种,常用的方法有钢尺量距、视距测量、光电测距等。可根据不同的测距精度要求和作业条件选用适当的测距方法。

三、坐标测量

1. 坐标北方向

在测量工作中常采用高斯平面直角坐标或独立平面直角坐标确定地面点的位置。因此,取坐标纵轴(X轴)的平行线作为直线定向的标准方向,称为坐标北方向。坐标北方向如图7-23所示。

2. 方位角

由标准方向的北端顺时针旋转到某直线的水平夹角,称为该直线的方位角,其范围是0°~360°。用α_{AB}表示直线AB的坐标方位角,直线的起点是A,终点是B。坐标方位角如图7-24所示,任意一条直线存在两个坐标方位角,α_{AB}为直线AB的正坐标方位角,则α_{BA}为反坐标方位角,它们之间相差180°,即$\alpha_{AB} = \alpha_{BA} \pm 180°$。

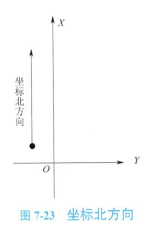

图7-23 坐标北方向

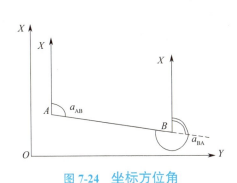

图7-24 坐标方位角

3. 象限角

某直线的象限角是由直线起点的标准方向北端或南端起算,沿顺时针或逆时针方向量至直线的锐角,用R表示。计算方位角时ΔX、ΔY应取绝对值,计算得到的是象限角R,再根据坐标增量的正负来判断直线方向所在的象限,如图7-25所示,然后转化为坐标方位角。坐标方位角与象限角的换算关系见表7-5。

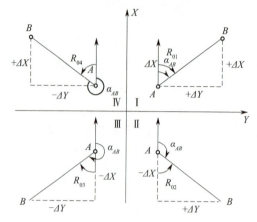

图 7-25　坐标增量与象限的关系

表 7-5　坐标方位角与象限角的换算关系

象限编号	象限名称	由坐标方位角推算象限角	由象限角推算坐标方位角	坐标增量正负号	
Ⅰ	北东	$R=\alpha$	$\alpha=R$	$+\Delta X$	$+\Delta Y$
Ⅱ	南东	$R=180°-\alpha$	$\alpha=180°-R$	$-\Delta X$	$+\Delta Y$
Ⅲ	南西	$R=\alpha-180°$	$\alpha=180°+R$	$-\Delta X$	$-\Delta Y$
Ⅳ	北西	$R=360°-\alpha$	$\alpha=360°-R$	$+\Delta X$	$-\Delta Y$

4. 坐标方位角的推算

坐标方位角可通过坐标反算或起始坐标方位角和测量的转折角推算得到。

坐标方位角的推算如图 7-26 所示。α_{12} 已知,测得 12 边与 23 边的转折角为 β_2(右角)、23 边与 34 边的转折角为 β_3(左角),推算 α_{23}、α_{34}。

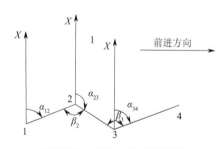

图 7-26　坐标方位角的推算

$$\alpha_{23}=\alpha_{12}+180°-\beta_2(右)$$
$$\alpha_{34}=\alpha_{23}-180°+\beta_3(左)$$
（式 3-1）

通用公式：
$$\alpha_{前}=\alpha_{后}\pm\beta+180°$$

转折角为左角时加,转折角为右角时减;若结果 ≥360°,则再减 360°;若结果为负值,则再加 360°。

1)坐标正算

根据直线的边长、坐标方位角和一个端点的坐标,计算直线另一个端点的坐标的工作称为坐标正算。

坐标计算示意图如图 7-27 所示。已知 A 点坐标(x_A, y_A)、D_{AB}、α_{AB},求 B 点的坐标。

$$\Delta x_{AB} = x_B - x_A = D_{AB} \cos \alpha_{AB}$$
$$\Delta y_{AB} = y_B - y_A = D_{AB} \sin \alpha_{AB}$$
（式3-2）

$$x_B = x_A + \Delta x_{AB}$$
$$y_B = x_A + \Delta y_{AB}$$
（7-8）

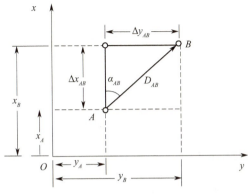

图 7-27　坐标计算示意图

2）坐标反算

坐标反算指根据直线的起点和终点的坐标，计算直线的水平距离和坐标方位角的工作。已知 $A(x_A, y_A)$、$B(x_B, y_B)$，求 D_{AB}、α_{AB}。如图7-27所示：

$$\alpha_{AB} = \arctan \frac{\Delta y_{AB}}{\Delta x_{AB}} = \arctan \frac{y_B - y_A}{x_B - x_A} \tag{7-9}$$

α_{AB} 应根据 Δx、Δy 的正负判断其所在的象限。

$$D_{AB} = \sqrt{(x_B - x_A)^2 + (y_B - y_A)^2} \tag{7-10}$$

5. 坐标测量原理

已知一个点位坐标和方向，根据测量的角度和距离，采用极坐标法即可算出另一点的坐标和高程。

如图 7-28 所示，若输入已知测站 S 点坐标 (x_S, y_S) 和方位角 α_{SB}，测出水平角 β 和平距 D_{ST}，则 SB 方位角：

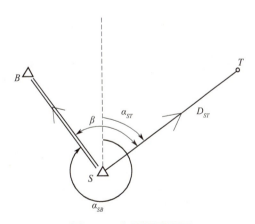

图 7-28　坐标测量原理

$$\alpha_{SB} = \arctan \left(\frac{y_B - y_S}{x_B - x_S} \right) \tag{7-11}$$

坐标：

$$x_T = x_S + D_{ST} \cos (\alpha_{SB} + \beta)$$

$$y_T = y_S + D_{ST}\sin(\alpha_{SB} + \beta) \tag{7-12}$$

四、全站仪及其使用

1. 全站仪基础知识

全站仪是一种集光、机、电为一体的高技术测量仪器，是集水平角、垂直角、距离（斜距、平距）、高差测量功能于一体的测绘仪器。因一次安置仪器可完成该测站上的全部测量工作，所以称为全站仪。它由电子经纬仪、光电（主要为红外线）测距、电子补偿、电子微处理器等部分构成，全站仪设计框架如图 7-29 所示。

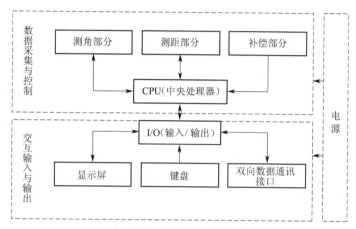

图 7-29　全站仪设计框架

全站仪各部件的名称如图 7-30 所示。

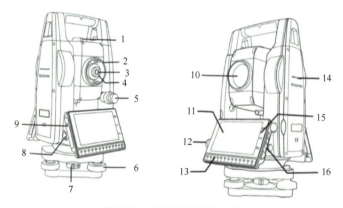

图 7-30　全站仪的部件名称

1—粗瞄器；2—物镜调焦螺旋；3—目镜；4—目镜调焦螺旋；5—垂直制动螺旋；6—脚螺旋；7—基座锁定钮；8—电缆接口；9—接口；10—物镜；11—液晶显示屏；12—水平制动螺旋；13—数字按键；14—仪器中心标志；15—触屏主控键；16—功能键

全站仪在棱镜模式下进行测量距离等作业时，须在目标处放置棱镜。棱镜可通过基座及连接器安置到三脚架上，也可直接安置在对中杆上，如图 7-31 所示。

图 7-31　配套单棱镜与对中杆

2. 全站仪的使用

1) 安置仪器

Ⅰ. 架设三脚架

将三脚架伸到适当高度,打开适当角度,使三脚架顶面近似水平,且位于测站点的正上方。

Ⅱ. 安置仪器和对点

将仪器安置到三脚架上,拧紧中心连接螺旋,打开激光对点器。调节三脚架位置,使激光对点器光斑(或光学对点器)对准测站点中心。

Ⅲ. 利用圆水准器粗平仪器

伸缩三脚架架腿,使仪器圆水准气泡居中。

Ⅳ. 利用管水准器精平仪器

旋转照准部使管水准器与任意两个脚螺旋连线方向平行,如图 7-32(a)所示。对向调节这两个脚螺旋使管水准器气泡居中。气泡移动方向与左手大拇指旋转脚螺旋的方向一致。

照准部旋转 90°,调节第三个脚螺旋,如图 7-32(b)所示,使管水准器气泡居中。重复上次操作,使气泡在相互垂直的两个方向均居中为止,气泡居中误差不得大于一格。

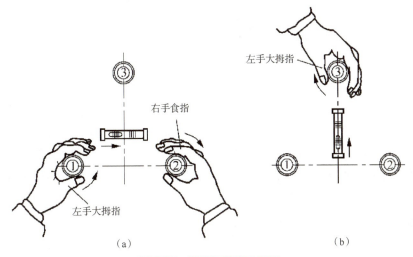

图 7-32　经纬仪的精平操作

5) 精确对中与整平

再次观察光斑对中位置,轻微松开中心连接螺旋,在三脚架顶面平移仪器,精确对准测站点中心,拧紧中心连接螺旋,再次精平仪器。重复此项操作到仪器精确整平对中为止。完成后关闭激光对点器。

2)望远镜调整和目标照准

(1)将望远镜对准明亮天空,旋转目镜调焦螺旋,使十字丝清晰。

(2)利用粗照准器内的三角形标志的顶尖照准目标点,照准时眼睛与照准器之间应保留一定距离。

(3)利用物镜调焦螺旋使目标成像清晰。注意消除视差,即眼睛上下左右移动时,十字丝在目标上的位置不改变。

(4)旋转垂直微动螺旋和水平微动螺旋,精确照准目标。如果测量水平角,用十字丝的竖丝精确照准目标;如果测量垂直角,用十字丝的横丝精确照准目标。

3. 读数

直接读取屏幕上水平度盘或垂直度盘的数值

3. 利用全站仪进行水平角观测

在角度观测中,为了消除仪器的某些误差,需要用盘左和盘右两个位置进行观测。

盘左又称正镜,是指观测者面对望远镜的目镜时,竖盘在望远镜的左侧;盘右又称倒镜,是指观测者面对望远镜的目镜时,竖盘在望远镜的右侧。习惯上,将盘左和盘右观测合称为一测回观测。

常用水平角观测方法有测回法和方向观测法。

1)测回法

测回法仅适用于测站上观测两个方向形成的单角。如图7-33所示,在测站点B,需要测出BA、BC两方向间的水平角β,操作步骤如下。

图7-33 测回法测水平角

①安置经纬仪于角度顶点B,进行对中、整平,并在A、C两点立上照准标志。

②将仪器置为盘左位。转动照准部,利用望远镜准星初步瞄准A点,旋紧水平制动螺旋,调节目镜和望远镜调焦螺旋,使十字丝和目标像均清晰,以消除视差。再用水平微动螺旋和竖直微动螺旋进行微调,直至十字丝纵丝照准目标。此时,打开换盘手轮进行度盘配置,将水平度盘的方向读数配置为0°00′00″或稍大一点,读数a_L并记入记录手簿,如表7-6所示。松开制动螺旋,顺时针转动照准部,同上操作,照准目标C点,读数c_L并记入手簿。则盘左所测水平角为

$$\beta_L = c_L - a_L$$

③松开制动螺旋将仪器换为盘右位。先照准C目标,读数c_R;再逆时针转动照准部,直至照准目标A,读数a_R,计算盘右水平角为

$$\beta_R = c_R - a_R$$

④计算一测回角度值。当上下半测回值之差在40″内时,取两者的平均值作为角度测量值;若超过此限差值应重新观测。即一测回的水平角值为

$$\beta = \frac{\beta_L + \beta_R}{2}$$

在进行不同测回观测角度时,应利用仪器上的换盘手轮装置来配置每测回的水平度盘起始读数,DJ_6型仪器每个测回间应按$180°/n$的角度间隔值变换水平度盘位置。例如:若某角度需测4个测回,则各测回开始时其水平度盘应分别设置成略大于$0°$、$45°$、$90°$和$135°$。

表7-6 测回法测水平角记录手簿

测站	目标	竖盘位置	水平度盘读数	半测回角值	一测回平均角值	各测回平均值
一测回B	A	左	0° 06′ 24″	111° 39′ 54″	111° 39′ 51″	111° 39′ 52″
	C		111° 46′ 18″			
	A	右	180° 06′ 48″	111° 39′ 48″		
	C		291° 46′ 36″			
二测回B	A	左	90° 06′ 18″	111° 39′ 48″	111° 39′ 54″	
	C		201° 46′ 06″			
	A	右	270° 06′ 30″	111° 40′ 00″		
	C		21° 46′ 30″			

2)方向观测法(全圆方向法)

当测站上的方向观测数在三个或三个以上时,一般采用方向观测法。

如图7-34所示,测站点为O点,观测方向有A、B、C、D四个。为测出各方向间的角值,可用方向观测法先测出各方向值,再计算各角度值。

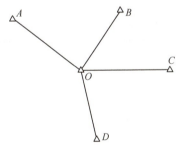

图7-34 方向观测法(全圆方向法)

在O点安置经纬仪,盘左位置,瞄准第一个目标,此处选A点作为第一目标,通常称为零方向,旋紧水平制动螺旋,转动水平微动螺旋精确瞄准,转动度盘变换器使水平度盘读数略大于$0°$,再检查望远镜是否精确瞄准,然后读数。顺时针方向旋转照准部,依次照准B、C、D等点,最后闭合到零方向A(这一步骤称为归零),所有读数依次序记在手簿中的相应栏内(以A点方向为零方向的记录计算表格见表7-7)。

盘右位置,精确照准零方向,读数。再逆时针方向转动照准部,按上半测回的相反次序观测D、C、B,最后观测至零方向(即归零)。同样,将各方向读数值记录在手簿中,如表7-7所示。最后将所算数据填到表格内。

表 7-7　方向观测法测水平角记录手簿

测站	测回数	目标	读数		$2C=左-(右\pm180°)$	平均读数=$\frac{1}{2}$[左+(右$\pm180°$)]	归零后方向值	各测回归零方向值的平均值
			盘左	盘右				
1	2	3	4	5	6	7	8	9
O	1	A B C D A	0°02′06″ 51°15′42″ 131°54′12″ 182°02′24″ 0°02′12″	180°02′00″ 231°15′30″ 311°54′00″ 2°02′24″ 180°02′06″	+6″ +12″ +12″ 0″ +6″	(0°02′06″) 0°02′03″ 51°15′36″ 131°54′06″ 182°02′24″ 0°02′09″	0°00′00″ 51°13′30″ 131°52′00″ 182°00′18″	0°00′00″ 51°13′28″ 131°52′02″ 182°00′22″
O	2	A B C D A	90°03′30″ 141°17′00″ 221°55′42″ 272°04′00″ 90°03′36″	270°03′24″ 321°16′54″ 41°55′30″ 92°03′54″ 270°03′36″	+6″ +6″ +12″ +6″ 0″	(90°03′32″) 90°03′27″ 141°16′57″ 221°55′36″ 272°03′57″ 90°03′36″	0°00′00″ 51°13′25″ 131°52′04″ 180°00′25″	

按现行测量规范的规定,方向观测法的限差应符合表 7-8 的规定。

表 7-8　方向观测法的技术要求

经纬仪型号	半测回归零差	一测回内 2C 互差	同一方向值各测回互差
DJ_2	12″	18″	12″
DJ_6	18″		24″

任务四　GNSS 测量技术

GNSS 是所有在轨工作的全球导航卫星系统的总称,包括美国的全球定位系统(GPS)、俄罗斯的格洛纳斯导航卫星系统(GLONASS)、欧盟的伽利略卫星导航系统(Galileo)、中国的北斗卫星导航系统(Beidou)以及相关的增强系统。

GNSS 测量是以天空中高速运转的卫星的瞬时位置为已知量,观测卫星至 GNSS 接收机天线相位中心之间的距离,使用空间距离后方交会的方法,计算接收机所处位置的坐标。

GNSS 能为全球用户提供全天候、全天时、高精度的定位、导航和授时服务,已广泛应用于工程放样、地形测图、控制测量等领域。

一、GNSS 接收机的基本操作

GNSS 接收机是 GNSS 系统用户终端的基础部件,用于接收 GNSS 卫星发射的无线电信号,获取必要的导航定位信息和观测信息,经过数据处理完成导航、定位及授时任务。

GNSS 接收机按用途可分为导航型接收机、测地型接收机和授时型接收机。本任务主要介绍测地型接收机。

1. 整体介绍

创享 GNSS 接收机主要由主机、手簿、配件三大部分组成,创享测量系统示意图如图 7-35 所示。

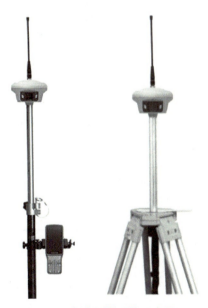

图 7-35　创享测量系统示意图

2. 主机介绍

创享 GNSS 接收机外形如图 7-36 至图 7-38 所示。

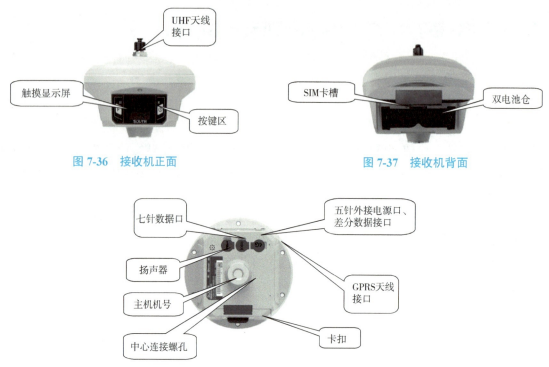

图 7-36 接收机正面　　　　图 7-37 接收机背面

图 7-38 接收机底部

3. 按键和指示灯

指示灯位于液晶屏的左右侧,左侧为数据发射/接收灯、右侧为蓝牙灯;按键位于液晶屏的左右侧,F 为功能键\切换键,⏻ 为确认键/关机键。具体信息如表 7-9 所示。

表 7-9 接收机按键和指示灯信息

项目	功能	作用或状态
 ⏻	开关机,确定,修改	开机,关机,确定修改项目,选择修改内容
F	翻页,返回	一般为选择修改项目,返回上级接口
 ✱	蓝牙灯	蓝牙接通时 BT 灯长亮
 ↕	数据指示灯	电台模式:按接收间隔或发射间隔闪烁 网络模式:网络拨号、WIFI 连接时快闪(10 Hz),拨号成功后,按接收间隔或发射间隔闪烁

4. 手簿

1)手簿介绍

与创想 GNSS 接收机配套使用的操作手簿是 H6 手簿。手簿外形如图 7-39 和图 7-40 所示。

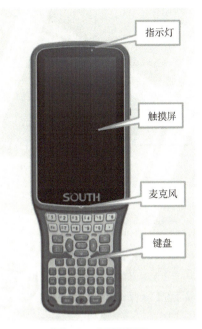

图 7-39　手簿正面

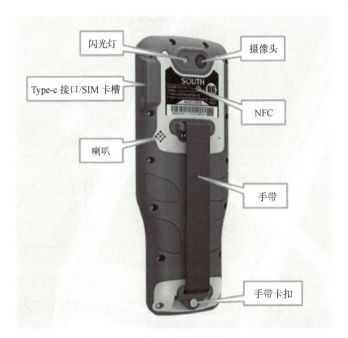

图 7-40　手簿背面

2）蓝牙连接

主机开机，H6手簿进行如下操作，中文版操作页面如图7-41所示。

图 7-41　蓝牙连接

（1）打开工程之星软件，点击"配置""仪器连接"。

（2）点击"搜索"，即可搜索到附近的蓝牙设备。

（3）选中要连接的设备，点击"连接"即可连接上蓝牙。

5. 天线高的量取方法

天线高的量取方式有四种：直高、斜高、杆高和测片高，天线高的量取方式如图7-42所示。

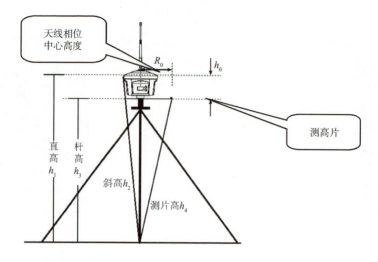

图 7-42 天线高量取方法

直高(h_1):地面到主机底部的垂直高度(h_3)加天线相位中心到主机底部的高度(h_0)。
斜高(h_2):橡胶圈中部到地面点的高度。
杆高(h_3):主机下面的对中杆的高度,通过对中杆上的刻度读取。
测片高(h_4):地面点量至测高片最外围的高度。

二、RTK 基本操作

实时动态测量(Real Time Kinematic,RTK)是全球导航卫星定位技术与数据通信技术相结合的载波相位实时动态差分定位技术,包括基准站和移动站,因其作业方便、精度较高,现已广泛使用。

RTK 测量可采用单基站 RTK 测量和网络 RTK 测量两种方法。已建立 CORS 系统的地区,宜采用网络 RTK 测量,单基站 RTK 测量是基础模式,适用范围广,本项目重点讲解单基站 RTK 测量中的内置电台作业模式。

1.RTK 系统配置

1)基准站

在一定的观测时间内,一台或几台接收机分别固定在一个或几个测站上,一直保持跟踪观测卫星,其余接收机在这些测站的一定范围内流动设站作业,这些固定测站就称为基准站。

2)移动站

在基准站的一定范围内流动作业的接收机所设立的测站称为移动站。

3)数据链

RTK 系统中基准站和移动站通过数据链进行通信,因此基准站与移动站都设有数据链传输模块,通常分为电台模块和网络模块。

2. 单基准站 RTK 测量-内置电台作业模式

只利用一个基准站,基准站和移动站同时接收同一时间、相同 GNSS 卫星发射的信号。基准站接收到的卫星信号和测站坐标信息通过无线电数据链电台实时传递给移动站接收机,移动站接收机将接收到的卫星信号和接收到的基准站信号实时联合解算,求得基准站和流动站间的坐标增量,实时计算出测站点在指定坐标系中的坐标。电台模式实施步骤如下。

1)架设基准站并设置作业模式

①架好三脚架。基准站拧上 UHF 天线,将主机与连接杆固定,用测高片或者基座将连接杆固定在三脚架上,基准站可设置在已知点位上,也可在任意点设站;当在已知点位设站时,应整平对中,天线高量取应精确至 1 mm。将基准站开机。

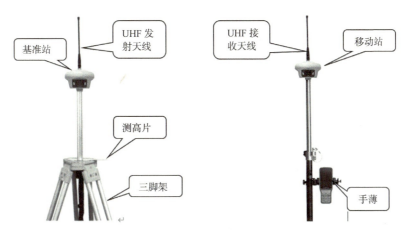

图 7-43　架设示意图(内置电台)

②蓝牙连接(见上)。

③基准站设置。点击"配置",点击"仪器设置",点击"基准站设置",提示"是否切换基准站",点击"确定",进入"基准站设置"界面,点击"数据链",选择"内置电台",点击"数据链设置",点击"通道设置",通道任意选择,保证基准站和移动站一致即可,注意不要和附近其他基准站相同,其他设置默认。以上设置完成后,点击"启动"完成基准站设置工作,这时观察基准站主机的数据灯是否有规律地闪烁。

2)架设移动站并设置作业模式

①架设移动站。打开移动站主机,安装 UHF 天线,将其固定在对中杆上安装手簿托架及手簿。

②蓝牙连接。将手簿与移动站连接,如已连接设备,先点击"断开",再选中要连接的设备,点击"连接"即可。

③移动站设置。点击"配置",点击"仪器设置",点击"移动站设置",提示"是否切换移动站",点击"确定",进入"移动站设置"界面,点击"数据链",选择"内置电台",点击"数据链设置",点击"通道设置",选择与基准站相同的通道,其他默认设置。

3)参数配置

①新建工程。一般情况下,每次开始一个地区的测量施工前都要新建一个与当前工程测量所匹配的工程文件并进行坐标系统设置,选择正确的目标椭球和中央子午线。

②求转换参数。四参数指的是在投影设置下选定的椭球内大地坐标系和施工测量坐标系之间的转换参数。需要特别注意的是,参与计算的控制点原则上至少要用两个或两个以上的点,控制点等级的高低和点位分布直接决定了四参数的控制范围。四参数理想的控制范围一般为 20~30 km^2。

4)测量

根据需要进行点测量、控制测量、放样等工作。

任务五　大比例尺数字地形图测绘

一、地形图的基本概念

地物是指地球表面上自然和人造的固定性物体,如河流、湖泊、道路、建(构)筑物和植被等;地貌是指高低起伏、倾斜缓急的地表形态,如山地、盆地、凹地、陡壁和悬崖等。地物和地貌总称为地形。

二、地形图的比例尺

地形图上一段直线的长度与地面上相应线段的实际水平长度之比,称为地形图的比例尺。

1. 比例尺的种类

1)数字比例尺

数字比例尺一般用分子为1,分母为整数的分数表示。

$$\frac{d}{D} = \frac{1}{\frac{D}{d}} = \frac{1}{M} \tag{7-13}$$

式中:M为比例尺分母。分母越大(分数值越小),则比例尺就越小。

2)图示比例尺

图7-44为1∶500的直线比例尺,取2 cm为基本单位,从直线比例尺上可直接读得基本单位的1/10,估读到1/100。

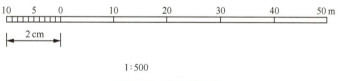

图7-44　直线比例尺

2. 比例尺的精度

人们用肉眼能分辨的图上最小距离为0.1 mm,因此一般在图上量度或者实地测图描绘时,就只能达到图上0.1 mm的精确性。

不同比例尺的精度见表7-10。

表7-10　比例尺精度

比例尺	1∶500	1∶1 000	1∶2 000	1∶5 000	1∶10 000
比例尺精度/m	0.05	0.1	0.2	0.5	1.0

不同比例尺地形图的选用参见表7-11。

表7-11 地形图比例尺的选用

比例尺	比例尺精度	用途
1∶10 000	1.0	城市总体规划、厂址选择、区域布置、方案比较
1∶5×3 000	0.5	
1∶2×3 000	0.2	工程详细规划及工程项目初步设计
1∶1×3 000	0.1	建筑设计、城市详细规划、工程施工设计、竣工图
1∶500	0.05	

三、地形图的分幅和编号

由于图纸的尺寸有限,不可能将测区内的所有地形都绘制在一幅图内,因此为便于测绘、管理和使用地形图,需要将大面积的各种比例尺的地形图进行统一的分幅和编号。

四、地形图图外注记

为了图纸管理和使用的方便,在地形图的图框外有许多注记,如图号、图名、接图表、图廓、坐标格网、三北方向线等(见图7-45)。

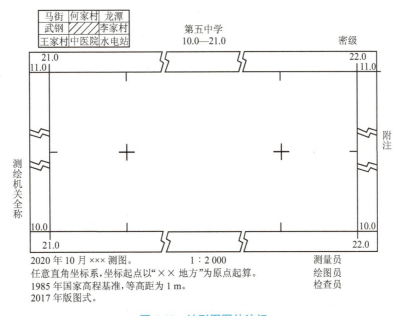

图7-45 地形图图外注记

五、地形图图式

地形是地物和地貌的总称。地物是地面上的各种固定性的物体。由于其种类繁多,中国国家标准化管理委员会发布了《地形图图式》统一了地形图的规格要求、地物、地貌符号和注记,供测图和识图时使用。

1. 地物符号

地形图上表示地物类别、形状、大小及位置的符号称为地物符号。根据地物形状大小和描绘方法的不同,地物符号可分为比例符号、非比例符号、半比例符号、地物注记四种。

（1）比例符号:地物依比例尺缩小后,其长度和宽度能依比例尺表示的地物符号。

（2）半比例符号:地物依比例尺缩小后,其长度能依比例尺而宽度不能依比例尺表示的地物符号。本部分符号旁只标注宽度尺寸值。

（3）非比例符号:地物依比例尺缩小后,其长度和宽度不能依比例尺表示。本部分符号旁标注长、宽尺寸值。

（4）地物注记:采用文字、数字来说明各地物的属性及名称。这种用文字、数字或特有符号对地物属性加以说明的地物符号,称为地物注记。注记包括地理名称注记、说明注记和各种数字注记等。

2. 地貌符号

地貌是指地面高低起伏的自然形态。图上表示地貌的方法有多种,大、中比例尺地形图主要采用等高线法。对特殊地貌将采用特殊符号表示。

1）等高线的定义

等高线是地面上相同高程的相邻各点连成的闭合曲线,也就是设想水准面与地表面相交形成的闭合曲线。如图 7-46 所示,这些等高线的形状和高程,客观地显示了小山的空间形态。

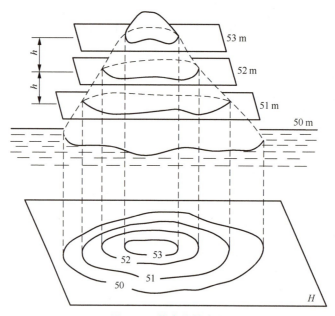

图 7-46 等高线的定义

相邻等高线之间的高差称为等高距或等高线间隔,常以 A 表示。图 7-46 中的等高距是 1 m。在同一幅地形图上,等高距是相同的。相邻等高线之间的水平距离称为等高线平距,常以 d 表示。由于同一幅地形图中等高距是相同的,所以等高线平距 d 的大小与地面的坡度有关。等高线平距越小,则地面坡度越大;平距越大,则坡度越小;平距相等,则坡度相同。由此可见,根据地形图上等高线的疏密可判定地面坡度的缓陡。

等高距的选择,应该根据地形类型和比例尺大小,并按照相应的规范执行。表 7-12 为大比例尺地形图的基本等高距参考值。

表 7-12　大比例尺地形图的基本等高距

单位:m

比例尺	平地	丘陵地	山地	比例尺	平地	丘陵地	山地
1∶500	0.5	0.5	1	1∶2 000	0.5	1	2,2.5
1∶1 000	0.5	1	1	1∶5 000	1	2,2.5	2.5,5

2）等高线的特征

通过研究等高线表示地貌的规律性,可以归纳出等高线的特征,它对于地貌的测绘和等高线的勾画,以及正确使用地形图都有很大帮助。

①同一条等高线上各点的高程相等。

②等高线是闭合曲线,不能中断,如果不在同一幅图内闭合,则必定在相邻的其他图幅内闭合。

③等高线只有在绝壁或悬崖处才会重合或相交。

④等高线经过山脊或山谷时改变方向,因此山脊线与山谷线应与改变方向处的等高线的切线垂直相交,如图 7-47 所示。

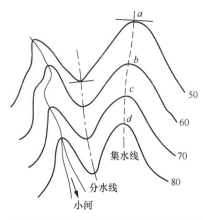

图 7-47　山脊线、山谷线与等高线关系

⑤在同一幅地形图上,等高线间隔是相同的。倾斜平面的等高线是一组间距相等且平行的直线。

3）等高线的分类

地形图中的等高线主要有首曲线和计曲线,有时也用间曲线和助曲线。

Ⅰ.首曲线

首曲线也称基本等高线,是指从高程基准面起算,按规定的基本等高距描绘的等高线,用宽度为 0.15 mm 的细实线表示。

Ⅱ.计曲线

从高程基准面起算,每隔四条基本等高线有一条加粗的等高线,称为计曲线。为了读图方便,计曲线上也注出高程。

Ⅲ.间曲线和助曲线

当基本等高线不足以显示局部地貌特征时,按二分之一基本等高距所加绘的等高线,称为间曲线（又称半距等高线）,用长虚线表示。按四分之一基本等高距所加绘的等高线,称为助曲线,用短虚线表示。间曲线和助曲线描绘时均可不闭合。

4）典型地貌的等高线

地貌形态繁多,通过仔细研究和分析就会发现它们是由几种典型的地貌综合而成的。了解和熟悉用等高线表示典型地貌的特征,有助于识读、应用和测绘地形图。

Ⅰ. 山头和洼地

图 7-48 所示为山头的等高线,图 7-49 所示为洼地的等高线。山头与洼地的等高线都是一组闭合曲线,但它们的高程注记不同。内圈等高线的高程注记大于外圈者为山头;反之,小于外圈者为洼地。也可以用坡线表示山头或洼地。示坡线是垂直于等高线的短线,用以指示坡度下降的方向(见图 7-48 和图 7-49)。

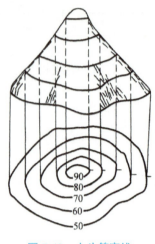
图 7-48　山头等高线

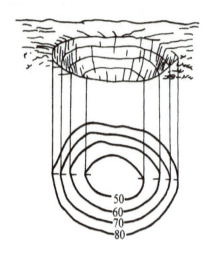
图 7-49　洼地等高线

Ⅱ. 山脊和山谷

山的最高部分为山顶,有尖顶、圆顶、平顶等形态,尖峭的山顶称为山峰。山顶向一个方向延伸的凸棱部分称为山脊。山脊的最高点连线称为山脊线。山脊等高线表现为一组凸向低处的曲线(见图 7-50)。

相邻山脊之间的凹部是山谷。山谷中最低点的连线称为山谷线,如图 7-51 所示,山谷等高线表现为一组凸向高处的曲线。

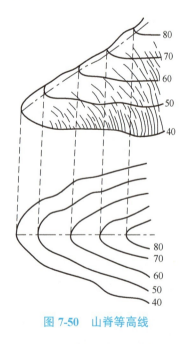
图 7-50　山脊等高线　　　　　　　　　　　图 7-51　山谷等高线

在山脊上,雨水会以山脊线为分界线而流向山脊的两侧,所以山脊线又称为分水线。在山谷中,雨水由两侧山坡汇集到谷底,然后沿山谷线流出,所以山谷线又称为集水线(图 7-51)。山脊线和山谷线合称为地性线。

Ⅲ. 鞍部

鞍部是相邻两山头之间呈马鞍形的低凹部位(图 7-52 中的 S 处)。它的左右两侧的等高线是对称的两组山脊线和两组山谷线。鞍部等高线的特点是在一圈大的闭合曲线内,套有两组小的闭合曲线。

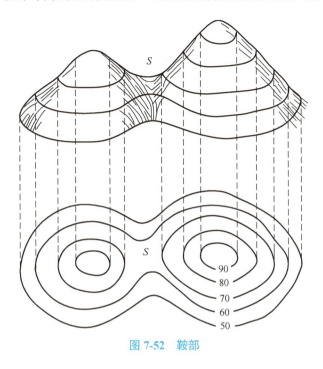

图 7-52　鞍部

Ⅳ. 陡崖和悬崖

陡崖是坡度在 70° 以上或为 90° 的陡峭崖壁,若用等高线表示将非常密集或重合为一条线,因此采用陡崖符号来表示,如图 7-53(a)和图 7-53(b)所示。

悬崖是上部突出、下部凹进的地貌。上部的等高线投影到水平面时,与下部的等高线相交,下部凹进的等高线用虚线表示,如图 7-53(c)所示。

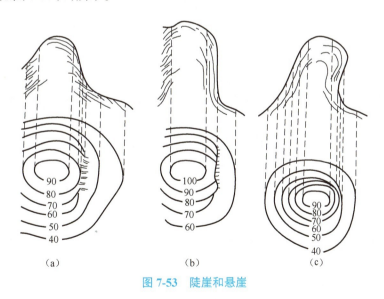

图 7-53　陡崖和悬崖

图 7-54 所示为某地区综合地貌,读者可将两图参照阅读。

图 7-54　某地区地貌图

六、大比例尺数字地形图的测绘

碎部测量的工作任务是以控制点为基础,测定地物、地貌的平面位置和高程,并将所测碎部特征点绘制成地形图。

地物平面形状可用其轮廓点(交点和拐点)和中心点来表示,这些点被称为地物的特征点(又称碎部点)。地貌尽管形态复杂,但可将其归结为许多不同方向、不同坡度的平面交合而成的几何体,其平面交线就是方向变化线和坡度变化线,这些方向变化线和坡度变化线上的方向和坡度变换点称为地貌特征点或地性点。

1. 外业数字测图流程

外业数字测图流程如图 7-55 所示。

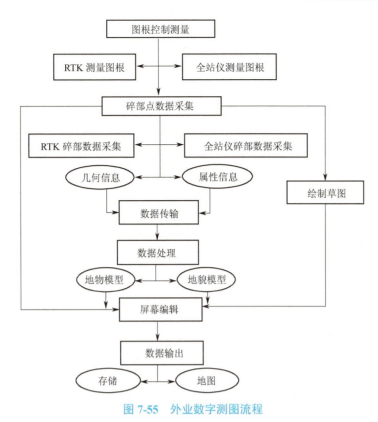

图 7-55　外业数字测图流程

2. 外业数据采集技术要求

1）数字地形图的精度要求

I. 平面精度

数字地形图中地物点平面位置精度如表 7-13 所示。

表 7-13　地物点平面位置精度

单位：m

地区分类	比例尺	点位中误差	邻近地物点间距中误差
城镇、工业建筑区、平地、丘陵地	1∶500	±0.30	±0.20
	1∶1 000	±0.60	±0.40
	1∶2 000	±1.20	±0.80
困难地区、隐蔽地区、山地、高山地	1∶500	±0.40	±0.30
	1∶1 000	±0.80	±0.60
	1∶2 000	±1.60	±1.20

II. 高程精度

（1）各类控制点的高程值应符合已测高程值。

（2）高程注记点相对于邻近图根点的高程中误差不应大于相应比例尺地形图基本等高距的 1/3；困难地区可放宽 0.5 倍。

（3）等高线插求点相对于邻近图根点的高程中误差，平地不应大于基本等高距的 1/3，丘陵地不应大于基本等高距的 1/2，山地不应大于基本等高距的 2/3，高山地不应大于基本等高距。

3. 外业数据采集的要素

地形图上具体表现的内容包括 8 大类要素、定位基础和地名、注记等。

4. GNSS-RTK 图根控制测量

RTK 图根控制测量应符合下列规定。

①图根点标志宜采用木桩、铁桩或其他临时标志，必要时可埋设一定数量的标石。

②RTK 平面图根点测量，移动站观测时应采用三脚架对中、整平，每次观测历元数应大于 10 个。

③测区坐标系统转换时，计算的 RTK 图根点测量平面坐标转换残差应小于或等于图上 0.07 mm；RTK 图根点测量高程拟合残差应不大于等高距的 1/12。

④RTK 图根控制测量可采用单基站 RTK 测量模式，也可采用网络 RTK 测量模式；作业时有效卫星数不宜少于 6 个，多星座系统有效卫星数不宜少于 7 个，PDOP 值应小于 6，并应采用固定解成果。

⑤RTK 图根控制点应进行两次独立测量，坐标较差不应大于图上 0.1 mm，高程较差应小于等高距的 1/10，符合要求后应取两次独立测量的平均值作为最终成果。

⑥RTK 图根控制测量的主要技术要求应符合表 7-14 的规定。

⑦其他要求与上述控制点测量相同。

表 7-14 RTK 图根控制测量主要技术要求

等级	相邻点间距离/m	点位中误差/mm	高程中误差	与基准站的距离/km	观测次数
图根点	≥100	图上距离≤±0.1	≤1/10 基本等高距	≤5	≥2

注：点位中误差指控制点相对于最近基准站的误差。

5. 全站仪草图法测图

用全站仪在外业测量地形特征点的点位，用内存贮器记录测点的定位信息，用草图记录其他绘图信息（如属性信息、连接信息），到室内将测量数据传输到计算机，经人机交互编辑成图。

1）工作草图

工作草图是内业绘图的依据，可以根据测区内已有的相近比例尺地形图编绘，也可以随碎部点采集时画出。

2）草图法测定碎部点的操作过程

（1）进入测区后，绘草图领镜（尺）员首先观察测站周围的地形、地物分布情况，认清方向，及时按近似比例勾绘一份含主要地物、地貌的草图，便于观测时在草图上标明所测碎部点的位置及点号。

（2）安置仪器。仪器对中偏差不大于 5 mm。

（3）建站。将测站点坐标和后视点坐标或后视方向输入全站仪，瞄准后视方向标定方向。

（4）定向检核。以另一控制点作为检核，算得检核点平面位置较差不大于 $0.2 \times M \times 10^{-3}$（m）；高程较差不应大于 1/6 等高距。测量结果符合后，定向结束，否则，应重新定向，直至满足要求。

（5）碎部点测量。按成图规范要求进行碎部点采集；同时将绘图信息绘制在草图上，如图 7-56 所示。

（6）结束前的后视检查。每站数据采集结束时应重新检测标定方向，检测结果如超出 $0.2 \times M \times 10^{-3}$（m）的限差要求时，其检测前所测的碎部点成果应重新计算，并应检测不少于两个碎部点。

3）绘制草图注意事项

（1）采用数字测记模式绘制草图时，采集的地物、地貌原则上遵照地形图图示的规定绘制，对于复杂的图式符号可以简化或自行定义。但数据采集时所使用的地形码,应与草图上绘制的符号一一对应。

(2)草图应标注所测点的测点编号,且所标注的测点编号应与数据采集记录中的测点编号一致。

(3)草图上要素的位置、属性和相互关系应清楚正确。

(4)地形图上需要注记的各种名称、地物属性等,在草图上应标注清楚。

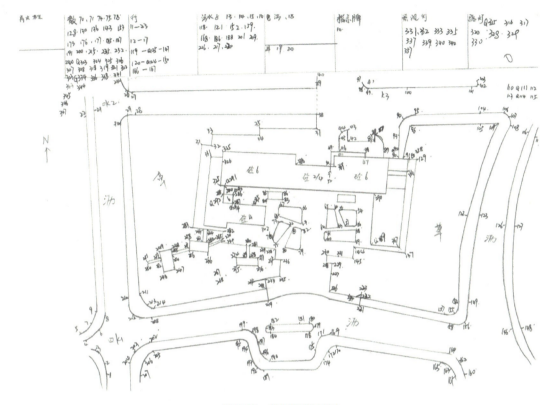

图 7-56　草图绘制示例

6.GNSS-RTK 测图

1)技术要求

(1)RTK 碎部点测量流动站观测时可采用固定高度对中杆对中、整平,观测历元数应大于 5 个。

(2)连续采集一组地形碎部点数据超过 50 点,应重新进行初始化,并检核一个重合点,当检核点位坐标较差不大于图上 0.5 mm 时,方可继续测量。

(3)RTK 碎部点测量平面坐标转换残差不应大于图上 0.1 mm,RTK 碎部点测量高程拟合残差不应大于 1/10 基本等高距。RTK 碎部点测量主要技术要求见表 7-15。

表 7-15　RTK 碎部点测量主要技术要求

等级	点位中误差/mm	高程中误差	与基准站的距离/km	观测次数
碎部点	图上距离≤0.5	≤1/10 基本等高距	≤10	≥1

2)任务实施

(1)基准站、移动站架设并设置工作模式。

(2)野外草图的绘制。

(3)碎部测量。将移动站放在待测地物地貌特征点上,打开工程之星软件,点击"测量",点击"点测量",扶稳对中杆,保持气泡居中,点击"平滑",输入点名(继续测点时,点名将自动累加)、杆高,点击"确定",完成数据采集,并在草图相应位置标注点号。

(4)数据导出。

①打开工程之星软件,点击"工程",点击"文件导入导出",点击"成果文件导出",输入导出文件名,选择需要导出的文件类型(一般选择"测量成果数据*.dat",或者在"输入"-"坐标管理库"中导出。

②将手薄连接电脑,在路径"/storage/emulated/0/SOUTHGNSS_EGStar/Export"中或者选定的其他目录中,将导出的"测量成果数据*.dat"文件拷贝出来,根据野外草图,在绘图软件中完成内业成图工作。

7. 地形图绘制

将测量数据使用 southmap 软件绘制成地形图,流程如图 7-57 所示,绘制完成的数字地形图如图 7-58 所示。

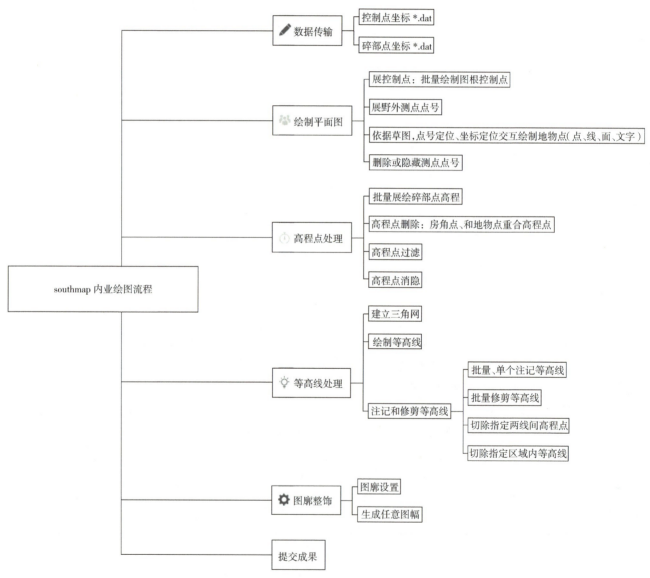

图 7-57　southmap 内业绘图流程

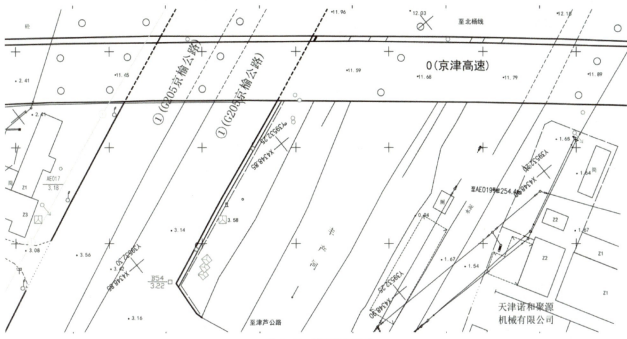

图 7-58 数字地形图

任务六　地下管线外业探测

地下管线是敷设于地下,用于传送能源、信息和排泄废物等的管道(沟、廊)、线缆等及其附属设施。按功能可分为给水、排水、燃气、热力、电力、通信、工业等,包括长输管线和城市管线。而地下管线探测是确定地下管线空间位置、空间关系和属性的过程。地下管线探测的基本程序是接受任务、搜集资料及技术准备、探查、测量、数据处理、成图及数据库、成果检查验收。现场需遵循从已知到未知、从简单到复杂的探查策略。

一、探测设备

1. 金属管线探测仪

国内地下管线探测行业最常用的探测设备为金属管线探测仪,可用于城市道路上各类金属管线的探测,如图7-59所示。

2. 探地雷达

探地雷达通过发射和接收高频电磁波来探测地下管线位置和埋深,在地下水位较浅的城市,探地雷达一般可用于探测1 m以内浅埋深的地下管线,如图7-60所示。

图 7-59　金属管线探测仪

图 7-60　探地雷达

3.PCM+防腐层检测仪

PCM+防腐层检测仪一般用于探测埋深大于3 m,特别是非开挖工艺施工的金属管线,如图7-61所示。

图 7-61　PCM+防腐层检测仪

4. 导向仪

导向仪是利用接收机接收在管道内穿行的探棒的信号来定位的,一般用于探测埋深较深的能够利用空管进行穿线操作的非金属管线,例如电力排管的位置探测,如图 7-62 所示。

5. APL 声波探测仪

APL 声波探测仪利用声波的反射判断地下管线的位置和埋深,它可用于所有材质的管线的探测,但对管线周边环境的要求较高,探测深度较浅,如图 7-63 所示。

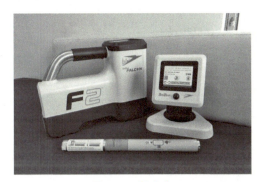

图 7-62 导向仪

图 7-63 APL 声波探测仪

6. 管道陀螺仪

管道陀螺仪是利用陀螺仪精确定位方向的原理来计算管道的准确坐标,一般需要将其穿入管道内部,穿行整个管道,只需测量管道起始点的坐标即可精确计算陀螺仪在穿行过程中每个点的坐标,如图 7-64 所示。

图 7-64 管道陀螺仪

二、外业探测流程

1. 地下管线探测的基本程序

接受任务、资料及技术准备、探查、测量、数据处理、成图及数据库、成果检查验收。

2. 现场探测的原则

（1）从已知到未知；
（2）从简单到复杂；
（3）方法有效、快捷、轻便；
（4）相对复杂条件下根据复杂程度采用相应综合方法。

三、明显点探查

管线明显点
探查方法

明显管线点简称"明显点"，是可直接定位和获取有关数据的可见管线点（窨井、消防栓、人孔及其他出露点）。明显点的埋深测量中，误差不应大于 2.5 cm，以 2 倍中误差 5 cm 作为限差。

1. 井下管线埋深量测方法

明显点的埋深需要将硬质直杆横于井位，采用量杆进行量测，如图 7-65 所示。

除排水外的其他常见管线一般使用开井用的钢钩横于井上，用硬质钢卷尺深入井内进行量测。（塔尺量测注意全部拉伸，量测至硬质直杆下沿，保证数据准确。）

排水管线使用钢卷尺结合 L 型尺（拐）进行井底埋深和管径量测。

图 7-65　井下管线埋深量测方法

2. 明显点量测位置及调查内容

明显点需要量测的位置和需要调查的属性信息见表 7-16。

表 7-16　各类管线量测位置和调查内容表

类别	埋设方式	埋深		断面		孔（根）	材质	附属物	偏距	载体特征			埋设年代	权属单位
		内底	外顶	管径	宽×高					压力	流向	电压		
给水	管道	-	▲	▲	-	▲	▲	▲	▲	-	-	-	△	△
	沟道	▲	-	-	▲	-	▲	▲	▲	-	-	-	△	△
排水	管道	▲	-	▲	-	▲	▲	▲	▲	-	▲	-	△	△
	沟道	▲	-	-	▲	▲	▲	▲	▲	-	▲	-	△	△
燃气	管道	-	▲	▲	-	▲	▲	▲	▲	-	-	-	△	△
	沟道	▲	-	-	▲	-	▲	▲	▲	-	-	-	△	△
热力	管道	-	▲	▲	-	▲	▲	▲	▲	-	-	-	△	△
	沟道	▲	-	-	▲	-	▲	▲	▲	-	-	-	△	△
电力	管块	-	▲	-	▲	△	▲	▲	▲	-	-	△	△	△
	沟道	▲	-	-	▲	-	▲	▲	▲	-	-	△	△	△
	直埋	-	▲	-	-	△	▲	▲	▲	-	-	△	△	△
通信	管块	-	▲	-	▲	△	▲	▲	▲	-	-	-	△	△
	沟道	▲	-	-	▲	-	▲	▲	▲	-	-	-	△	△
	直埋	-	▲	-	-	△	▲	▲	▲	-	-	-	△	△
工业	管道	-	▲	▲	-	▲	▲	▲	▲	▲	-	-	△	△
	沟道	▲	-	-	▲	▲	▲	▲	▲	▲	-	-	△	△
其他	综合管廊	-	▲	-	▲	▲	▲	▲	▲	-	-	-	△	△
	不明管线	-	▲	△	-	△	△	-	▲	-	-	-	-	-

注：▲代表必查项；△代表选查项；-代表无需调查项。

3. 井下管线直径现场量测方法

地下管线及综合管廊需要现场量测其断面尺寸，圆形断面量测其内径，换算并记录其公称直径，矩形断面量测其内壁的实际宽和高，特殊断面宜采取近似断面来量取。

作业中，对自来水、天然气、热水、中水等截面为圆形的管线，现场量测管道的外直径，然后推算出其公称直径。比如量测外直径为 310 mm，那么管道公称直径为 DN300。对于热水管线，管径计算时应减去保温棉层的厚度。

作业中，对雨水、污水截面为圆形的管线，现场量测管道的内直径，然后推算出其公称直径。对于方涵类型的排水管道，管径应量测其内壁的长和宽。

电缆、电信的管块（组）应量测其外廓的宽和高（如图 7-66 所示），特殊断面宜采取近似断面来量取。以毫米为单位，如 300 mm × 200 mm。

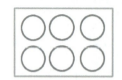
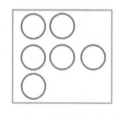

图 7-66 管块(组)的尺寸量测示意图

4. 电缆电信等管线、管块和套管的认定

在地下管线的埋设方式中,直埋是管线直接埋设于地下的敷设方式。套管是管线通过保护套管埋设于地下的敷设方式,套管以单管或管组的形式预先埋设于地下,常用于电力、电信电缆,如图 6-67 和图 6-68 所示。管块是管线通过预制水泥标准管块(图 7-69)或现场施工浇筑管块敷设于地下的方式,常用于电力、电信管线的埋设。

图 7-67 电力管线排管

图 7-68 电信管线管组

项目七 能源领域测量技术的基本应用

图 7-69 预制水泥标准管块

5. 电信管线人孔和手孔

电信电缆在引出、引入地面与电缆交接箱相接,上杆、分叉拐弯时,为便于施工和维修,设置人孔或手孔,如图 7-70 和图 7-71 所示。电信手孔的重要特点为井室范围小,人无法进入,只能伸手进入检修。

图 7-70 电信人孔井　　　　　　　　　　图 7-71 电信手孔井

6. 地上架空管线测绘

在目前的地下管线测量工作中,常使用地形图"架空管线"的表示方法来表示地面上能看到的架空管道,不将架空管线作为地下管线上图。

四、隐蔽点探测

隐蔽管线点(简称"隐蔽点")是必须借助探测仪器设备才可定位、定深的管线点,实地不可见。

隐蔽点的平面位置探查和埋深探查中误差分别不应大于 $0.05h$ 和 $0.075h$(其中 h 为管线中心埋深,单位为毫米,当 $h<1\,000$ mm 时以 $1\,000$ mm 代入计算),2 倍中误差 $0.10h$ 和 $0.15h$ 作为限差。

隐蔽点探查方法有直连法、夹钳法和感应法。为控制探测质量,在不同的探测条件下应考虑使用不同的探测方法,以达到对目标管线准确定位和测深的目的。

1. 直连法

直连法是指将发射信号的输出端直接连接在被测管线上,给其供电,利用接收机接收管

隐蔽管线点探测

线中电流产生的交变磁场的探测方法,如图7-72所示。

直连法有3种连接方式:单端连接、双端连接和远接地单端连接。选用直连法时,无论使用哪种连接方式,连接点必须接地良好,应将金属的绝缘层浔刮干净,接地电极尽量布设在垂直管线走向的方向上、距离大于10倍埋设深度的地方,应尽量减小接地电阻。

直连法直接向金属管线施加电流,信号强,定位、定深精度高,易分清近距离管线,但金属管线必须有出露点,且接地必须良好。该方法要求条件高,操作较麻烦,应用面窄,可用于探测金属的供水管道,严禁在易燃、易爆管道上使用。

对于可以直接连接的金属管线,首先应考虑直连法。日常作业中常见的自来水管线、天然气管线、热水管线等均可使用直连法。

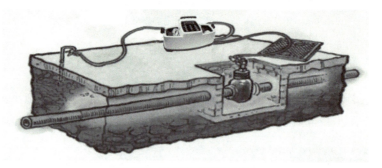

图7-72　直连法操作示意图

2. 夹钳法

当发射机信号无法直接加载上管线上时,可以选择这夹钳法。这种方法是将发射机的信号通过夹钳耦合在目标管线上,如图7-73所示,适用于通信管线、电力管线等。通常使用该方法时,可以根据周围干扰情况选择使用频率。当周围干扰较小,而管线导电性能又非常差时,可以使用高频予以感应。一般情况下,可以使用33 kHz左右的频率进行探测。

该测量方法被设计用来测量连接或网状运行的系统中的单个接地电阻。通过测量流经接地电极的实际电流,这种特殊测量方法提供了一种使用夹式变流器选择性测量该特定电阻的独特手段,其他应用的并联电阻未考虑在内,并且不会使测量结果失真,所以在测量之前不再需要断开接地电极的连接。

在使用时要注意,夹钳的钳口要闭合,另外虽然该方法施加信号较为方便,但传输的距离与信号的稳定性不如直连法。

对于不能直连的金属管线,尽量使用夹钳法。日常作业中常见的电力电缆、电信管线、管径较小的金属管线等均可使用夹钳法。

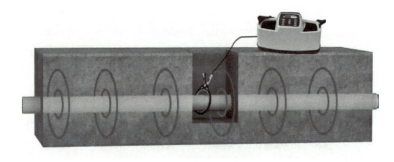

图7-73　夹钳法操作示意图

3. 感应法

感应法主要用于地下金属管线的无损检测，适用于埋深较浅的金属管线及带有金属骨架的管线（电力电缆、电信电缆等），如图 7-74 所示。探测时，发射机的发射线圈产生一次电磁场，目标管线受一次电磁场的感应产生二次电磁场，分析接收机接收的目标管线二次电磁场信号来定位地下管线。

感应法的优点是现场不需要有管线的裸露点就可以追踪探测，缺点是易受旁侧金属管线的干扰。

城市化建设的不断发展使得越来越多的城市开始加大开发地下空间的力度，而在城市地下空间当中经常埋有各种各样、错综复杂的地下管线，因此精准探测城市地下管线，确定其具体位置以及埋深等信息，能够为具体的地下空间开发工作提供至关重要的参考信息。

对于既不能使用直连法，又不能使用夹钳法的金属管线，可使用感应法。日常作业中常见的所有金属管线等均可使用感应法。

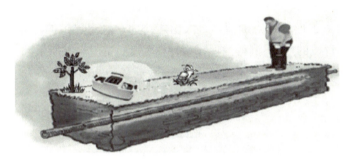

图 7-74　感应法操作示意图

五、确定埋深的方法

1. 直读法

直读法测量的数值是管线中心的深度，如图 7-75 所示。直读法测深易受干扰，需将接收机提高 50 cm 再测一次，如果测量值增加量与提高的高度相同，可以确定测深准确。比较适用于直埋的电缆、通信管线。

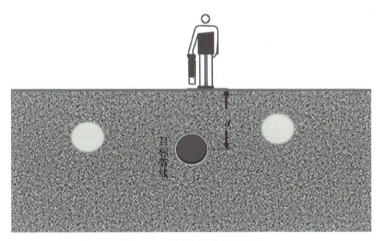

图 7-75　直读法测深示意图

直读法测深易受到周围环境的影响，下列情况不能使用直读法。

（1）在地面金属设施如栏杆、铁门等干扰物附近，这些金属物的干扰磁场会严重影响管线磁场的垂向分布,因而使直读深度完全不可靠。

(2)管线埋设较深(超过1 m)的情况,直读深度误差较大,这是因为埋深增大,用来测深的探测仪上下线圈的磁场差值越来越小,微小的干扰都会使误差急剧增大。

(3)在管线直线段上,接收机离发射机越远(10~25 m为宜),激发电流越小,场值越小,信噪比越小,直读深度误差越大。

(4)当存在旁侧平行金属管线干扰或存在弯头三通或交叉金属管线干扰时,直读深度不可靠。

(5)在管线周围介质中的电流密度较大时,直读深度误差也会增大,如地下土壤含水量大、盐碱度高的地区。

直读法多数情况下存在误差,为保证探测精度,建议减少直读法的使用,使用更为可靠的70%法或45°法。

2. 特征比值法(70%法)

特征比值法是指用极大值两侧某点的值与极大值之比为一确定比值的两点之间的宽度或半宽度等于中心埋深这一特征来确定管线的埋深,测得的埋深为管中深度,如图7-76所示。

对于常用的RD8000等设备,这一确定比值为70%,故简称为70%法。该方法受其他因素影响小,探测结果稳定。

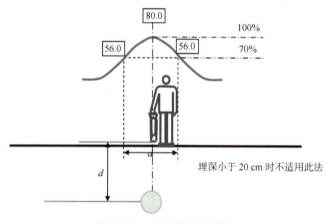

图7-76 比值法测深示意图

3. 45°法

RIDGID(里奇)SR系列的探测仪一般使用45度法测深。首先找到管线的大概位置,然后向垂直于管线的一个方向移动,接收机显示屏右上角就从显示电流变为显示角度,当角度显示为45°时,量测接收机移动的距离即为埋深,如图7-77所示。

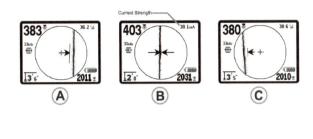

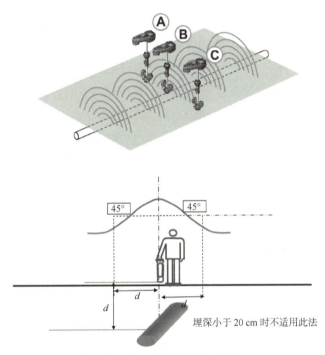

图 7-77　45°法测深示意图

六、其他新型探测技术

目前,使用非开挖手段施工的地下管线越来越多,非金属管线的使用也越来越广泛,为保证管线探测质量,建议使用新型探测设备。常用的新型探测设备有探地雷达、PCM+管道探测仪、导向仪、APL 声学仪、管线陀螺仪等。其中探地雷达用于 1 m 以内浅埋深的管线,PCM+防腐层检测仪用于特殊工艺施工的金属管线,导向仪用于具备穿线条件的非金属管线探测,APL 声波探测仪用于所有材质的管线探测,管道陀螺仪用于非开挖工艺施工的空管(管径 300 mm 以上)测量。

七、管线点的测量

在完成管线探测后,需要使用全站仪来测定已探测管线点的平面位置和高程,并提交原始数据文件及所使用的控制点坐标文件供检查使用。

(1)管线点测量以等级控制点、图根控制点(含支点)为依据。

(2)以较远的一点标定方向,用其他点进行检核,设站结束前需对定向点进行重新检核,确保设站正确,并记录检核数据。

(3)管线点的平面坐标和高程均计算至毫米,取至毫米。

（4）地下管线点的数据采集利用全站仪直接测量、记录，测距边小于150 m，通讯至计算机经数据处理供下一工序使用。

（5）管线点全部采用野外数字采集，测量时将有气泡的棱镜杆立于管线点上，并使气泡居中，以保证点位的准确性。

八、地下管线图绘制

地下管线图一般需要借助基于AutoCAD开发的插件进行绘制。首先绘制管点，在管点的基础上绘制管线，绘制的同时还需要输入管线的属性信息，也可以基于管线数据库进行管线图的成图。一般情况下，图上点号以1∶500图幅为单位进行注记，采用"管线子类代号+图幅内流水号"的编号原则。图上点号注记字头朝北，管段注记与管线连线平行。将该点号作为图面的管线点号，用相应颜色标注在对应管线点附近，并存放在对应管线的管线注记层中。每一幅图内根据图上管线分布状况在2个位置上，以扯旗形式注明管线排列、管线种类、规格、材质、孔数、根数、压力或电压、埋深，扯旗线垂直于管线走向，扯旗引线顶端的管线注记置于扯旗底部，扯旗内容放在图内空白处或图面负载较小处。示例见图7-78。

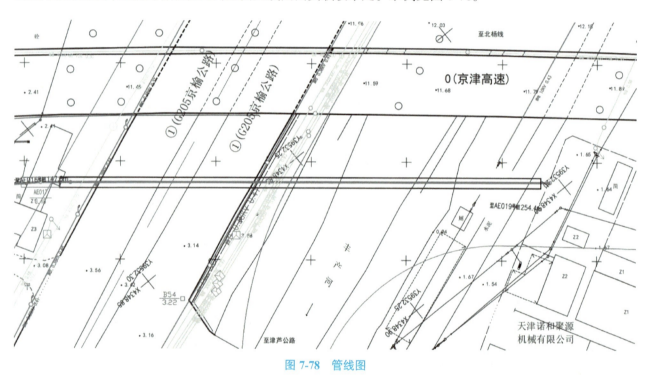

图 7-78　管线图

项目小结

通过本项目的学习，掌握测量学基本知识、点的高低位置的确定、点的平面位置的确定、GNSS测量技术、大比例尺数字地形图测绘、地下管线探测等内容，会使用自动安平水准仪、全站仪、GNSS接收机和管线探测仪等设备，以综合地下管线图作为综合实训任务，完成相关基础理论知识和操作技能的学习，培养学生仪器设备基本操作和正确识读、使用管线图的技能。

复习思考题

（1）大地水准面有何特点？大地水准面与高程基准面、大地体与参考椭球体有什么不同？

（2）测量中的平面直角坐标系与数学平面直角坐标系有何不同？

（3）何为视差？产生的原因是什么？简述消除视差的方法。

（4）什么是转点？其有何作用？尺垫应在何处用？在已知点和待测点是否可以加尺垫？

（5）什么叫后视点、后视读数？什么叫前视点、前视读数？高差的正负号是怎样确定的？

（6）水准测量时，通常要求前后视距相等，为什么？

（7）简述三、四等水准测量的测站观测程序和检核方法。

（8）如下图所示，已知水准点 BM_A 的高程为 33.012 m，1、2、3 点为待测高程点，水准测量观测的各段高差及路线长度标注在图中，试计算各点高程。要求列表计算。

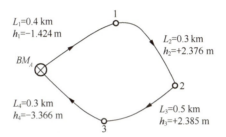

（9）在 B 点上安置经纬仪观测 A 和 C 两个方向。盘左位置先照准 A 点，后照准 C 点，水平度盘的读数为 6°23′30″ 和 95°48′00″；盘右位置照准 C 点，后照准 A 点，水平度盘读数分别为 275°48′18″ 和 186°23′18″。试记录在测回法测角记录表（见下表）中，并计算该测回角值。

测回法测角记录表

测站	盘位	目标	水平度盘读数	半测回角值	一测回角值	备注

（10）比例尺精度是如何定义的？有何作用？

（11）等高线有哪些特性？

项目八

无人机赋能新发展

项目描述

能源是维系国计民生的稀缺资源,是国家竞争之要素,与人民的幸福生活息息相关。党的二十大报告提出"加强重点领域安全能力建设,确保粮食、能源资源、重要产业链供应链安全"和"加强能源产供储销体系建设,确保能源安全",明确将确保能源资源安全作为维护国家安全能力的重要内容。近几年,随着数字成像及平台、计算机和自动控制等技术的发展,无人机作为特种作业机器人,在能源领域中的应用越来越广泛,尤其是在能源综合供应链中的施工、巡检、维护等各环节中均出现了无人机的身影,融入无人机应用技术不仅降低了劳动强度和投入成本,确保了技术人员的人身安全,而且提高了各环节的速度和效率,赋予了能源行业发展新动能。

知识目标

→ (1)了解无人机系统的定义、分类及结构组成。
→ (2)掌握无人机模拟操控设置、实机训练的要点和注意事项。
→ (3)掌握无人机数据的获取方法和处理过程。
→ (4)理解无人机在能源行业中的应用。

任务一　无人机基础知识

一、无人机的定义和分类

1. 无人机的定义

无人机,又称无人驾驶航空器(Unmanned Aircraft,UA)是由遥控站管理(包括远程操纵或自主飞行)的航空器,也称遥控驾驶航空器(Remotely Piloted Aircraft,RPA)。与载人飞机相比,无人机具有体积小、造价低、使用方便、无人员伤亡、对环境要求低、生存能力强、用途广泛等优点。

2. 无人机的分类

随着无人机技术的飞速发展,民用无人机呈现出种类繁多、形态各异、丰富多彩的无人机家族。目前对无人机的分类也有很多种方式,根据我国主导的首个无人机领域国际标准《民用无人机系统的分级和分类》(ISO 21895—2020),本书主要从飞行平台、质量、活动半径、任务高度、控制模式和动力装置六个技术角度对综合能源应用行业中的工业级无人机进行分类介绍。

1)按飞行平台分类

无人机按平台构型可分为三大类,分别是固定翼、旋翼及其他(飞艇、伞翼机和扑翼机等)无人机。

Ⅰ.固定翼无人机

固定翼无人机是指通过人工遥控或自身程序控制器动力系统、机翼和尾翼来实现起降和飞行的无人机,是能够且必须处在空中进行持续、可控飞行的飞行器,如图8-1所示。固定翼无人机的升力是由位于机身两侧的固定翼所产生的,抗风能力比较强、类型最多、应用最广泛,是多数民用无人机的主流机型。其优点是续航时间长、飞行速度快、飞行效率高和载荷大,缺点是起飞和降落时的场地需要有长距离跑道以及不能在空中悬停等。

图8-1　固定翼无人机

飞行器平台

Ⅱ.旋翼无人机

旋翼无人机是指通过在空气中旋转螺旋桨产生足够的升力从而实现飞行的一类无人机。旋翼无人机主要有两种类型:无人机直升机和多旋翼无人机。

①无人机直升机

无人机直升机是指由无线电地面遥控飞行或自主控制飞行的可垂直起降不载人飞行器,如图8-2所示。在构造形式上属于旋翼飞行器,在功能上属于垂直起降飞行器,通过改变旋翼的桨距和桨盘的倾斜角来实现飞行控制。与固定翼无人机相比,无人直升机可垂直起降、空中悬停,朝任意方向飞行,其起飞着陆场地强、续航时间长、载重大等优点,但稳定性差、操控复杂、场地适应性差、危险性大。

（3）油电混合式无人机通常采用燃油发动机和电动机作为动力装置,燃油发动机发电,再驱动电动机。此类型无人机具有结构简单、载重大、续航时间长、适用范围广等优点,继承了电动式无人机和油动式无人机的优点,并克服了它们的缺点。

二、无人机系统

无人机要想真正完成一项特定的任务,仅靠能够飞行的航空器是远远不够的,除了无人机及其挂载的任务设备外,还需要有地面控制设备、数据通信设备、维护支持设备、地面操作和维护人员等。因此,完整意义上的无人机应称为无人机系统。

无人机系统（Unmanned Aircraft System，UAS）也称遥控驾驶航空器系统（Remotely Piloted Aircraft System，RPAS）,是由飞行器平台系统、控制站（含其他遥控站）系统、任务载荷系统、飞机发射与回收系统、保障系统、通信系统、运输系统等子系统组成的系统。无人机系统是一个高度智能化的闭环反馈控制系统,不同类型和不同使用环境下的无人机可选择不同的系统构成。

1. 飞行器平台系统

如前所述,根据不同的飞行器平台构型,无人机主要分为旋翼无人机和固定翼无人机和其他无人机三大类,本书主要介绍能源行业主流的多旋翼无人机的结构组成。

多旋翼无人机系统如图 8-4 所示,一般包括机架、起落架、电动机、电子调速器（简称电调）、电池、螺旋桨、飞控系统、遥控装置、GPS 模块、任务设备和数据链路等。

图 8-4　多旋翼无人机系统

1)机架

机架是多旋翼无人机的主体,包括机臂、中心板和起落架,也称为机身,如图8-5所示。机架用于为多旋翼无人机提供稳定和坚固的平台、安全的起飞和降落条件,避免机上的其他仪器设备受到损坏,提供动力装置和飞控板等设备的安装接口。多旋翼无人机实质上属于直升机的范畴,需要由动力系统提供多个旋翼的旋转动力,同时旋翼旋转产生的转矩需要相互抵消,所以多旋翼无人机的旋翼数量大多数为偶数。

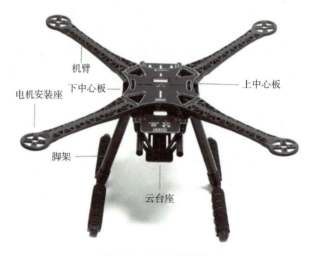

图8-5　多旋翼机架

2)电动机

电动机是多旋翼无人机的动力装置,提供升力和推力,如图8-6所示。轻微型无人机使用的动力电机可分为有刷电动机和无刷电动机两种,多旋翼无人机通常使用无刷电动机,主要是由于无刷电动机去除了电刷,极大地减少了电火花对遥控无线电设备的干扰,运转时摩擦力减小,运行更顺畅,而且噪声减小,提升了无人机运行的稳定性。

3)电调

动力电动机的调速系统称为电调,全称为电子调速器(Electronic Speed Controller,ESC)。电调的作用是将飞控板的控制信号转变为电流的大小,以控制电动机的转速,此外还发挥变压供电、电源转化、电池保护、启动保护和制动等作用。针对不同的动力电动机,可分为有刷电调和无刷电调。无刷电动机应选用无刷电调,无刷电调的输入电流是直流,可以接锂电池,输出电流是三相交流,直接与电动机的三相输入端相连,如图8-7所示。如果上电后,电动机反转,只需要把这三根线中外边的两根对换位置即可。电调还有三根较细的信号线,用来与飞行控制系统连接,控制电动机的运转;较粗的两根输入线与动力电池相连。

图8-6　无刷电动机　　　　　　　　　图8-7　无刷电调

4)电池

电池是能量装置,为电动机提供电能。动力电源主要为电动机的运转提供电能,通常采用化学电池作为电动无人机的动力电源,主要包括镍氢电池(NiMH)、镍铬电池(NiCr)、锂聚合物电池(LiPo)(如图8-8所示)。对于多旋翼无人机而言,电池单位质量的能量载荷在很大程度上限制了其飞行时间和任务设备,续航时间不够的关键就在于电池容量较小。而在相同电池容量的情况下,锂电池最轻,效率最高,因此多旋翼无人机大多选择锂电池。

5）螺旋桨

螺旋桨的作用是由电动机驱使其高速旋转，产生升力。其外形结构简单，一般由两片桨叶和中间的桨毂固定在一起构成，如图8-9所示。四轴飞行为了抵消螺旋桨的自旋，相邻螺旋桨的旋转方向是不一样的，所以需要正桨和反桨。正反桨产生的气流都向下流动。从螺旋桨上方观察，顺时针方向旋转的螺旋桨称为正桨，逆时针方向旋转的螺旋桨称为反桨。安装时无论是正桨还是反桨，都将有字的一面向上，保证桨叶圆润的一面与电动机旋转方向一致。

图8-8 锂聚合物电池

图8-9 螺旋桨

6）飞控系统

飞控系统是无人机的关键核心系统之一，其从本质上决定了无人机的飞行性能，如图8-10所示。一般按具体功能又可划分为导航子系统和飞控子系统两部分。导航子系统向无人机提供相对于所选定的参考坐标系的位置、速度、飞行姿态，引导无人机沿指定航线安全、准时、准确地飞行；飞控子系统是无人机完成起飞、空中飞行、执行任务、返厂回收等整个飞行过程的核心系统，对无人机实现全权控制与管理，因此飞控子系统之于无人机相当于驾驶员之于有人机，是无人机执行任务的关键。

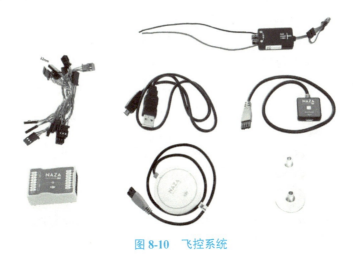

图8-10 飞控系统

7）遥控装置

遥控系统由遥控器和接收机组成，是整个飞行系统的无线控制终端，如图8-11所示。遥控器与接收机之间通过无线电电波进行通信，常用的无线电频率为72 MHz和2.4 GHz。由于2.4 GHz无线通信具有频率高、功耗低、体积小、反应快、精度高等优点，在多旋翼无人机中的使用更加广泛。目前常用的调制方式有脉冲位置调制（Pulse Position Modulation，PPM，又称脉位调制）和脉冲编码调制（Pulse Code Modulation，PCM，又称脉码调制）两种。其中，PPM遥控系统操作简单、成本低，但抗干扰性差；PCM遥控系统不仅具有很强的抗干扰性，还可以方便地采用计算机编程实现各种智能设计，因此在调试、试飞及日常飞行的过程中，PPM遥控系统均应先开发射机后开接收机，而PCM遥控系统则无所谓。

图8-11 遥控系统

2. 控制站系统

无人机控制站是整个无人机系统非常重要的组成部分，也称为控制站、遥控站或任务规划与控制站。在规模较大的无人机系统中，可以有若干个控制站，这些不同功能的控制站通过通信设备连接起来，构成无人机控制站系统。地面控制站系统是在无人机应用发展过程中逐步提出的，现代无人机已经从单一战斗任务脱身而出，可装载各种用途的设备。为了能够更好地遥控操作无人机采用了各种形式的地面控制站系统，以便对无人机的飞行状态和任务设备等进行实时监控。一般而言，地面控制站系统是一个具有遥测数据的实时采集、遥控指令的实时发送和航迹的实时显示等功能的监控系统。该系统是整个无人机系统的指挥控制中心，直接影响整个无人机系统的性能。

无人机控制站系统的功能通常包括指挥调度、任务规划、操作控制、显示记录等。指挥调度功能主要包括上级指令接收、系统之间联络、系统内部调度。任务规划功能主要包括航路规划与重规划、任务载荷工作规划与重规划。操作控制功能主要包括起降操纵、飞行控制操作、任务载荷操作、数据链控制。显示记录功能主要包括飞行状态参数显示与记录、航迹显示与记录、任务载荷信息显示与记录。

3. 任务载荷系统

能源行业中常用的任务载荷有可见光相机、航测相机、红外热像仪、气体检测仪、激光雷达、云台、空中抛投模块、系留模块等。

1）可见光相机

可见光相机利用400~700 nm波长的光，这与人眼感知的光谱相同。可见光相机旨在创建复制人类视觉的图像，捕捉红色、绿色和蓝色波长（RGB）的光，以实现准确的颜色表示，如图8-12所示。可见光相机传感器是一种成像器，它收集可见光（400~700 nm）并将其转换为电信号，然后组织该信息以渲染图像和视频流。现代安全和监控摄像机以高清或更高的分辨率执行此操作，并配备多种镜头选项，用于广角或远摄视图，以识别场景中的目标和物体。

图 8-12 可见光相机及其成果

在能源行业中涉及燃气、光伏、风电、供热等产业的运行环境中,机载可见光相机主要用于采集可见光图像数据,是进行无人机巡检数据采集的关键一环,由于巡检过程中数据采集范围较大,因此用于能源供应环境巡检的可见光相机需达到高分辨率、大覆盖范围的基本要求。可见光相机部分关键指标为质量、像素、焦距、定焦与变焦、视场角、最小拍照间隔和控制精度,依据不同的巡检环境选择适宜的可见光相机。

2）航测相机

无人机倾斜摄影技术通过无人机低空摄影获取高清晰影像数据,通过重建软件生成三维点云与模型,并结合无人机定位信息、相机姿态信息,获得地形、地面物体等三维坐标值,实现地理信息的快速获取。它颠覆了以往正射影像只能从垂直角度拍摄的局限,通过在同一飞行平台上搭载多台传感器,从多个角度采集影像。在能源行业主要应用于线路规划、数字能源、地质勘探、应急安防等诸多领域。

航测相机除了具有较高的光学性能、摄影过程的高度自动化外,还有框标装置,即固定不变的承片框上,四个边的中点各安置一个机械标志——框标。其目的是建立图像的直角框标坐标。两两相对的框标连线成正交,其交点成为图像平面坐标系的原点,从而在图像上构成直角框标坐标系。新型摄影机一般在四个角设定四个光学框标来建立图像平面坐标系。由于航空摄影机具有框标装置,因此被称为量测摄影机。图 8-13 所示为五镜头倾斜摄影相机及其成果。

图 8-13 五镜头倾斜摄影相机及其成果

航测相机按软片曝光方法不同,分为画幅式、缝隙式和全景式航摄机;按镜头视角和焦距不同,分为狭角（长焦距）、常角（常焦距）、宽角（短焦距）和特宽角（特短焦距）航摄机;按用途不同,分为地形测图和侦察航摄机,地形测图航摄机要保持内方位元素不变,所摄的航空图像要适用于高精度的量测,侦察航摄机所摄的航空图像主要用来判读,要求较高的地面分辨力,而对无畸变性要求不高,一般不进行精密量测。

3）红外热像仪

红外热像仪利用红外探测器和光学成像物镜接受被测目标的红外辐射能量分布图形反映到红外探测器的光敏元件上,从而获得红外热像图,这种热像图与物体表面的热分布场相对应。通俗地讲,红外热像仪就是将物体发出的不可见红外能量转变为可见的热图像。热图像的不同颜色代表被测物体的不同温度。图 8-14 所示即为用无人机搭载的红外热像仪探测野外石油管道位置。在能源领域,红外热像仪常应用于防灾减灾、管道缺陷的检测与评价、设备状态热诊断、生产过程监控、自动测试等。

图 8-14 红外热像仪及其成果

与可见光设备相比,红外热像仪具有穿透烟尘和云雾能力强、可昼夜工作的特点,与微波系统相比,其具有结构简单、体积小、质量小、分辨力强、抗干扰能力强等优点。红外探测器作为整个红外探测系统的核心,种类繁多,性能各异,适用于不同的工作领域。

4)气体检测仪

气体检测仪主要用于包括空气质量检测、环保监测、应急消防、化工厂污染排查、应急事故火灾等环境突发事件引发的大气环境污染监测、有毒有害气体的常规巡查、城市低空大气质量状况监测。如图 8-15 所示,燃气管道日常巡检中,无人机常搭载激光甲烷遥测设备进行作业,克服巡线距离长、范围广、途径地貌复杂等困难,提高工作效率,确保工作人员生命安全。

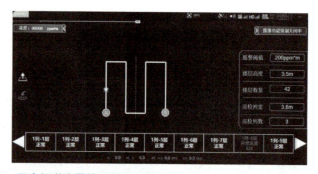

图 8-15 无人机激光甲烷遥测仪及监测结果

5)激光雷达

激光探测及测量(Light Detection and Ranging,LiDAR)系统,简称激光雷达。激光雷达根据其应用原理可分为三类:测距激光雷达(Range Finder LiDAR)、差分吸收激光雷达(Differential Absorption LiDAR)及多普勒激光雷达(Doppler LiDAR)。激光雷达的工作原理与无线电雷达非常相近,是一种主动遥感技术,所不同的是激光雷达发射的信号是激光,与普通无线电雷达发送的无线电波乃至毫米波雷达发送的毫米波相比,波长要短得多。图 8-16 所示为机载三维激光雷达主要由激光控制单元、主控制单元、操作单元、导航单元和激光扫描仪等组成。机载激光雷达测量系统以激光测距原理为基础,由扫描仪发射激光脉冲,通过激光控制器来记录接收脉冲的回波信号,利用发射与接收的时间间隔并结合激光扫描参数来计算地物目标的三维坐标。

图 8-16　机载激光雷达及其点云成果

6）云台

无人机云台是用于安装、固定摄像机等任务设备的支撑设备。云台可分为固定云台和电动云台两种，如图 8-17 所示。固定云台一般用于拍摄范围不大的情况。固定云台可根据需求调整设备的水平、俯仰角度，确定最佳拍摄姿态后锁定调整机构即可。电动云台适用于进行大范围扫描拍摄的情况。

一般在云台旋转轴上装有电动机，可通过手动或程序远程控制云台旋转或按照一定的运动规律旋转，从而得到全方位的拍摄。根据云台的旋转轴数可将其分为二轴云台和三轴云台。二轴云台只具有两个空间转动自由度，可以对目标进行跟踪并提供目标视线角的二维信息，但是缺少空间三维转动自由度，存在跟踪盲区。三轴云台能够弥补二轴云台的这个缺陷，消除盲区。

（a）　　　　　　　　　　（b）

图 8-17　云台

（a）固定云台　（b）电动云台

7）空中抛投模块

空中抛投模块可以携带各种载荷，能够快速反应，第一时间到达投放区域上空，利用远程可视瞄准系统精准投放灭火弹、救援物资等物品。

8）系留模块

系留模块由系留机载电源、智能电缆收放装置、地面大功率电能变送模组等构成。系留模块解决了电池容量对多旋翼无人机续航时间的限制，实现多旋翼无人机的长时间滞空。

4. 飞机发射与回收系统

无人机的发射方法有很多，目前常见的发射方式有起落架滑跑、起飞跑车滑跑、母机空中发射、发射架上发射或弹射、容器（箱式）内发射或弹射、火箭助推、车载发射、轨道发射、垂直起落、缆绳系留、手抛和自动发射等方法。无人机的回收方式主要有伞降回收、撞网回收、起落架/滑跑着陆、空取勾取回收等。

5. 通信系统

无人机通信系统由机载设备和地面设备组成。机载设备也称机载数据终端，包括机载天线、遥控接收机、遥测发射机、视频发射机和终端处理机等。地面设备包括由天线遥控发射机、遥测接收机、视频接收机和终端处理机构成的测控站数据终端，以及操纵和监测设备。

机载设备一方面接收并处理各个传感器的飞行参数，并将这些数据发送给地面站；另一方面接收来自地面站的遥控指令，以调整无人机的飞行参数。地面设备对来自无人机的数据进行接收和处理，也发送指令调整无人机的飞行状态。

无人机的通信信号分为遥控器信号、数据传输信号和图像传输信号。遥控器的功能一方面体现在遥控操纵，另一方面体现在数据和图像资料的传输。虽然数传和图传使用的频段是相同的，但一般图传链路和数传链路是相互分开的，这是为了避免一旦图传链路坏了，影响到数传链路的情况的发生。

除正常的通信外，无人机在航拍或执行特定任务时还需要一些导航技术。导航是把无人机从出发地引导到目的地的过程。一般需要测定的导航参数有位置、方向、速度、高度和轨迹等。目前用于无人机的导航技术有无线电导航、惯性导航、卫星导航、图像匹配导航、天文导航和组合导航等。

任务二　无人机的操控

无人机应用于综合能源产业链中的施工、巡检、维护各环节,首先需要掌握基础的无人机操控技术。目前无人机操控的两种常见方式分别是通过遥控器手动操控无人机的姿态和伺服设备和通过地面站等实现自动驾驶。合格的无人机驾驶员需要掌握这两种操纵能力。本部分主要介绍无人机飞行原理、飞行模拟器训练和实机训练流程。

一、无人机飞行原理

1. 机体坐标轴和基本运动状态

通过无人机重心的三条互相垂直、以机体为基准的坐标轴,称为机体坐标轴,常简化为 $Oxyz$ 表示,如图 8-18 所示。它的原点位于飞行器的重心。

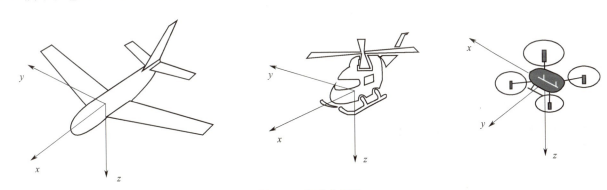

图 8-18　机体坐标轴

Ox 轴(纵轴)在飞行器对称平面内,平行于机身轴线或机翼的平均气动弦线,方向指向前。无人机沿着纵轴的水平运动称为前后运动,围绕纵轴的运动称为滚转运动。

Oy 轴(横轴)亦在对称平面内,垂直于 Ox 轴,指向下。其是从一边的机翼末端穿过机翼和机身,再从另一边机翼延伸到末端穿出来的轴线。无人机沿着横轴的水平运动称为左右运动,围绕横轴的运动称为俯仰运动。

Oz 轴(立轴)垂直于对称平面,指向右。即由上向下通过无人机重心,并与纵轴和横轴相互垂直的轴线。无人机沿着立轴的水平运动称为升降运动,围绕立轴的运动称为偏航运动。

2. 飞行控制方式

以多旋翼无人机为例,一般情况下多旋翼无人机可以通过调节不同电动机的转速来实现四个方向上的运动,分别为:垂直、俯仰、滚转、偏航、前后和侧向,如图 8-19 所示。箭头在旋翼的运动平面上方表示此电动机转速提高,在下方表示电动机转速降低,没有箭头表示此电动机转速不变。

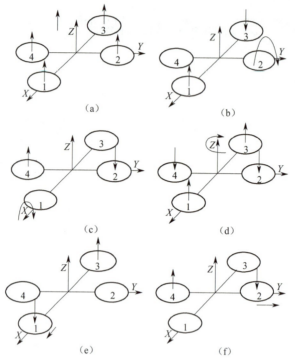

图 8-19　多旋翼无人机飞行控制方式

（a）垂直运动　（b）俯仰运动　（c）滚转运动　（d）偏航运动　（e）前后运动　（f）侧向运动

1）垂直运动

如图 8-19（a）所示，当同时增加四台电动机的输出功率时，螺旋桨转速增加使得总升力增大，当总升力足以克服整机的质量时，四旋翼无人机便离地垂直上升；反之，同时减小四台电动机的输出功率，四旋翼无人机则垂直下降，直至平衡落地，实现了沿 z 轴的垂直运动。当外界扰动量为零时，在螺旋桨产生的升力等于四旋翼无人机的自重时，四旋翼无人机便保持悬停状态。保证四个螺旋桨转速同步增加或减小是使无人机垂直运动的关键。

2）俯仰运动

如图 8-19（b）所示，电动机 1 的转速增加，电动机 3 的转速减小，电动机 2 和电动机 4 的转速保持不变。为了不因为螺旋桨转速的改变而引起四旋翼无人机整体转矩及总拉力的改变，螺旋桨 1 与螺旋桨 3 转速变量的大小应相等。由于螺旋桨 1 的升力上升，螺旋桨 3 的升力下降，产生的不平衡力矩使机身绕 y 轴旋转。同理，当电动机 1 的转速减小，电动机 3 的转速增加时，机身便绕 y 轴向另一个方向旋转，实现四旋翼无人机的俯仰运动。

3）滚转运动

与图 8-19（b）的原理相同，在图 8-19（c）中，改变电动机 2 和电动机 4 的转速，保持电动机 1 和电动机 3 的转速不变，则可使机身绕 x 轴正向和反向旋转，实现四旋翼无人机的滚转运动。

4）偏航运动

四旋翼无人机偏航运动可以借助螺旋桨产生的反转矩来实现。螺旋桨转动过程中由于空气阻力作用会形成与转动方向相反的反转矩。为了克服反转矩的影响，可使四个螺旋桨中的两个正转、两个反转，且对角线上的各个螺旋桨转动方向相同。反转矩的大小与螺旋桨转速有关，当四台电动机转速相同时，四个螺旋桨产生的反转矩相互平衡，四旋翼无人机不转动；当四台电动机转速不完全相同时，不平衡的反转矩会引起四旋翼无人机转动。在图 8-19（d）中，当电动机 1 和电动机 3 的转速增加，电动机 2 和电动机 4 的转速减小时，螺旋桨 1 和螺旋桨 3 对机身的反转矩大于螺旋桨 2 和螺旋桨 4 对机身的反转矩，机身便在富余反转矩的作用下绕 z 轴转动，实现四旋翼无人机的偏航运动，且转向与电动机 1 和电动机 3 的转向相反。

5）前后运动

要想实现无人机在水平面内的前后运动,必须在水平面内对无人机施加一定的力。在图 8-19（e）中,增加电动机 3 的转速,使升力增大,相应减小电动机 1 的转速,使升力减小,同时保持其他两台电动机转速不变,反转矩仍然要保持平衡。四旋翼无人机首先产生一定程度的倾斜,从而使螺旋桨升力产生水平分量,因此可以实现四旋翼无人机的前飞运动。向后飞行与向前飞行正好相反。当然在图 8-19（b）中,四旋翼无人机在产生俯仰运动的同时也会产生沿 x 轴的水平运动,即前后运动。

6）侧向运动

在图 8-19（f）中,由于无人机结构对称,所以侧向运动的工作原理与前后运动完全一样。

二、飞行模拟器训练

飞行模拟器（Flight Simulator）是用来模拟飞行器飞行的设备和软件,如模拟飞机、导弹、卫星、宇宙飞船等飞行的装置,都可称为飞行模拟器。它是能够复现飞行器及空中环境并能够进行操作的模拟装置。飞行模拟器在有人机和无人机的驾驶员培养中均有普遍采用,并对模拟器训练小时数有相应规定。使用模拟器训练具有低成本、高效率、低风险的突出优点。当然,飞行模拟训练也有一些缺点,再好的模拟器也不能完全模拟真实操控和飞行环境,模拟遥控器配合模拟软件的操作感受可能与实机有差异,模拟练习有一定难度且是简单动作的重复,可能产生一个练习疲劳阶段。但模拟器训练仍然是必要的,掌握必要的飞行模拟器训练方法,可以充分发挥模拟训练低成本、高效率、低风险的优势,尽快过渡到模拟与实机配合训练时期,尽可能地缩短模拟训练的枯燥期。下面介绍飞行模拟软件、飞行模拟遥控器及模拟训练流程。

1. 飞行模拟软件

飞行模拟器的组成一般包括可供操作的硬件部分和模拟飞行状态的软件部分,飞行模拟器根据对应的驾驶训练要求配置,无人机的模拟器要求尽可能地还原真实飞行工作场景和飞行状态,但无人机结构较为简单,操控的设置复杂程度较低,不存在驾驶舱,所以模拟器建设成本不高,有利于广泛开展无人机模拟训练。

多旋翼无人机的飞行模拟软件十分丰富,一般安装在电脑上即可使用,也有安装于移动设备的飞行模拟软件或飞行教程。安装在移动端的飞行模拟软件种类众多,趣味性较强,但使用手机或平板作为操作平台,不能模拟遥控器驾驶状态,不建议在飞行训练阶段使用。安装在电脑上的无人机飞行模拟软件有凤凰模拟器（PhoenixRC）、ReflexXTR、AeroFly、RealFlight 等通用主流模拟软件,也有满足专用训练要求的专用模拟软件,如穿越机飞行模拟软件等。飞手可以根据自己的技术需求和喜好进行飞行模拟软件的选用。

2. 飞行模拟遥控器

1）模拟遥控器的选择

安装于计算机端的模拟软件需要搭配模拟遥控器进行使用,模拟遥控器的形式需要与实际操作的遥控器形式相匹配。遥控器包括发射机部分和接收机部分,驾驶员通过发射机操纵飞行器,习惯上也将发射机部分称为遥控器。轻微型无人机主要使用左右摇杆对称分布的板控。

用于模拟训练的遥控器,可以配置专门的模拟遥控器,也可以购买专用插口后连接普通遥控器使用。专门的模拟遥控器的优点是价格便宜,可由计算机 USB 口直接供电,无需另外配置电池,缺点是无法用于实机控制;使用普通遥控器+连接设备的组合进行模拟飞行训练,保证了模拟器练习和实机练习的操纵手感一致,缺点是需要购买连接线、加密狗等外接设备,普通遥控器还需单独供电,若模拟训练时间较长则需频繁充电。

2)遥控器的通道

通道(Channel)是遥控器重要的功能指标,其数量通常会被标注在遥控器型号上。轻微型无人机主要使用板控,板控上最明显的通道是左右两组摇杆,每组摇杆能控制上下和左右两个通道,共有四个通道(CH1、CH2、CH3、CH4),能够对应控制多旋翼无人机的油门、副翼、俯仰和航向四个基本姿态。但具体姿态与通道的对应关系,遥控器和模拟软件有不同的默认设置,在将遥控器与无人机系统或模拟器软件连接时应当注意通道的差别。

副翼和航向是多旋翼无人机左右变化的姿态,这两个功能分别对应到摇杆的左右通道上,一般来说,左摇杆的左右通道对应航向,右摇杆的左右通道对应副翼。俯仰和油门是多旋翼无人机前后和上下变化的姿态,这两个功能分别对应到的摇杆上下通道上,与副翼、航向的固定对应习惯不同,俯仰和油门存在两种常见的对应习惯,如图 8-20 所示。油门对应左摇杆的上下通道、俯仰对应右摇杆的上下通道称为"美国手"(模式 2),即左手油门遥控器;俯仰对应左摇杆的上下通道、油门对应右摇杆的上下通道称为"日本手"(模式 1),即右手油门遥控器。

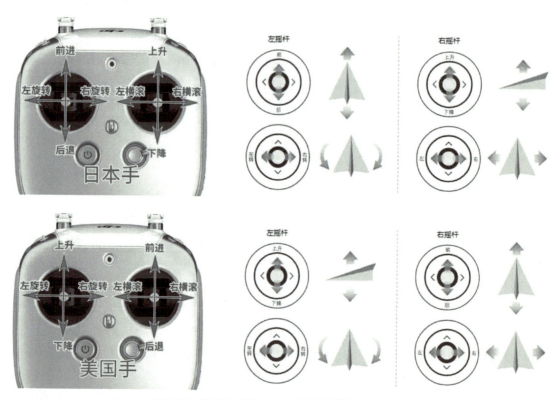

图 8-20 "美国手"和"日本手"通道设置及对应姿态

3)模拟遥控器的设置

不同类型的模拟遥控器在模拟软件中的设置方法相似,这里以 SM600+凤凰模拟器为例进行介绍。

Ⅰ.遥控器设置

遥控器设置是使用遥控器进行模拟飞行的第一步。将 SM600 上的 USB 端口连接到计算机端,用拨针将遥控器上的加密狗开关调至"PhoenixRC",上推电源键至"ON",双击打开凤凰模拟软件,并将遥控器上的所有上下左右微调滑块置于中间位置,连接正常后指示灯闪烁。点击"系统设置",选择"配置新遥控器",弹出对话框,如图 8-21 所示,按照软件对话框提示进行设置,主要分为遥控器准备、遥控器校准、遥控器通道分配三个步骤。

项目八　无人机赋能新发展

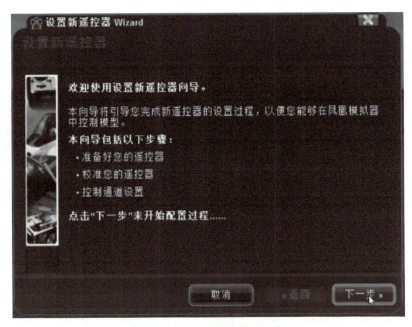

图 8-21　设置新遥控器首界面

①遥控器准备。SM600 为专业的模拟遥控器，图 8-22 中直接点击"下一步"即可。若是普通遥控器+连接设置的组合则需如图 8-22 所示，将遥控器设定为 PPM 调制模式，有直升机模式的遥控器可以将遥控器设定为直升机模式，同时关闭十字盘/CCPM 混控功能，或使用固定翼模式，其他参数设为默认，完成后单击"下一步"。

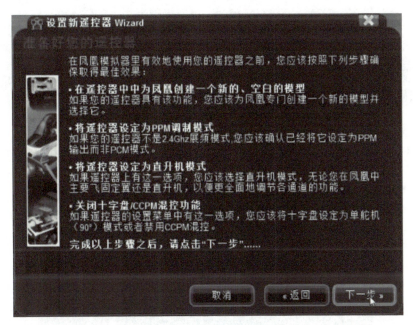

图 8-22　遥控器准备界面

②遥控器校准。校准主要包括将遥控器置于中立位置和行程设置两个步骤，如图 8-23 所示。中立位置是指将遥控器的摇杆、拨钮、旋钮等通道控制及其他有中间位置的开关置于中间位置。摇杆行程设置是拨动遥控器摇杆到达最大行程和最小行程，此步骤建议至少反复两次，完成后单击"下一步"。下一步是其他拨钮、旋钮等行程设置，操作类似于摇杆行程设置，完成后单击"下一步"。两步操作完成后会出现所有开关行程检查页面，如有问题应当排除后再重新设置，如无问题则可单击"完成"。

277

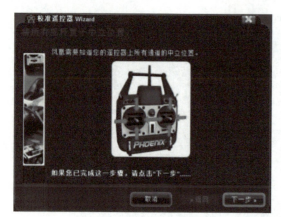
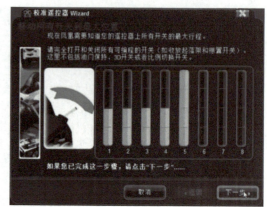

图 8-23　遥控器校准界面（摇杆中立和最大行程设置）

③遥控器通道分配。此步主要目的是将遥控器通道分配对应的无人机功能，以实现遥控器开关对无人机姿态或动作的控制，如图 8-24 所示。依次设置引擎、桨距、方向舵、升降舵、副翼舵、起落架和襟翼的通道，根据个人所使用的通道分配习惯，在出现提示对话框时按正确的方向拨动相应的摇杆或拨钮，设置完成后即进入下一步设置。若无须设置桨距、起落架和襟翼，单击"Skip（跳过）"即可。

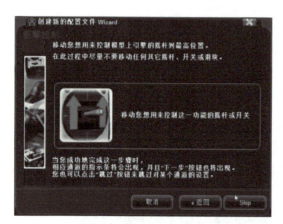
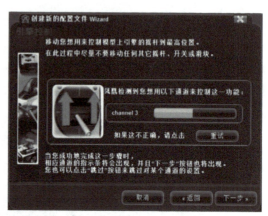

图 8-24　引擎控制设置界面

以上三步设置完成后，如图 8-25 所示，即可点击"完成"进入遥控飞行训练界面。

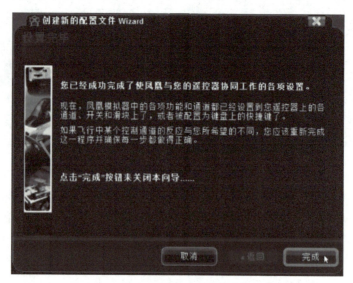

图 8-25　设置完成界面

Ⅱ. 机型选择

在"选择模型"菜单中有"更换模型"选项,可以根据训练需求选择模型类型,如图 8-26 所示。对于多旋翼无人机驾驶技能的训练,可以选择多旋翼机型,也可选择无人直升机机型。无论哪种机型,都需要与用于训练的实机操作手感相近,编辑模型能对所选模型进行参数上的微调,适应更多练习需求。

图 8-26 机型选择界面

Ⅲ. 场景设置

凤凰模拟软件提供了较丰富的飞行场景,有机场、草地、高原、冰原、湖泊、夜间和 3D 场景。但对于飞行训练来说,需要有地表参照物来判断飞行质量的好坏,因此建议打开场地布局菜单,选择目标降落或精准降落标签,在飞行场景上形成明显的飞行参照点。为使训练场景更加真实,建议同时打开场地天气功能,设置或选择微风或以下等级的风速,模拟真实常见的天气环境。

完成设置后,使用模拟遥控器操纵无人机模型进行试飞,检查通道对应、通道正反和通道行程等,场景画质、模型性能、场景舒适度、软件运行流畅程度等是否能满足训练需求。若各方面都操作顺畅,即可制订训练计划,进行系统化的驾驶技能模拟训练。

3. 模拟训练流程

制定高效的飞行模拟训练方案能够帮助新手尽快度过初期模拟训练的枯燥期,大幅提升实机与模拟器配合训练阶段的练习动力,使得训练进度得到保证。由于模拟飞行和实机飞行具有高度匹配性,因此下面推荐一组模拟和实机匹配的飞行模拟训练流程,本流程主要分为自由飞行体验、对尾起降训练、方向训练和航线练四个阶段,如图 8-27 所示。

1)自由飞行体验

完成模拟软件的连接和模拟设备的调试后,即可开展全通道的自由飞行体验。自由飞行体验要达到的目的是让驾驶员体会和分辨遥控器的摇杆/通道与姿态操纵之间的对应关系,为下一步进行分步骤训练做好准备。同时,自由飞行体验也有利于培养驾驶员的驾驶兴趣和让驾驶员了解无人机驾驶的难度。

2)对尾起降训练

掌握模拟设备的使用和通道对应的关系后,便可开始系统性的分步训练。首先要在模拟训练中掌握对尾起降技能。对尾起降是指驾驶员站在无人机的后方操纵无人机定点起飞、悬停和降落。

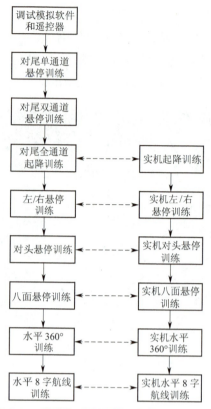

图 8-27　模拟和实机配合飞行模拟训练流程

对尾起降训练可以通过全通道直接练习,也可依次进行对尾单通道悬停训练、对尾双通道悬停训练、对尾全通道悬停训练和全通道定点垂直降落四个分解步骤来训练。模拟训练的基本动作之一是悬停,即通过不断修正遥控器,控制无人机在定高位置偏离不超过一个机身位。悬停或达成悬停的修正动作是实机飞行的基本技能,在飞行中每时每刻都在修正无人机使其悬停。如飞行过程中为保证稳定的航线就需要不断微调和修正无人机姿态;无人机降落也是在悬停的情况下垂直缓慢下降的。

在模拟器中达成本项训练目标后,应当尽快开始实机的对尾起降训练,进入模拟和实机配合训练阶段,能有效防止长时间的模拟训练消耗学习热情。

3）方向训练

对尾飞行能力仅能训练驾驶员在无人机后方进行操控,而无人机在空中的姿态是多样的,航向改变后,驾驶员无法始终保持在无人机的后方。因此,飞行过程中驾驶员还需熟练掌握对尾、对头、左向、右向各个方向的飞行能力。

在方向训练中,同样通过悬停来掌握不同方向的控制技能,首先练习对头、左向和右向悬停,可直接全通道训练或依次单通道—双通道—全通道分解训练。其次,练习八面悬停,分别在 0°（360°）、45°、90°、135°、180°、225°、270° 和 315° 八个位置上进行连续不断的悬停训练,偏离不超过一个机身位。最后进行慢速水平 360° 训练来掌握方向即时转换的无人机驾驶能力。

方向训练是无人机飞行训练中难度较高的环节,只有在模拟器练习中做到基本功扎实,并配合实机反复训练,才能熟练应对实机飞行时航向的不断变化。

4）航线训练

完成基本的方向训练后,可以开展航线训练,航线训练要求驾驶员驾驶无人机按一定线路完成连续运动,多旋翼无人机执照要求的航线为水平 8 字,如图 8-28 所示。水平 8 字航线训练可以按照顺时针水平圆形航线、逆时针水平圆形航线和水平 8 字航线的练习步骤来完成。航线训练的要点是维持高度、航速与航向的协调配合,副翼适当修正。

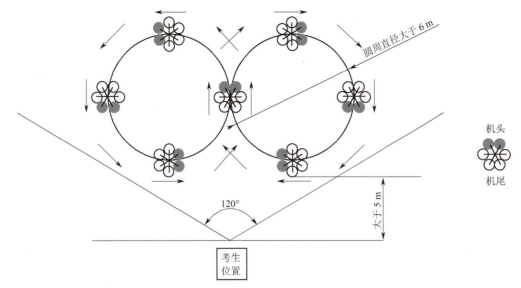

图 8-28 水平 8 字训练示意图

三、实机训练流程

实机训练流程和模拟飞行训练的飞行动作一致,均以达成慢速水平 360° 和水平 8 字为基本目标。实机训练一般选用轻、微型多旋翼无人机,训练流程主要包括飞行训练场地的准备、飞行前检查、飞行训练、飞行记录、飞行讲评和飞行后维护。

1. 飞行训练场地的准备

单个多旋翼无人机飞行训练场地一般为不小于 18 m × 14 m 的矩形,可以选择宽阔大面积的室内场地或室外场地。室内场地不受天气条件限制,可利用已有篮球馆、羽毛球馆等进行围网建设和训练位划分后作为训练场地,飞行训练时应严格控制飞行高度,不超过场地顶部。室外场地更接近工作环境,可以选择人群活动较少的开阔低矮草坪,设置防护网、训练位和警戒线,提前查询场地空域管理情况,室外场地受天气影响大,训练过程更易受人为干扰。两种场地各有利弊,实机训练时应依据实际情况安排训练场地。

2. 飞行前检查

在执行飞行任务之前通过程序化的飞行前检查发现和解决问题是预防飞行风险的最有效途径,主要是对无人机设备进行地面状态检查和飞行状态检查。地面状态检查项目包括设备外观检查、遥控器和飞行器电量检查、连接部位紧固性检查、通信链路通畅性检查、桨叶检查、遥控器操纵杆检查、伺服器检查、指示灯检查等。必要情况下也需要进行飞行状态检查,通过低空试飞来了解无人机各项性能是否正常,检查项目包括飞行的稳定性、对控制动作的响应能力、各系统的运转状态等。以制度化的表格记录检查的程序和结果,确保飞行回溯分析。

3. 飞行训练

实机飞行训练的动作与模拟器一致,分别是任意方向定点悬停、平稳垂直起降、慢速水平 360°、水平 8 字。

实机训练要求和模拟训练紧密配合,应循环反复训练至合格,如图 8-29 所示。新动作训练先从模拟器开始,模拟训练若合格,则进行实机训练;若不合格应不断加强训练至合格,有必要的情况下可以退回单/双通道模式进行回顾性训练。实机训练时,应及时总结训练问题,通过模拟训练,应加强不足或纠正失误。训练合格后进入下一个训练动作,按照同样的流程进行训练。

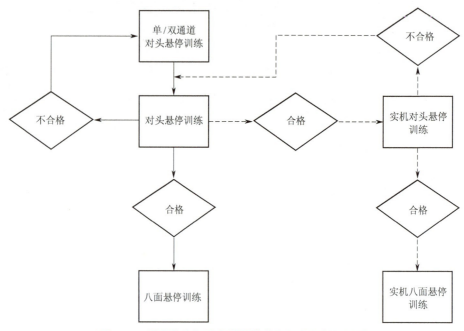

图8-29　模拟与实机配合训练模式(以对头训练为例)

4. 飞行记录

无人机驾驶员在模拟练习、实机练习、执行飞行任务后都需要填写飞行记录,如表8-4所示,此表记录飞行活动日期、时刻、飞行小时数、天气、机型等情况,同时还需记录飞行活动内容和飞行心得。填写飞行记录有助于统计个人的飞行经历、积累飞行经验,在飞行训练阶段有利于及时总结飞行训练得失,提高飞行效率。

表8-4　飞行经历记录表

驾驶员姓名				飞行日期			天气				
序号	机型	实践项目（模拟/实机）	飞行区域	飞行高度	飞行半径	起降地点		飞行小时数			飞行心得
						北纬	东经	起飞时刻	降落时刻	飞行时长	
1											
2											
3											

《民用无人机驾驶员管理规定》对合格的驾驶员有飞行经历的要求,如对超视距等级民用无人机驾驶员的飞行经历要求:超视距等级驾驶员执照的申请人应当具有操纵有动力的无人机至少56 h的飞行经历时间,其中包括由授权教员提供不少于15 h带飞训练、不少于5 h单飞训练,计入驾驶员飞行经历的飞行模拟训练时间不多于28 h。无人机飞行记录本中的飞行经历包括模拟器飞行训练和实机飞行训练,填写时可用中国民航飞行经历记录本。

5. 飞行讲评

在飞行训练的间隙或飞行训练结束后,可由飞行训练教官或学员进行飞行讲评。讲评内容为本次飞行训练的心得体会,或是飞行训练中遇到的疑问困难,如飞行驾驶问题、飞行系统问题。讲评方式可以是讨论、讲评或汇报形式。飞行讲评通过交流的方式来促进飞行训练和飞行理论知识的学习,同时锻炼学员的思维能力和语言表达能力,促进学员对无人机项目管理能力的提升。

6. 飞行后维护

飞行训练结束后,应正确关闭、收纳训练用具和设备,妥善保存有安全风险的用具和设备,及时对有问题的用具和设备进行检修,飞行器达到维护小时数后要进行定期维护。

任务三　无人机数据获取与处理

一、飞行任务制定

无人机在执行巡检、维护等任务前,需制定相应的任务方案,用于厘清工作思路、计划工作进度、分配工作任务、评估工作难点及核算工作成本等,任务方案中应包括以下内容。

（1）任务目的:描述该次飞行任务的目的,明确该次飞行任务的主要工作内容。

（2）资料调查:了解飞行任务作业区域的范围和基本情况,包括地面和空域情况,包括任务范围内和毗邻区域内的情况。重点了解是否存在禁飞区域和限飞区域,是否有严重影响飞行的地形和气象。

航空摄影基础

（3）空域申请:在非适飞区域开展飞行任务的,应该进行飞行空域的申请。

（4）实地调查:地面情况或空域情况复杂的应该进行实地情况调查。

（5）任务方案:根据任务目的和飞行区域的调查情况,制定可行的任务方案,方案中重点确定飞行任务的执行方式,如手动飞行还是航线飞行、航线飞行的路径规划、近地飞行还是中低空飞行、出动频次和飞行架次等。

（6）机型准备:选择适用于飞行任务的机型和设备,配置足够的动力/燃料。

（7）飞行风险评估:识别风险源或飞行影响敏感点,评估飞行方案的飞行风险,制定风险发生时的应急措施。

（8）保障措施:根据任务方案配置任务所需的人员、车辆、差旅等事宜。

飞行任务的制定是相对复杂的过程,要求任务制定者有比较丰富的专业知识和实践经验,在飞行训练阶段需掌握基础的资料调查、实地调查和机型准备三方面技能。其中资料调查和实地调查均是对飞行环境的调查任务,在飞行任务前通过两项调查了解飞行区域的基本概况,选择性开展简单的飞行环境调查和细致的飞行环境调查。机型准备则是对无人机系统的安全性检查,以确保飞行任务的顺利执行。

1. 资料调查

资料调查是指通过查找资料的方式对任务作业区域的飞行环境进行调查,了解飞行作业区域的基本情况,主要分为影响飞行作业的情况和受飞行作业影响的情况两类。飞行环境的资料调查有利于初步了解飞行作业区域,若飞行任务较简单,飞行环境的资料调查即可满足飞行方案的制定。资料调查的内容主要包括地图、气象、飞行管制信息三方面。

地图是飞行环境资料调查阶段主要要获取资料,一般从地图上获取以下信息:作业区域的起伏、海拔高度等地形信息;作业区域位置、作业区域范围和经纬度范围等位置信息;作业区域周边情况,如居民区、道路、工厂、交通枢纽等;作业区域周围重点区域排查。

气象是影响飞行的重要因素,飞行任务制定时必须提前了解作业期间作业区域的天气情况,特别是对飞行作业影响较大的天气因素,如降水、风和温度,常用的天气信息可以通过一些较专业的天气网站查找。

长期有效的飞行管制区域信息可从相关的软件供应商查找机场或敏感位置禁/限飞区域,临时发布的飞行管制区域可通过当地公安部门网站发布的公告来详细了解。

2. 实地调查

通过飞行环境的资料调查,能够掌握作业区域的位置信息和飞行管制信息,但只能初步了解作业区域及其周边的情况,其现势性较差,可靠度较低,需要进一步开展飞行环境的实地调查。实地调查时需要关注以下几个方面的信息:起降场,尽量选择干扰少、地势平缓、视野开阔的区域;应急降落区域,尽量选择飞行影响最小的区域;交通设施(如交通枢纽、公路、铁路、轻轨、水运航道)、人群聚集区(如广场、公园、居民区、村庄、景点、学校、医院、商业中心等)、风险物资仓库/堆放场所、供能/供水设施,这些区域受飞行威胁较大,飞行风险可能引发严重事故或造成较大影响;军事敏感区、政府机关、保密单位,这些信息敏感区域容易造成信息泄露;供电设施、通信设施,影响飞行也容易被飞行影响;其他高大或敏感设施,如高大的树木、塔吊、建筑等。

3. 机型准备

在开始飞行前要做好充分的准备工作,一般概括以下内容。

(1)确定运行场地满足无人机使用说明书所要求的运行条件。

(2)提前制订任务飞行航线,并对飞行航线进行模拟验证,规划航线时应尽量避开限制飞行区域,必要时须向主管单位申请获取飞行许可。

(3)检查无人机各组件状况,确认各组件运行正常、电池或燃油的储备充足、通信链路信号等满足运行要求,必要时还需要做好设备的冗余备份,保障设备的可靠稳定运行。

(4)制订出现紧急情况的处置预案,预案中应包括紧急情况下的处置操作、备/迫降地点等内容。

(5)检查完成填写核查清单,如表8-5所示。

表8-5 无人机起飞前核查清单

无人机起飞前核查清单						
机型:		组号:			年 月	日 时
1	地面平整		是	□	否	□
2	有无信号干扰源		有	□	无	□
3	飞行环境检查		户外温度		℃	
			户外风力风向		风 级	
			起飞经纬度		N	E
			当前时间		: :	:
4	桨叶是否按照颜色拧紧		是	□	否	□
5	TF卡是否已插入		是	□	否	□
启动遥控器、拆除云台固定卡扣后,启动飞行器						
6	平板或手机电量		满电	□	不满	□
			电量		%	
7	电池电量		满电	□	不满	□
			电量		%	
8	遥控器电量		满电	□	不满	□
			电量		格	
9	指南针校准		是	□	否	□
10	IMU检查		正常	□	需校准	□

续表

内八解锁遥控器						
11	确认 GPS 信号	有	☐	无	☐	
		GPS 星数				
12	飞行点记录已更新	是	☐	否	☐	
13	电池温度已达到 25 ℃以上	是	☐	否	☐	
14	返航高度检查	已设置	☐	未设置	☐	
		返航高度		m		
15	遥控器飞行模式检查	P	☐	A	☐	
		S	☐			
1.5 m 悬停预热开始						
16	观察姿态	稳定	☐	不稳	☐	
17	操纵杆测试	通过	☐	不通过	☐	
18	相机控制测试	通过	☐	不通过	☐	
上述核查全部达标即可起飞						
警告	灰底白字核查项	一定会影响飞行安全或可导致坠机				
	灰底黑字核查项	会部分影响飞行安全需加倍注意				
	白底黑字核查项	会影响拍摄工作需注意				
	黑底白字为准备动作,按要求操作或可延长电池及飞行器寿命					
	飞行时请保持专注,远离人群及车辆			签字:		

二、航线规划

航线规划是巡检和航摄中的重要内容之一,通过地面站规划,设置飞行路径或路径节点上的伺服动作,并设置无人机飞行平台的飞行参数,通过数据链传输给飞行平台,无人机就能够以设置的参数按规划的路径执行相应的动作,获取想要的数据信息。下面将从航线设计、航线类型及实施方面详细阐述能源行业中航线规划的相关知识。

无人机航线规划

1. 航线设计

1)航摄分区的原则

(1)分区界线应与制图的图廓线相一致。

(2)分区内的地形高差不应大于 1/6 摄影航高。

(3)在地形高差符合上一条规定且能够保持航线的直线性的情况下,分区的跨度应尽量划大,能完整覆盖整个测区。

(4)当地面高差突变、地形特征差别显著或有特殊要求时,可以破图廓划分航摄分区。

依据航空摄影规范要求,在进行航线设计之前,可先进行航摄区域的分区设计。但在实际作业中,如果测区较小且测区内地形高差不大,则可以不进行航摄分区的工作。

2)航线敷设的原则

(1)航线一般按东西向平行于航摄图廓线直线飞行,特定条件下也可做南北向飞行或沿管道、线路、河流、海岸等方向飞行。直线段线路宜沿管道中线布设单航线,以减少外业像片控制的工作量;转弯比较频繁的线路,可沿管道主体走向布设多条航线,将线路的测图范围包含在航摄范围内;站场区域位置图宜平行测区的一个边布设多路线。

（2）曝光点应尽量采用数字高程模型依地形起伏逐点设计。

（3）进行水域、海区摄影时,应尽可能避免像主点落水,要确保完整覆盖所有岛屿,并能构成立体像对。

3）航摄季节和航摄时间的确定

（1）航摄季节应选择有利拍摄的气象条件,应尽量避免或减少地表植被或其他覆盖物（如积雪、洪水、扬沙等）对摄影和测图的不利影响,确保航摄影像能真实地显现地面细部。

（2）航摄时,既要保证具有充足的光照度,又要避免过大的阴影。航摄时间一般应根据表8-6规定的摄区太阳高度角和阴影倍数确定。

（3）沙漠、戈壁、森林、草地、大面积的盐滩和盐碱地,在当地正午前后2 h内不应摄影。

（4）陡峭山区和高层建筑物密集的大城市应在当地正午前后1 h内摄影。条件允许时,可实施云下摄影。

表8-6　摄区太阳高度角和阴影倍数

地形类别	太阳高度角/°	阴影倍数
平地	>20	<3
丘陵地和一般城镇	>25	<2.1
山地和大、中城市	≥40	≤1.2
陡峭山区和高层建筑物密集的大城市	限当地正午前后1 h	<1

2. 航线类型及实施

依据无人机生产任务的不同,在航线规划时选择不同的航线类型。一般的地面站软件均支持航线规划,以大疆精灵4RTK为例,它目前支持的航线类型有以下几种。

1）摄影测量2D

摄影测量2D航线是无人机航空摄影测量中的一种常规航线,生成的航线为弓字形,适用于生成数字正射影像（DOM）。根据在地图上点选的三个或三个以上边界点生成正射影像的区域,自动规划出任务航线,如图8-30所示。可点击航向方向按钮调节,航线方向平行于测区长边能减少无人机转弯数,进而提高效率。

2）摄影测量3D（井字飞行）

摄影测量3D（井字飞行）也是无人机航空摄影测量的常规航线,生成的航线由互相垂直交叉的弓字形航线连接而成,如图8-31所示,适用于3D建模。与摄影测量2D的航线除了云台俯仰角度默认值有变化,其他设置步骤均相同。

3）航点飞行

航点飞行是指在规划好航点后,无人机可自行飞往所有航点以完成预设的飞行轨迹和飞行动作,如图8-32所示。飞行过程中可通过摇杆控制无人机朝向和速度。主要操作如下。

（1）通过航点飞行的地图,可以直接在地图上添加航点和兴趣点,并且将这些点进行关联。关联后,飞行器在飞行过程中会自动控制机身和云台转动,保证在经过航点时朝向预设的兴趣点。

（2）单击航点或兴趣点可以设置高度、速度、云台航点动作（拍照、录像）等相关参数。

（3）拖动航点或兴趣点可以调整其位置。

（4）可以设置航线参数,如巡航速度、完成后的动作、失控动作等。

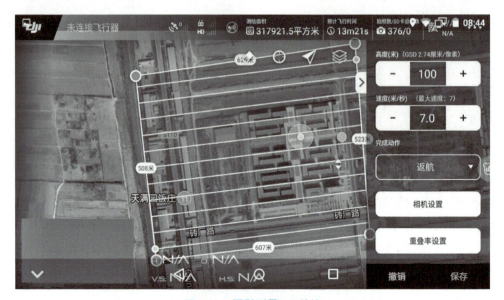

图 8-30　摄影测量 2D 航线

图 8-31　井字形航线

图 8-32　航点飞行航线

4）航带飞行

航带飞行适用于河流、公路等带状区域测绘场景。航带规划中主要考虑以下三个参数。

（1）带宽设定，分为左右宽度设计，根据条带宽度要求进行设定即可。

（2）航带切割距离，即条带图分段的长度。如果条带图长度大于 2 km，大疆规划 APP 要求设定每个航段的长度，介于 0.5~2.0 km。

（3）在执行正射影像拍摄条件时，其他参数参照 2D 设计参数即可。

图 8-33　航带飞行航线

5）摄影测量 3D（五点飞行）

摄影测量 3D（五向飞行）生成的航线是由一条正射航线和四条倾斜航线组成的，适用于更为精准的 3D 建模。

6）仿地飞行

仿地飞行是指无人机在作业过程中，通过设定与已知三维地形的固定高度，使得飞机与目标地物保持恒定高差，适用于地形起伏较大的地区作业，如图 8-34 所示。借助仿地飞行功能，无人机系统能够适应不同的地形，根据测区地形自动生成变高航线，保持地面分辨率一致从而获取更好的数据效果。

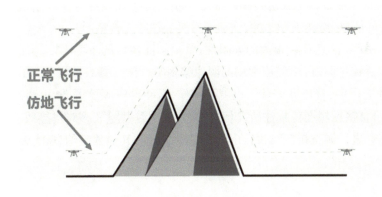

图 8-34　仿地飞行

7）大区分割

作业区域面积较大时，可选择大区分割作业类型，将地块分割为若干个小地块，可选择使用一架飞行器在每个地块作业，或使用一控多机功能操控多架飞行器分别在不同地块作业。

8）RTK 规划

RTK 规划主要应用于精准农业领域，由于其使用更加精准的 RTK 定位方式，比一般的 GPS 模式定位更加准确。

9）变高航带

变高航带适用于地形高低落差大的条带状建模拍摄，如有地形落差的输电线路。用户可以依照地形起伏的需求手动打点或者导入 KML 文件，按项目需求调整任务高度、外扩边界、航线角度等参数，设置完成后即可执行变高航带飞行任务。该航线规划方式可解决传统采集方式在输电线建模时因分辨率不一致导致的建模效果不完整的问题，适合各类型的输电线点云建模应用场景。

10）斜面航线

斜面航线规划适用于诸如边坡、建筑物立面等场景的建模。通过斜面航线功能，能够自动生成针对斜面或者立面场景的飞行航线，实现斜面或立面摄影测量的数据采集。

三、影像预处理

飞行拍摄结束后，会获得一定数量的照片或视频，将其从存储设备导出后，需要进行归类、筛选、调整，并根据应用需求进行进一步的影像增强、降位、匀光、旋转等数据处理，整个过程都可以看作是影像的预处理。

首先进行照片或视频的归类、筛选和调整。拍摄的成果往往存储在同一个存储设备中，根据不同照片或视频的作用，可以先将其进行分类。在常规的实践案例中，可以将拍摄成果分为正射（或倾斜）成果用照片、全景图用照片、单点拍摄照片和视频。归类完毕后可以对照片做一些筛选，删除那些明显拍摄失误的照片，选出适用于进一步进行成果制作的照片。对选出的可以进行进一步后处理的照片，可以进行适当的亮度和色彩参数微调，消除不利的光影影响，增强表现力，也可以对一些瑕疵进行微调。

在调整照片的过程中，应当完整地保留照片的信息。无人机拍摄照片时，除获取可见光信息外，相机和其他传感器所获取的信息也有可能被附加到照片中，如使用行业级的无人机拍摄，所获取的照片就能附带时间信息、图像信息、经纬度坐标信息、高度信息、拍摄相机参数信息等，在 Windows 系统下可以通过单击右键进入属性对话框来浏览这些详细信息。在调整照片的过程中或调整完毕的保存阶段都建议完整地保留照片所有的附带信息。照片附带信息在进行图像的进一步处理中能发挥重要作用，如果信息发生丢失，则需要人工输入这些丢失的信息，操作烦琐，大大增加了后续处理的工作量。

显然，直接使用照片获取信息存在很大的局限性，单幅画面包含的景物不全，只能看到局部，因此需要进行拼图作业。照片数量较少时，可以使用常用的图像编辑类软件直接对接拼图，如 Photoshop。使用图像编辑软件的优点是软件选择多，普通办公计算机就可操作，对硬件资源要求低，出图速度快，对照片的重叠率要求低，拼图完成后可直接编辑图像标注所需信息；缺点是照片数量较多时拼接效率极低，普通的图像编辑软件只能对可见光信息进行调整拼接且拼接出的图像难以提取其他数字信息，大多只能进行二维图形的编辑。

四、数据处理

根据任务目标，无人机在能源综合应用领域中一般会涉及制作全景图、数字正射影像和三维模型。下面介绍利用 ContextCapture 制作三维模型的数据处理过程。

ContextCapture（原 Smart3D）是一套集合了全球最高端数字影像、计算机虚拟现实以及计算机几何图形算法的全自动高清三维建模软件解决方案，它在易用性、数据兼容性、运算性能、友好的人机交互及自由的硬件配置兼容性等方面代表了目前全球相关技术的最高水准。ContextCapture 具有高兼容性，能对各种对象、各种数据源进行精确无缝建模，从厘米级到千米级，从地面或从空中拍摄，只要输入照片的分辨率和精度足够，生成的三维模型可以实现无限精细的细节。其使用范围如表 8-7 所示。

表 8-7　ContextCapture 建模对象的使用范围

适合对象（复杂几何形态及哑光图案表面的物体）	小范围	服装、人脸、家具、工艺品、雕像、玩具等
	大范围	地形、建筑、自然景观等
不适合对象（模型会存在错误的孔、凹凸或噪声）	纯色材料	墙壁、地板、天花板、玻璃、金属、水、塑料等

在三维数据格式方面，ContextCapture 可以生成很多的格式，比如 s3c、osgb、obj、fbx、dae、stl 等，一般用得最多的还是 osgb、obj 和 fbx 格式的数据，其中 obj 和 fbx 可以在多个建模软件里互导。

1.ContextCapture 界面介绍

ContextCapture Master 主控台是软件的主模块，其主界面如图 8-35 所示，主要进行以下工作：导入数据集、定义处理过程设置、提交作业任务、监控作业任务进度、浏览处理结果等。主控台模块并不执行处理任务，而是将任务分解成基本的作业并将其提交到作业队列。主控台管理整个工作流的各个不同步骤。

工程（Project）：一个工程管理着所有与它对应场景相关的处理数据。工程包含一个或多个区块作为子项。

区块（Block）：一个区块管理着一系列用于一个或多个三维重建的输入图像及其属性信息，这些属性信息包括传感器尺寸、焦距、主点、透镜畸变以及位置与旋转等姿态信息。

重建（Reconstruction）：一个重建管理用于启动一个或多个场景制作的三维重建框架（包括空间参考系统、兴趣区域、切块、修饰、处理过程设置）。

生产（Production）：一个生产管理三维模型的生产，还包括错误反馈、进度报告、模型导入等功能。

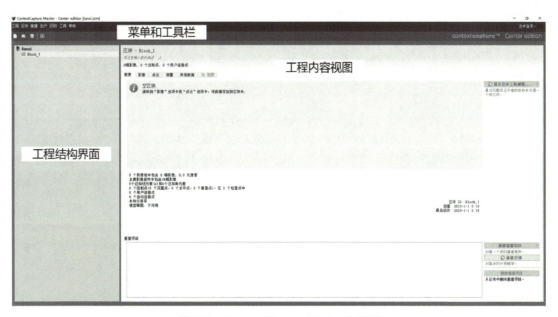

图 8-35　ContextCapture Master 主界面

1)工程

一个工程管理着所有与该场景生产相关的数据,如图8-36所示。

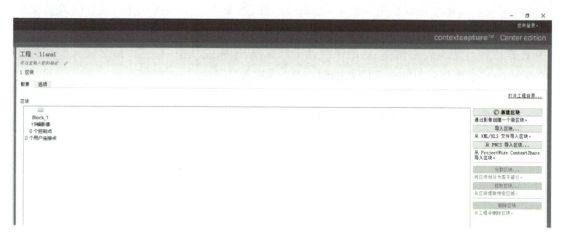

图8-36 工程界面

工程项由区块列表和工程选项组成,分别通过两个选项卡管理:"概要选项卡"管理着工程的区块列表,"选项选项卡"中包含了对集群网格化运算相关的选项。

2)区块

一个区块项目包含了一系列影像和属性,包括传感器尺寸、焦距、主点、透镜畸变以及位置和旋转等姿态信息,基于这些信息,可以建立一个或多个重建项目。一个信息完整的影像就可以被用来进行三维重建。判断图像完整应遵循以下条件:影像文件格式被软件支持并且文件没有损坏;影像组的属性和姿态信息满足已获得的精确数据,并且与其他影像保持一致、连续和重叠。为了满足以上两个条件,影像组属性和影像姿态信息必须由在同一区块下的不同影像整体经过联合优化运算而获得。一组联合优化运算的图像被称为这个区块的主部件。区块界面如图8-37所示。

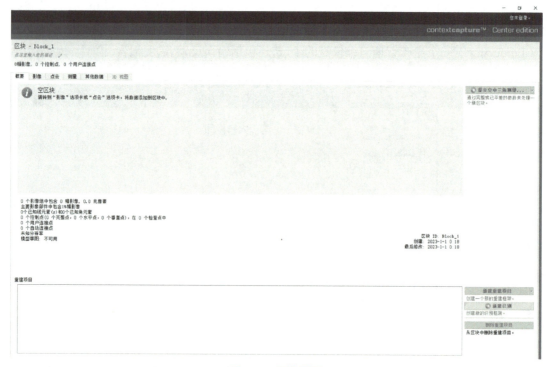

图8-37 区块界面

区块操作主要包括：

①导入区块：从 XML 文件中导入区块；

②导出区块：区块可以 KML 或 XML 格式导出；

③拆分区块：将较大的航飞区块拆分成较小的区块；

④提取区块：从区块中提取部分指定区块；

⑤加载/卸载区块：从活动的工程中加载/卸载区块。

3）重建

重建项目可以管理三维重建框架（空间参考系统、兴趣区域、切块、约束、修饰、处理设置）。根据重建项目，可以启动一个或多个生产项目。重建界面如图 8-38 所示。

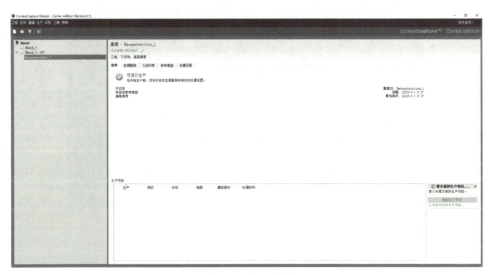

图 8-38　重建界面

空间框架定义空间参考系统、兴趣区域和切块。几何约束允许使用现有的三维数据控制重建并避免重建误差。参考模型是重建项目的沙盒，它以原生格式存储随着生产项目的推进而逐步完成的三维模型。处理设置可设定几何精度级别（高或最高）和其他重建设置。

4）生产

生产项目用于管理三维模型的生成、错误反馈、进度监控和有关基础重建（例如修饰）的更新通知。生产界面如图 8-39 所示。

图 8-39　生产界面

2.ContextCapture 软件实景三维模型生产

1)创建工程

打开 ContextCapture Center Master 软件，首先点击"新工程"，建立新的区块，然后导入影像文件，设置相机像素、像幅和焦距等参数。

第一步，打开 ContextCapture Center Master 主界面，如图 8-40 所示。

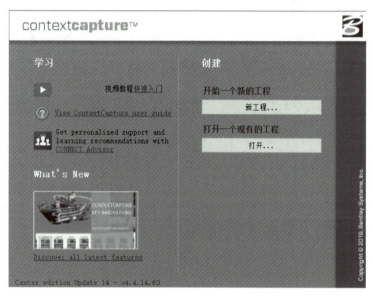

图 8-40　ContextCapture Center Master 主界面

第二步，选择"新工程"，输入工程名称和工程目录，如图 8-41 所示。

图 8-41　创建新工程和区块

第三步,添加影像。建好工程后,进入工程主界面,选择"影像"选项,然后点击"添加影像",添加需要建模的照片。添加影像可以选择单张添加和整个文件夹添加两种方式,如图 8-42 所示。

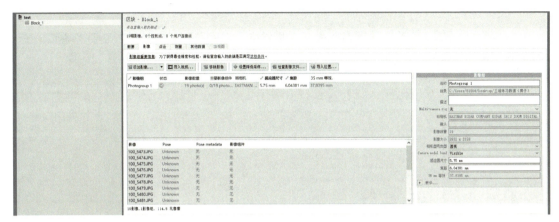

图 8-42　添加影像

第四步,检查影像文件。需要检查影像完整性(包括影像是否丢失、是否损坏),点击"检查影像文件",完成影像的检查。

2)空三加密

空三加密可以多次提交直至符合精度的要求。第一次空三加密完成后添加像控点(如有控制点),添加控制点后再次提交空三加密,完成后以此提交进行精度收敛,如图 8-43 所示。

图 8-43　空三加密

3）三维实景模型重建

空三完成后，左侧工程栏信息框中会出现 Block 1-AT，点击它，然后点击右下角的"新建重建项目"，如图 8-44 所示。

图 8-44　新建重建项目

4）提交三维模型生产

在 Reconstruction_1 项下，右键或右下角点击"提交新的生成项目"，弹出"生产项目"，输入名称和描述。在选择提交生产项目的目标中设置参数，然后点击"下一步"，直到提交，如图 8-45 所示。

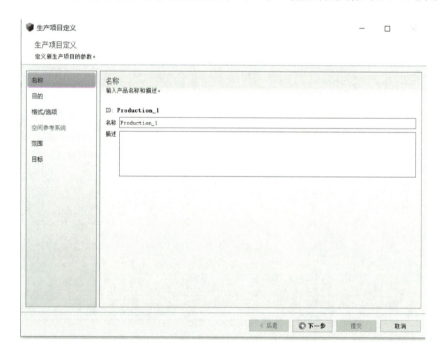

图 8-45　提交三维模型生产

5）输出成果，如图 8-46 所示。

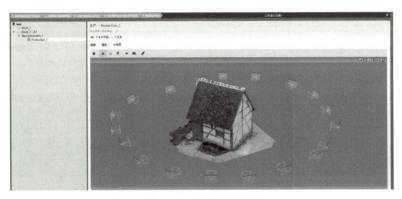

图 8-46　三维房子模型

任务四　无人机在能源领域的典型应用

随着国民经济的迅速发展，国家对能源的需求越来越大，能源与人民的幸福生活息息相关，能源对国民经济发展的重要性也越来越大，能源战略一直是每个国家的重点战略。随着数字成像及平台、计算机和自动控制等技术的发展，无人机在能源领域中的应用越来越广泛，下面列出几种典型应用。

一、能源勘测设计

无人机目前在能源勘测设计行业中的应用主要包括以下方面：一是通过无人机摄影测量与遥感技术为能源项目勘测设计提供基础测绘资料，包括4D测绘成果、大范围地形图、场址实景三维模型等；二是通过无人机辅助完成野外现场选址踏勘工作，比传统作业模式了解到的任务区域信息更详细，减轻部分调研工作；三是在施工图设计阶段，现场施工人员可以通过共享平台直观地看到设计成果，并与设计者进行沟通，设计人员也可根据现场施工实际情况及时对设计方案进行调整，提高施工效率和设计成果质量；四是通过无人机实时监测项目施工现场的施工进度，进行工程量测算计量和施工安全监控等，建设智慧工地。

二、光伏巡检

无人机可为光伏行业定制测绘、测温和自动巡检等光伏行业解决方案，如大疆禅思XT相机在屋顶光伏板检测与大型光伏电站的运维上具备明显优势。禅思XT相机可以在短时间内扫描处于工作状态中的光伏板，能清晰地用影像呈现温度异常。通过使用禅思XT进行检测，用户能迅速确定出现故障的光伏板，及时进行修复，保障发电站处于最佳的状态。

三、风力发电场、石油和天然气设备巡检

安全和效率是现代化的能源设施检测与维修系统的首要要求，传统手段在大型设施检测中很难达到两者的统一，特别对于风力发电机的检测更为复杂，也更具挑战。传统检测风力发电机需要将工作人员运送到高空中进行作业，不仅有很大的安全隐患，而且需要在检测前停工，影响发电效率。与传统手段相比，无人机搭载可见光成像或红外热成像设备，从空中对大型储油、储气设备进行全面检测，让油气能源检测变得安全、便捷。无人机通过精准的定位模块，从多空间位置、多角度对油气管道进行巡检，大幅降低检测人员的安全风险；另外，灵敏的环境感知避障功能与稳定的飞行定位技术，可有效避免撞击事故，确保飞行安全。

四、电力线路巡检

输电线和铁塔构成了现代电网，输电线路跨越数百万米，交错纵横，电塔分布广泛、架设高度高，使得电网系统的维护困难重重。以往电力巡线工作是通过直升机来完成的，如今先进的无人机技术让电力巡线工作变得更简单、高效。

五、供气供热管道巡检

无人机巡检系统以技术领先、性能稳定著称,可完成各种对地探测和巡察任务。将无人机用于供气供热管道的巡检可直观显示管道线路及地表环境的实际状况,为能源管道系统快速、准确获取第一手信息,实现高效、科学决策,保证供气供热管道安全运行提供了最新的技术解决方案,同时也是能源应急联动系统的重要组成部分。

项目小结

本项目主要介绍了常用无人机系统的结构、无人机的飞行原理及操控训练、无人机数据获取与处理,并简单介绍了无人机在能源领域中的典型应用。

1)常用无人机系统的结构

无人机,即无人驾驶的航空器,其类型多样,可按飞行平台、质量、活动半径、任务高度、控制模式、动力装置等方面进行分类。除飞行器平台外,无人机系统还包括控制站系统、任务载荷系统、飞行发射和回收系统以及通信系统,是一个高度智能化的闭环反馈控制系统。

2)无人机的飞行原理及操控训练

多旋翼无人机通过调节不同电动机的转速来实现四个方向上的运动,分别实现垂直、俯仰、滚转、偏航、前后和侧向六种飞行姿态的变化。为实现对无人机系统的自如操控,需按照从模拟到实机的飞行训练流程:在模拟飞行训练中先选择合适的飞行模拟软件,规范设置飞行模拟遥控器,依次完成对尾悬停、对头悬停、八面悬停到航线飞行四项训练;实机训练时需按照场地准备、飞行前检查、飞行训练、飞行记录、飞行讲评和飞行后维护的工作流程进行。

3)无人机数据获取与处理

在执行无人机作业任务前,需制订详细的飞行任务计划,完成任务区域的地图、气象、飞行管制信息的调查,并进行实地验证,确认飞行计划可行后准备执飞机型,并做好航线设计、航线类型的选择和实施。飞行任务结束后,将无人机获取的影像数据进行筛选、分类等预处理,再利用专业软件进行三维模型的生产。

4)无人机在能源领域中的典型应用

无人机在能源领域的应用十分广泛,涉及能源勘测设计,光伏巡检,风电发电场、石油和天然气设备巡检、电力线路巡检和供气供热管道巡检等。

复习思考题

(1)固定翼飞行平台主要由哪几部分组成?分别有什么作用?
(2)阐述无人机遥控器的四个通道的作用。
(3)阐述无人机执飞的主要航线类型。
(4)简述利用 ContextCapture 生产三维模型的流程。
(5)列举无人机在能源领域中的典型应用场景。